동네 한 바퀴
시리즈 3

춘천에서 찾은 매력 만점 산책 코스 · 비밀 스폿

두근두근
춘천산책

김수진 지음

알에이치코리아

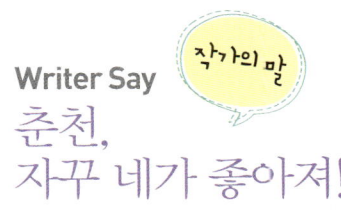

Writer Say 작가의 말

춘천,
자꾸 네가 좋아져!

말이 씨가 된다 했던가. 예전에 춘천에 놀러 올 때마다 "아, 춘천 같은 곳에서 꼭 한번 살아보고 싶다"고 입버릇처럼 얘기했다. 그리고 정말 지금 나는 춘천에 살고 있다. 춘천에 살아보겠다는 목적의식을 갖거나 계획을 세운 건 아니었다. 정말 어쩌다 보니 물 흐르듯 춘천에 와서 살게 됐다. 기대치라는 게 있다. 기대가 크면 실망도 크다 했다. 하지만 춘천은 그렇지 않았다. 춘천이란 곳이 지닌 매력은 기대 이상이었다. 오히려 여행자로서는 느끼지 못했던 소소한 감성과 풍경은 춘천에 대한 애정을 점점 키워가게 만든다. 여행자로서 스치듯 지나가던 춘천을 사랑했지만 생활자로서 스며들듯 빠져드는 춘천은 더욱 애틋하다. 많은 사람들이 춘천을 그냥 스치듯 지나는 게 아쉬워서, 춘천인이 되어 느끼게 된 감성과 이야기들을 전하고 싶어 부족한 부분이 많지만 이 책을 출간하게 됐다. 많은 사람들이 춘천을 단순히 스쳐 가는 여행지가 아니라 두고두고 찾아오는 마음의 안식처로 삼았으면 좋겠다. 차 한잔하러, 잠시 바람 쐬러, 연극 한 편 보러, 산책 잠깐 즐기러, 시도 때도 없이 찾아올 수 있는 만만한 여행지로 마음에 담아두길 바란다.

Special thanks to. 춘천 취재에 협조해주시고 도움을 주신 모든 분들, 어려운 과정에서 열심히 땀 흘려준 사진작가 아람이, 출판에 도움을 주신 알에이치코리아 관계자분들, 취재와 원고 작업이 가능하도록 육아를 도와준 엄마와 남편을 비롯한 식구들, 그리고 춘천 곳곳을 함께 탐방하며 무럭무럭 잘 커준 우리 딸 채하와 지안이! 모두 모든 정말 감사합니다!

김수진

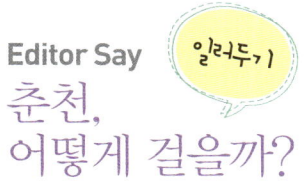
춘천,
어떻게 걸을까?

❶ 산책 전에 알아둘 프롤로그

오늘 산책할 코스에 대해 쉽고 간략하게 설명해 개념을 잡아줍니다.

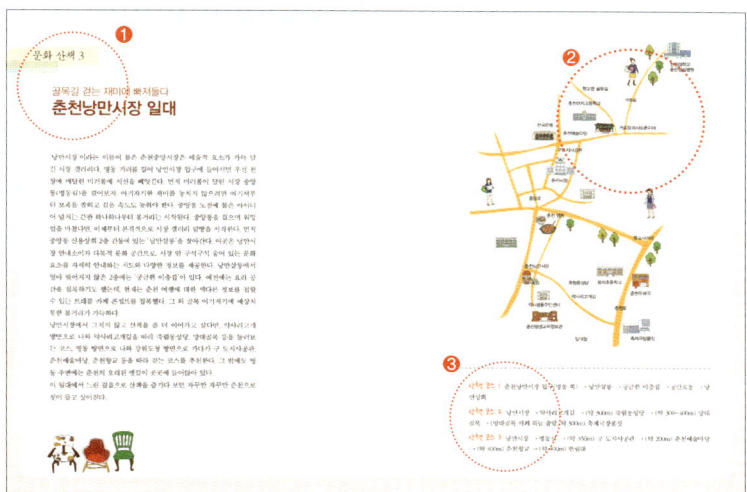

❷ 한눈에 보여주는 일러스트 지도

예쁜 일러스트 지도를 보면 걷기 코스가 한눈에 들어옵니다. 본문에서 소개한 스폿들은 빨간색 글자로 표기해 알아보기 쉽게 했습니다.

❸ 지역별 · 테마별로 상세히 구분해 안내하는 산책 코스

각 산책 코스를 이동하는 장소별로 구분해 누구나 쉽게 따라 할 수 있도록 했습니다.

❹ 속살까지 깊게 파고드는 **리얼 춘천 스토리**

테마별 춘천에 대한 재미난 이야기를 구성해 읽을거리를 갖추었습니다.

❺ **산책의 꽃, 테마별 스폿 안내**

춘천에서 놓치면 안 될 카페 · 맛집 · 문화 공간 · 자연 공간을 소개합니다.

    이 책의 모든 내용은 지은이가 직접 가서 보고 듣고 느낀 사실을 토대로 작성한 것입니다. 여행에 관한 모든 정보는 2012년 10월을 기준으로 한 것이며 최신 정보를 싣고자 노력했지만, 출간 후 또는 독자의 여행 시점에 변경될 수 있으므로 주의해야 합니다.

    만약 새로운 정보나 바뀐 내용이 있다면 알에이치코리아 편집부나 작가에게 알려주십시오. 많은 여행자가 좀 더 정확한 정보로 편리하게 여행할 수 있도록 빠른 시간 안에 수정하겠습니다.

개정 정보 문의 알에이치코리아 편집부 02-6443-8917 / 김수진 spring144@gmail.com

Contents 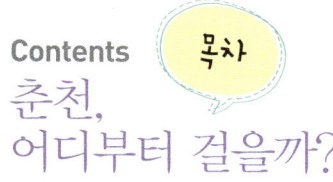 목차

춘천,
어디부터 걸을까?

04   작가의 말
06   일러두기

Part 1. Take a Walk in Chuncheon
리얼 춘천에 다가서는 춘천 산책

26   Section 1 공지천 & 남춘천역
28   Section 2 춘천 명동
30   Section 3 강원대학교
32   Section 4 소양강댐 & 애니메이션박물관 가는 길
34   Section 5 만천리 & 구봉산
36   Section 6 춘천 서남부

Part 2. Stories about Chuncheon
스토리 가득한 감성 충만 춘천 산책

춘천 소개 40 | 베스트 포토 존 42 | 춘천 축제 44
춘천닭갈비 & 춘천막국수 한 수 배우기 48
전철 타고 즐기는 춘천 여행 52
국내 최초의 2층 기차 'ITX-청춘' 54
춘천과 잘 어울리는 노래 57 | 춘천을 대표하는 시장 60

영화 · 드라마 속 춘천 64 | 춘천 명동 대탐험 70

대학가 탐방 74 | 전망 명소 76 | 물 따라 즐기는 춘천 여행 80

춘천의 산 82 | 춘천의 이색 한증막 & 찜질방 84

레포츠 천국, 춘천 88 | 이색 볼거리 91 | 문학 속 춘천 94

춘천 캠핑 여행 98 | 숨은 문화 예술 공간 찾아가기 100

골목길 걷기 102 | 〈무한도전〉 속 춘천 108

고택 vs 한옥 게스트하우스 110

춘천 관광열차 vs 춘천 시티투어버스 114

춘천에서 맛봐야 할 막걸리 116 | 춘천 특화 거리 118

Part 3. Café Tour in Chuncheon
커피 향기 가득한 로맨틱 춘천 산책

122 카페 산책 1 거두리 카페 거리

124 카페 산책 2 구봉산전망대 카페 거리

126 카페 산책 3 소양2교 & 소양1교

알뮤트 1917 갤러리 카페 128 | 이디오피아 집 132 | 카페 뽀앤쏘 135

커피 첼리 138 | 산토리니 140 | 카페 아를 파이 142

커피쟁이 비버씨 146 | 커긔 레시피 148 | 카페 로스팅 힐 150 | 메이플 152

카페 바오밥 154 | 피스 오브 마인드 156 | 차 마실 산 158

나무향기 찻집 160 | 748 커피앤코 162 | 카페 라르고 164 | 대원당 166

미스타페오 168 | 시실리아 170 | 자마이카촌눈 172 | 11:19 174

커피안 176 | 켄즈 카페 178 | 루스 180 | 봉의산 가는 길 182

파인 베이 184 | 다인 186 | 커피 마리스 188 | 카페 구름빵 190

Part 4. Yummy Food in Chuncheon
군침 도는 춘천 산책

194 맛집 산책 1 **명동 & 강원도청 일대**

196 맛집 산책 2 **만천리 주변**

198 맛집 산책 3 **신북읍**

200 Theme 1 **춘천막국수**

유포리막국수 202 | 샘밭막국수 204 | 남부막국수 206 | 부안막국수 208
별당막국수 210 | 남촌막국수 212 | 삼교리동치미막국수 214 | 만천막국수 216

218 Theme 2 **춘천닭갈비**

1.5닭갈비 220 | 구우미닭갈비 222 | 우성닭갈비 224 | 통나무집닭갈비 226
원조숯불닭불고기집 228 | 상호네닭갈비 230 | 쌈쌈 맥반석 숯불닭갈비 232
둥근닭갈비 234 | 룡림닭발 236

238 Theme 3 **경양식 & 이탤리언 레스토랑**

함지레스토랑 240 | 바우하우스 242 | 모비딕 244 | 소호 246 | 마드레 248

250 Theme 4 **분식집**

진아의집 252 | 팬더하우스 254 | 왕짱구 256 | 떡순이 258 | 미화네 떡볶이 260

262 Theme 5 **웰빙 요리**

산모롱이 264 | 채식사랑 266 | 점봉산산채 · 오리 268 | 유천식당 270
성산두부촌 272 | 홍골솔밭집 274

276 Theme 6 **중국집**

철인반점 278 | 회영루 280 | 대화관 282 | 옥미관 284

286 Theme 7 **현지인 맛집**

가보자순대국 288 | 꿀벌식당 290 | 담터 292 | 약수터붕어찜 294 | 평양냉면 296

Part 5. Cultural Experience in Chuncheon
문화와 친밀해지는 춘천 산책

300   문화 산책 1 효자동

302   문화 산책 2 애니메이션박물관 주변

304   문화 산책 3 춘천낭만시장 일대

국립춘천박물관 306 | 애니메이션박물관 310 | 춘천인형극장 314

춘천낭만시장 318 | 창작 공간 아르숲 322 | 김유정문학촌 326

담작은도서관 330 | 춘천막국수체험박물관 334

모형항공기박물관 337 | 강원드라마갤러리 340

Part 6. Fresh Nature in Chuncheon
자연 속으로 떠나는 춘천 산책

346   자연 산책 1 남이섬

348   자연 산책 2 공지천 일대

350   자연 산책 3 강촌

물레길 352 | 제이드가든 356 | 강촌레일파크 360 | 남이섬 364 | 공지천 370

봄내길 374 | 강촌 378 | 구곡폭포 & 문배마을 382 | 소양강댐 & 청평사 386

강원도립화목원 390 | 춘천의 휴양림 394

춘천,

어디까지 걸어보셨어요?

무덤덤하고 무뚝뚝해 보이는 골목길 어딘가에서
재미난 놀이가 벌어지고 있을지도 몰라요.

또 어느 골목에서는
상상만으로도 즐거워지는 일들이
펼쳐질지도 몰라요.

꽃망울이 수줍게 방긋거리는 이른 봄부터
툇마루에 소복이 눈이 쌓이는 늦겨울까지….

첫 키스와 첫사랑의 설렘을 꺼내보고 싶으세요?

춘천 가는 기차에 몸을 실어도 좋고

유유자적 카누에 몸을 맡겨도 좋습니다.

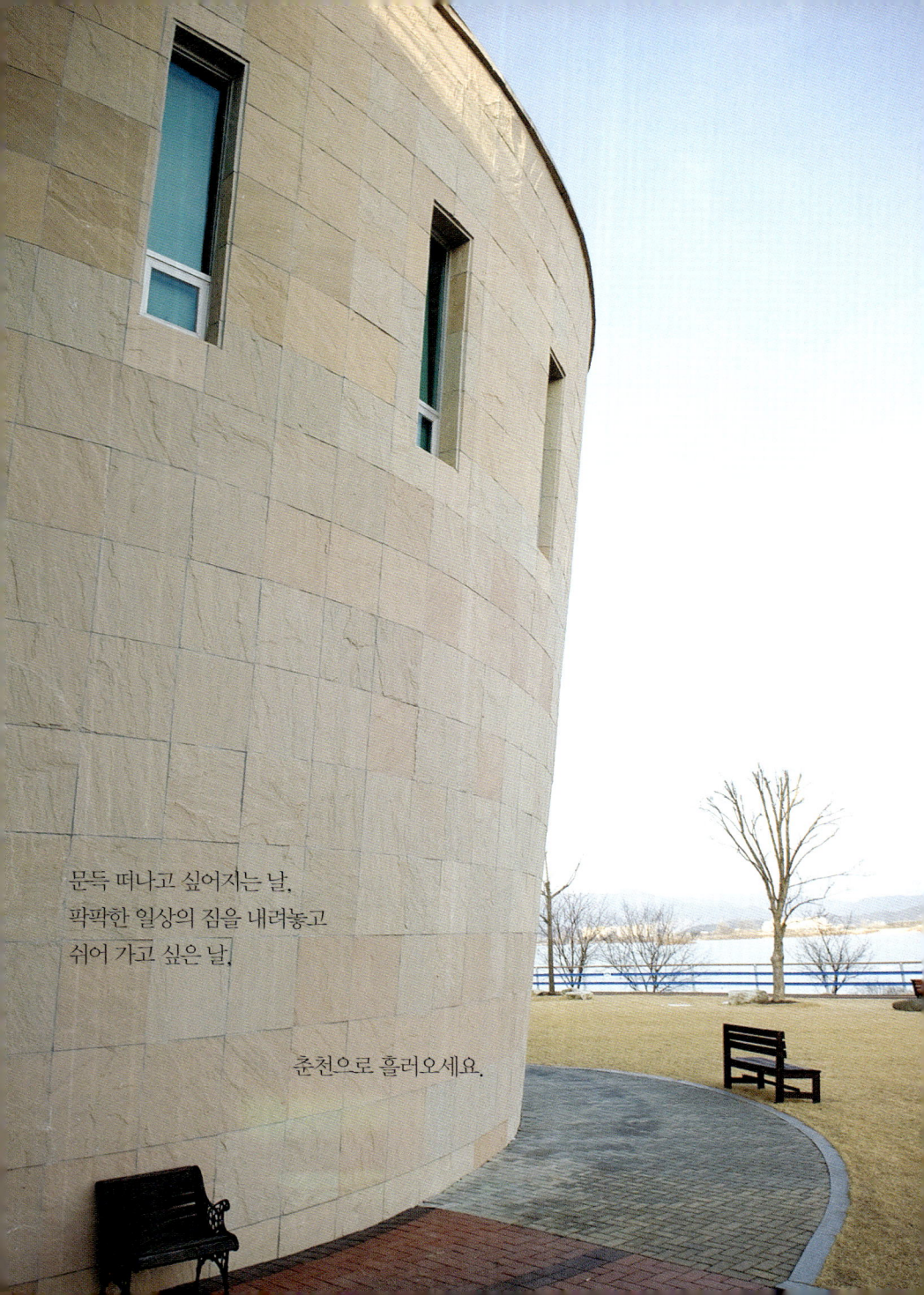

문득 떠나고 싶어지는 날,
팍팍한 일상의 짐을 내려놓고
쉬어 가고 싶은 날,

춘천으로 흘러오세요.

춘천이 언제나 두 팔을 활짝 편 채
당신을 기다리고 있답니다.

리얼 춘천에 다가서는
춘천 산책

호수와 산으로 둘러싸인 춘천에는 걷기 좋은 길이 참 많다.
여행자들도 이미 잘 아는 공지천이나 소양강댐, 의암호 주변은 기본이고,
춘천의 평범한 동네에도 각양각색의 재미가 담긴 산책로가 많다. 때로는 '산책로'라는
이름이 어울리지 않을 만큼 예사로운 골목길도 매력적인 코스가 되기도 한다.
자연, 문화, 감성 등 갖가지 코드로 요리되는 춘천의 산책 코스를 하나씩 차분히 걷고 싶어 하는
여행자들을 위해 지역별로 나눠 산책 코스를 소개한다. 지도를 기계적으로 분할하기보다는
여행의 중심이 될 만한 지역과 주변부를 묶어 총 6개 지역으로 구분했다.
춘천 봄내길처럼 전문적인 걷기 여행 코스라기보다는 말 그대로 누구나 지나다가
걸어볼 만한 소박한 산책 코스다. 내가 가는 춘천 거기에, 내가 미처 몰랐던 춘천이 숨어 있다.

공지천 & 남춘천역
춘천 명동
강원대학교
소양강댐 & 대니메이션박물관
만천리 & 구봉산
춘천 서남부

춘천 전도

집다리골
자연휴양림

강원숲체험장

춘천댐

신매대

애니메이션박물관

하중도

중도관광지
(공사중)   공지
                일

Section 1

물레길

삼악산

제이드가든

등선폭포

의암댐

자라섬

엘리시안강촌

강촌레일파크

강촌역

김유정역 & 강촌레일파크
(김유정역)

남이섬

문배마을

구곡폭포

Section 6

청평사

Section 4

춘천막국수
체험박물관

소양예술농원

소양호

소양강댐

도(고슴도치섬)
강원도립회목원

춘천인형극장

춘천옥광산

소양2교

Section 2

등도

한림대학교

천역

P P P

구봉산전망대
카페 거리

구봉산

강원도청

Section 5

춘천낭만시장

날시장 남춘천역

강원대학교

국립춘천박물관

거두리 카페 거리

춘천교육대학교

Section 3

춘천나들목

김유정문학촌

춘천휴게소

금병산

서울 - 춘천 간 고속도로

춘천숲
자연휴양림

많은 이가 찾는 길에서 나만의 길을 만들다
Around 공지천 & 남춘천역

춘천에 사는 사람도, 춘천을 여행하는 사람도 언제나 많이들 걷게 되는 길. 춘천을 걷고 있다는 기분을 최대한 만끽할 수 있으며, ITX-청춘이나 경춘선을 이용해 춘천을 찾을 때 돌아보기 좋다. 공지천을 중심으로 여유로운 호반 풍경이 펼쳐지고, 소양강처녀상과 소양2교를 비롯해 아기자기한 카페와 오래된 맛집이 춘천의 낭만을 한껏 살려준다. 곳곳에 마련된 강변 산책로, 호반 산책로는 춘천의 감성을 제대로 전해준다.

공지천교를 건너 황금비늘 테마 거리를 걷고 어린이회관 주변까지 돌아본다면, '아, 춘천의 매력이 이런 거구나' 하고 느끼게 된다. 춘천MBC에서 바라보는 의암호 풍경은 잔잔하면서도 화려하고, 춘천지구전적기념관에 올라가 바라보는 춘천 풍경은 소박하면서도 고혹적이다.

남춘천역에서 남부사거리 방향으로 걸어가면 대원당과 남부막국수 등 오래된 가게들이 보이는데, 그 뒷골목에서는 약사천 복원 공사가 한창이다. 공사를 통해 옛 풍경은 사라지고 친자연적이면서 세련된 휴식 공간이 탄생하게 된다. 공지천과 이어지는 새로운 산책로도 조성될 예정인데, 앞으로 춘천의 또 다른 산책 명소로 떠오를 듯하다.

이 지역에서 맛보는 산책은 어디서 시작해서 어디서 끝내든 나름 매력이 넘친다. 기차나 전철을 이용하는 여행자들을 위해 남춘천역이나 춘천역에서 출발하는 산책 코스 몇 개를 제시해본다. 시간과 기분에 따라 코스 1~2개를 연동해서 열심히 걸어 다녀도 좋고, 1개 코스의 절반 정도만 천천히 걸어도 좋다. 공지천 주변에는 자전거 대여소도 있으므로 일부 구간은 자전거를 이용해도 좋을 듯. 춘천 여행 초보자나 데이트족이라면 꼭 돌아봐야 할 코스다.

루스
소양1교
소양2교
소양강처녀상
봉의산 가는 길
소양정
남춘막국수
춘천역
축제극장몸짓
남부막국수
대원당
남부사거리
상호네닭갈비
잣봉산
산채오리
담터
조각공원
KBS춘천방송국
이디오피아 집
풍물시장
공지천교
강원드라마갤러리
MBC춘천
문화방송국
남춘천역
의암호
공지천공원
알뮤트 1917
나무향기
중도관광지
(공사중)
철인반점
춘천송암스포츠타운
물레길

산책 코스 1 남춘천역 ⋯> 춘천풍물시장 ⋯> 조각공원 ⋯> 이디오피아 집(카페) ⋯> 공지천공원
(황금비늘 테마 거리) ⋯> 어린이회관 산책로 ⋯> 춘천MBC(알뮤트 1917 갤러리 카페)

산책 코스 2 남춘천역 ⋯> 춘천풍물시장 ⋯> 강원드라마갤러리 ⋯> 공지교 밑 산책로 ⋯> 남부
막국수 ⋯> 대원당

산책 코스 3 춘천역 ⋯> 남춘막국수 ⋯> 호반 산책로 ⋯> 소양강처녀상 ⋯> 소양2교 ⋯> 소양1교
⋯> 봉의산 가는 길(카페)

번화가 뒷골목에 숨어 있는 힐링 코드
Around 춘천 명동

소양강댐, 의암호, 강촌이 여행지로서 춘천의 매력을 보여준다면 춘천 명동, 강원도청 인근 지역은 생활공간으로서 춘천의 매력을 보여준다.

춘천 제1의 중심지이나, 소박하면서도 아기자기한 소도시의 모습이 남아 있어 질리지 않는다. 춘천의 번화가인 명동 거리와 브라운5번가에서 조금만 벗어나면 정겨운 춘천낭만시장을 만나고, 세월이란 녀석이 무심히 스쳐 간 듯한 골목길도 나타난다. 명동 브라운5번가 상가 쪽에서 춘천 시청 방면으로 나와 길을 건너면 명동 호텔이 있는 골목에서 커피 마니아들이 즐겨 찾는 '커피 첼리'와 마주한다. 커피 첼리에서 풍미 가득한 더치커피나 수제 아이스티 한잔으로 목을 축인 후, 골목의 오래된 상점들을 구경하며 춘천 시청을 끼고 올라가 춘천예술마당, 춘천향교를 따라 걷다 보면 왠지 모르게 마음이 훈훈해진다. 어린 시절의 향수를 무한히 자극하는 그 길을 총총히 걸어가면 한림대학교가 나타난다.

춘천에서 놓치지 말아야 할 운치 있는 길이 강원도청 양쪽에 숨어 있다. 먼저 강원도청을 바라보고 오른쪽으로 올라가는 길. 오르막길을 걷다 보면 담벼락에 '카페 라르고'라는 작은 이정표가 보인다. 그 길을 따라 올라서면, 봉의산 아래 앉은 흑백사진 같은 동네가 따스하게 맞아준다. 춘천 진산인 봉의산에 오르고 싶다면, 라르고 방향으로 빠지지 말고 봉의산길을 따라 쭉 올라가면 된다.

반대로 강원도청 왼쪽으로 걸어가면, 추억 지향주의자에게는 반갑지 않은 대규모 아파트 건축 현장이 나타나고, 〈겨울연가〉에서 '준상이의 집'으로 등장했던 오래된 집과 만난다. 기와집이 많이 모여 있어 '기와마을'이라는 별칭으로 불리는 이곳에서는 좁다란 골목길이 마음을 어루만져준다. 누군가는 유독 오래된 골목길에서 '힐링 코드'를 찾아낼지도 모른다.

봉의산

카우하우스

〈겨울연가〉
드라마 촬영지
강원도청

카페 라르고

한림대학교

춘천향교

구우미닭갈비

요선동
식당 거리

룽림닭발

진아의집

춘천예술마당

춘천고등학교

회영루

춘천 덩동

춘천시청

원조숯불닭불고기

명동닭갈비
골목

커피 쳴리

춘천낭만시장

함지레스토랑

팬더하우스

죽림동·성당

약사명동주민센터

망대정

축제극장몸짓

산책 코스 1 춘천 명동 … 낭만시장(중앙시장) … 팬더하우스(분식집) … 약사리고개길(죽림동성당, 망대)

산책 코스 2 춘천 명동, 브라운5번가 … 커피 쳴리(카페) … 춘천 시청 방향 … 춘천예술마당 … 춘천향교 … 한림대학교 … 구우미닭갈비

산책 코스 3 강원도청 … 봉의산 22번길 … 라르고(카페) … 한림대학교

산책 코스 4 강원도청 … 봉의산길 … 봉의산

산책 코스 5 강원도청 … 모수물길 … 카우하우스(레스토랑) … 기와집길(기와마을)

그대, 정녕 춘천을 알고 싶은가
Around 강원대학교

춘천 명동 주변 시가지와 함께 춘천에서 상권이 크게 발달한 곳이 바로 강원대학교 주변이다. 특히 후문 쪽에 상가가 밀집해 있는데 대형 프랜차이즈 카페와 패스트푸드 음식점부터 트렌디하고 개성 강한 카페까지 각종 상점이 즐비하다. 강원대 후문에서 도화골사거리를 지나 팔호광장 교차로까지 다양한 가게를 구경하며 걷는 재미도 쏠쏠하다. 대로변도 재미있지만 뒷골목으로 들어가면 아기자기한 재미를 느낄 수 있다. 강원대 사대부고(옛날 드라마 〈사춘기〉 촬영지) 후문에서 보안사거리 방향으로 걸어가면 춘천 사람들이 즐겨 찾는 후평동 닭갈비 골목이 나타난다.

최근에는 의대 건물이 있는 동쪽으로 후문이 하나 더 생겨 석사동 애막골 먹자골목으로 더 쉽게 접근할 수 있다. 원래 '강대 후문'인 효자동 쪽이 일반적인 대학가 느낌이라면, 동쪽 석사동 후문 쪽은 주택가와 접해 있어 20대와 30, 40대가 함께 즐길 수 있는 분위기. 석사 지구 애막골 먹자골목은 기존에는 음식점이 주를 이뤘는데 작년부터 카페가 많이 들어섰다. 국립춘천박물관과 가까워 여행자들이 돌아보기 좋은 코스.

정문 쪽은 상대적으로 조용한 편이다. 정문에서 강대삼거리까지 걸어가 길을 건너면 오래된 동네가 나타난다. 예전에는 여관 골목으로 불릴 정도로 숙박업소가 많았는데, 갤러리아르숲이 들어서면서 동네 색깔이 달라졌다. 평범하면서도 재미난 효석로9번길을 따라 걷다 보면 공지천 산책로에 이른다. 강대 양쪽의 후문 쪽과는 다른 소소한 재미를 맛볼 수 있는 길이다.

마지막으로, 강원대 캠퍼스 내 산책도 놓치지 말자. 녹지대와 싱그러운 청춘들로 언제나 생기가 넘친다. 정문이나 후문 어디서 시작해도 좋으며, 60주년기념관 1층에 위치한 '카페마운틴'과 중앙박물관은 반드시 들러보자.

부안막국수

명동 방향　동부시장

왕짱구

커피안

1.5닭갈비

후평3동주민센터

우성
닭갈비

11:19
별당막국수
켄즈 카페

강원대학교병원

시실리아

강원대사대부고

축제극장몸짓
담작은도서관

미화네 떡볶이

중앙박물관

카페마운틴
(60주년기념관)

강원대학교

애막골 먹자골목

창작 공간
아르숲
백령아트센터

강대삼거리

커피 마리스

자마이카촌본

748 커피앤코

공지천산책로

남춘천역

소호

국립춘천박물관

춘천교육대학교

거두리 카페거리

산책 코스 1　강원대 후문(효자동) ⋯⋅ 길 건너 롯데리아 뒤쪽 골목길 ⋯⋅ 도화골사거리 ⋯⋅ 팔
호광장 ⋯⋅ 동부시장

산책 코스 2　강원대 정문 ⋯⋅ 강대삼거리 ⋯⋅ 효석로9번길 ⋯⋅ 갤러리아르숲 ⋯⋅ 공지천 산책로

산책 코스 3　강원대 의대 후문(석사동) ⋯⋅ 석사 지구 애막골 ⋯⋅ 국립춘천박물관

산책 코스 4　강원대사대부고 ⋯⋅ 후만로 ⋯⋅ 보안사거리 ⋯⋅ 후평동 닭갈비 골목(1.5닭갈비,
우성닭갈비)

여심과 동심을 훔치다
Around 소양강댐 & 애니메이션박물관

소양2교를 건너 대로를 달리다 춘천인형극장이 나타나는 지점에서 왼쪽 신매대교를 건너면 의암호 경치를 즐기며 애니메이션박물관에 다다르고, 오른쪽으로 가면 소양강을 따라 소양강댐에 이른다.

소양호로 향하는 길에 만나는 신북읍에는 막국수 맛집이 많다. 유포리 과수단지에 자리한 유포리막국수에 간다면, 동네 마실을 즐겨보자. 과수단지라 계절별로 풍성한 나무들이 반겨주고, 제철 과일을 사는 재미도 있다. 여유가 된다면 찻집 '차 마실 산'이 있는 곳까지 걸어본다. 멋 부리지 않은 소박한 한옥들이 모여 있는 동네의 자태가 참 곱다.

소양강댐 들어가는 길목에는 닭갈빗집이 즐비하게 늘어서 있다. 보통 차를 타고 달리는 길이지만 한 번씩 차를 세워두고 걸어서 소양강댐까지 올라가봐도 좋다. 특히 나지막한 다리 '세월교'는 꼭 한번 걸어봐야 할 코스. 콧구멍처럼 생긴 구멍에서 물이 흘러나온다 해서 '콧구멍다리'라고 불리기도 한다. 세월교 위에 서면, 반드시 고개를 숙여 콧구멍 같은 구멍으로 쏟아져 내려오는 세찬 물살을 바라보자. 세월교의 진면목이 발휘되는 순간이다. 소양강댐에 올라가면 천지가 추천 산책 코스다. 소양강댐 정상길, 선착장 가는 길, 청평사로 오르는 길. 어느 것 하나 놓치기 아쉽다.

한편, 신매대교는 고슴도치섬과 연결되어 더욱 특별하다. 고슴도치섬은 드라마 〈신사의 품격〉에서 장동건, 김하늘의 데이트 코스로 등장하기도 했다. 지금은 공사가 진행 중이지만 곧 마무리되면 그들처럼 멋지게 산책을 즐겨도 좋겠다.

신매대교를 건너 애니메이션박물관 방향으로 가다가 문학공원에서 산책을 즐기고 바로 옆 서면도서관에서 쉬어 간다. 애니메이션박물관과 바로 옆 춘천창작개발센터로 이어지는 산책로와 자전거도로는 결코 놓쳐서는 안 된다. 특히 창작개발센터 옥상이 숨은 포인트! 올라가는 길부터 옥상에서 바라보는 풍경까지 순간순간이 모두 추억이 된다.

청평사

소양강댐

차 마실 산

유포리 막국수

통나무집닭갈비

월드온천

춘천막국수체험박물관

쌈쌈 맥반석
숯불닭갈비

샘밭막국수

세월교

소양6교

샘밭장터

모비딕

카페 바오밥

소양5교

평양냉면

강원도립화목원

나비야 게스트하우스

고슴도치섬

동근닭갈비

춘천인형극장

신매대교

미스타페오

↓애니메이션박물관 방향

산책 코스 1 세월교 ⋯> 소양강댐 산책로 ⋯> 소양강댐 정상길 ⋯> 선착장 ⋯> 청평사 가는 길 ⋯>
청평사

산책 코스 2 유포리막국수 ⋯> 맥국길 ⋯> 유포2리마을회관 ⋯> 맥국4길 ⋯> 차 마실 산(찻집)

산책 코스 3 북한강변 문학공원 ⋯> 서면도서관 ⋯> 자전거도로 ⋯> 춘천창작개발센터 ⋯> 애니
메이션박물관

산책 코스 4 춘천인형극장 ⋯> 신매대교 ⋯> 강원경찰충혼탑 ⋯> 미스타페오(카페)

산책 코스 5 월드온천 앞 잣나무길

예사로운 길에서 만나는 예사롭지 않은 감성
Around 만천리 & 구봉산

만천리는 여행자들에게는 생소하지만 춘천 현지인들에게는 참 친숙한 곳이다. 닭갈비와 막국수 식당이 아닌 현지인들이 즐겨 찾는 평범한 맛집이 많기 때문이다. 어찌 보면 특별한 관광 요소가 없는 지역이지만 느릿한 산책을 즐기기 참 좋은 곳이다. 백로와 왜가리 번식지가 있다는 사실은 만천리의 깨끗한 자연환경을 대변해준다.

작은 천을 따라 걷다 보면 오래되고 낡은 집들이 옹기종기 모여 있는데, 군데군데 최근 들어선 대규모 아파트 단지가 눈에 띈다. 현대와 과거가 뒤섞인 풍경이 춘천의 어제와 오늘을 말해준다. 그래도 아직까지는 옛 동네 모습이 많이 남아 있어 인정이 느껴진다. 점심, 저녁 춘천 사람들이 많이 찾아드는 소박한 맛집에 들러도 좋다. 만천초등학교와 주공휴먼시아아파트 사잇길로 들어서서 걷다 보면 목가적인 풍경이 나타난다. 그 길을 따라 쭉 올라가면 구봉산전망대 카페 거리까지 갈 수 있다.

만천리에서 만나는 지극히 소소한 일상과, 고요하디고요한 산길의 풍경, 구봉산전망대 카페 거리에 올라 바라보는 시원한 전망이 완벽한 3박자를 이룬다. 한나절 산책에서 구성 요소가 이만큼 탄탄한 코스가 또 있을까 싶다.

만천리에서 차로 구봉산전망대 카페 거리로 이동한다면, 금대울사거리에서 잠시 멈춰 시골길을 걸어보자. 만천3리 마을회관에서 금베이길을 따라 걷다 보면 저 멀리 숲 속에 카페 '파인베이'가 나타난다. 차 한잔보다 보너스로 따라오는 피톤치드가 더욱 매력적이다.

만천리 일대는 어찌 보면 첫눈에 이렇다 할 두드러진 매력을 지닌 산책 코스는 아닐지도 모른다. 하지만 걷다 보면 점점 더 좋아지고, 자꾸 새로운 매력을 발견하게 되는, 은근하고 곰살궂은 매력이 있는 동네임은 분명하다.

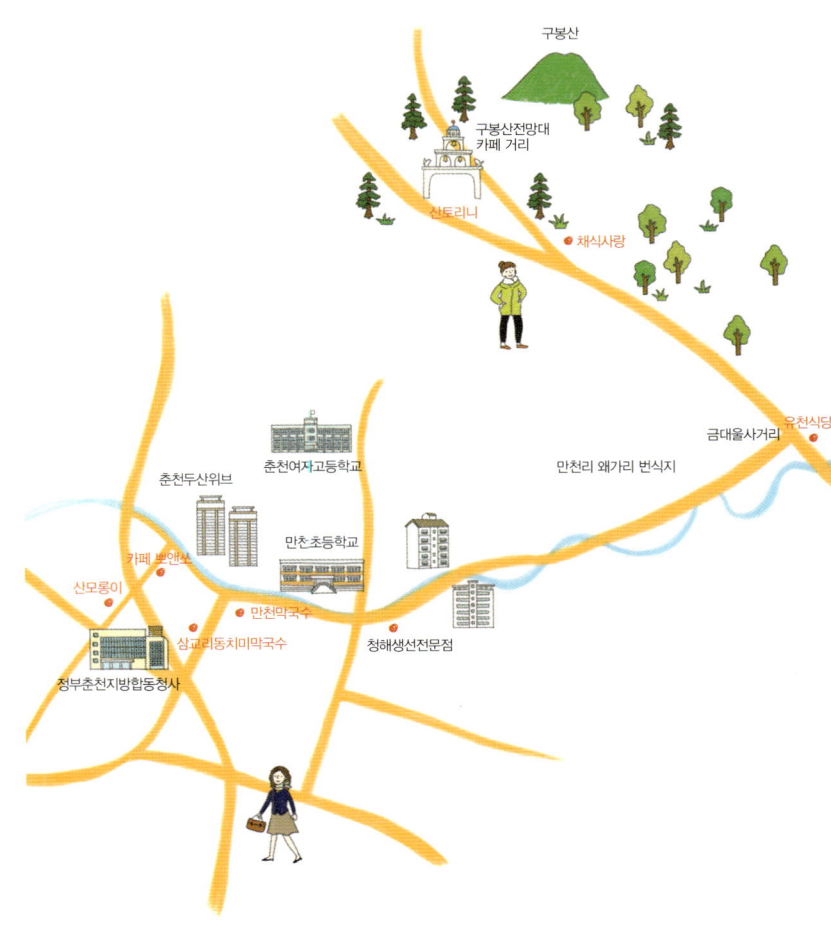

- -

산책 코스 l 만천로 시작점 ⋯▶ 작은 천 따라 걷기 ⋯▶ 만천막국수, 청해 등 현지인 맛집에서 식사 ⋯▶ 만천초등학교 ⋯▶ 만천양지길 ⋯▶ 하늘정원(카페) (→ 복사꽃 피는 마을 → 구봉산전 망대 카페 거리)

산책 코스 2 금대울사거리 ⋯▶ 만천3리마을회관 ⋯▶ 금베이길 ⋯▶ 파인베이(카페)

Section 6

추억은 언제나 '현재 진행형 –ing'
Around 춘천 서남부

춘천 서남부에는 의암댐, 삼악산, 남이섬을 비롯해 김유정문학촌, 강촌 등 가볼 만한 곳이 많다. 먼저 김유정역에서 내리면 김유정문학촌이 있는 실레마을까지 금세 걸어갈 수 있다. 소담한 마을 풍경이 김유정 소설처럼 정감 어리다. 소설의 실제 배경이 된 장소들을 돌아보는 실레이야기길을 거닐면 마치 소설 속을 걷는 듯한 기분이다.

강촌에서는 강변을 따라 걷는 산책로와 함께 인근 구곡폭포 산책로가 인기가 많다. 구곡폭포에서 깔딱고개를 오르면 문배마을에 도착하는데, 연못 주변에 조성된 나무 데크길 산책 코스가 낭만적이다.

굴봉산역에서 내린다면 1.4km 정도 떨어진 간이역 경강역에 들러보자. 아름다운 풍경 때문에 드라마의 배경이 되기도 했던 경강역까지 산책 삼아 걷기 좋다. 굴봉산역이 생기면서 옛 경강역은 폐역되었으나, 키 큰 나무들과 어우러져 있는 경강역은 여전히 애틋하다. 올여름부터 '강촌레일파크' 역으로 이용되면서 누구든 쉬어 갈 수 있어 더욱 좋다. 또 굴봉산역에서 무료 셔틀버스로 이동 가능한 제이드가든은 자연 그대로의 풍경에 감성적인 터치가 살짝살짝 가미되어 매력적이다. 봄부터 가을까지 오붓하게 걷기에 안성맞춤이다.

남이섬은 걷는 길 하나하나가 최고의 산책로가 된다. 누구든 쉽게 걸을 수 있는 산책 코스가 많아 사계절 가족이나 연인이 즐겨 찾는다. 꽃과 단풍으로 치장하는 봄과 가을, 시원한 나무 그늘이 드리워지는 여름, 계절 따라 유다른 산책의 묘미를 만끽할 수 있다. 특히 흰 눈이 쌓이는 겨울, 코끝을 알싸하게 만드는 바람을 맞으며 즐기는 남이섬 산책도 운치 있다.

남춘천역

김정은 고택

춘천송암스포츠타운

금병산

김유정문학촌

김유정역

의암댐

삼악산

등선폭포

강촌역

백양리역

검봉산

춘성대교

구곡폭포

굴봉산역

엘리시안강촌

봉화산

제이드가든

문배마을

남기섬

산책 코스 1 김유정역 ⋯▸ 김유정역 폐역(구 신남역) ⋯▸ 김유정문학촌 ⋯▸ 실레이야기길

산책 코스 2 강촌역 ⋯▸ 강촌유원지 ⋯▸ 강촌역 폐역

산책 코스 3 강촌역 ⋯▸ 구곡폭프 ⋯▸ 문배마을

산책 코스 4 굴봉산역 ⋯▸ 경강역 폐역 ⋯▸ 굴봉산역(셔틀버스) ⋯▸ 제이드가든

스토리 가득한 감성 충만 춘천 산책

춘천, 이 도시만큼 많은 이들의 마음을 설레게 하는, 혹은 추억을 회상케 하는
이름이 또 있을까. 춘천은 단순히 하나의 지명으로서의 의미만 갖지 않는다.
춘천이란 단어는 수많은 이미지를 담고 있다. 젊음, 첫사랑, 옛사랑, 추억, 무작정 떠남,
기차 여행, 친구, 연애 시절, 아련함, 안개, 이별…, 만 명의 사람에게 춘천은 만 가지 의미를
갖는 단어일 테다. 한편, 참 익숙한 듯싶지만 잘 모르는 곳이 춘천이기도 하다.
많은 이들이 기억하는 춘천은 소양강댐, 청평사, 공지천, 의암댐, 강촌에서 크게 벗어나지 않는다.
허나 춘천은 그렇게만 기억되기에는 너무나 아쉬운 곳이다. 춘천의 굵직굵직한 명소들도
매력적이지만 때로는 행간의 숨은 참뜻을 음미하는 기분으로 춘천의 자잘한 장소들을 거닐어보자.
보폭을 좁히고 속도를 늦춰 걷다 보면 춘천이라는 공간 속에 넘쳐흐르는 이야기들이 보인다.
춘천이라는 파트너와 함께하는 멋진 산책을 위해 미리 읽어두면 좋을 만한 춘천에 대한 이야기들.

춘천 소개 | 베스트 포토 존 | 춘천 축제 | 춘천닭갈비 & 춘천막국수
한 수 배우기 | 전철 타고 즐기는 춘천 여행
국내 최초의 2층 기차 'ITX-청춘' | 춘천과 잘 어울리는 노래
춘천을 대표하는 시장 | 영화 · 드라마 속 춘천 | 춘천 명동 대탐험
대학가 탐방 | 전망 명소 | 물 따라 즐기는 춘천 여행
춘천의 산 | 춘천의 이색 한증막 & 찜질방 | 레포츠 천국, 춘천
이색 볼거리 | 문학 속 춘천 | 춘천 캠핑 여행
숨은 문화 예술 공간 찾아가기 | 골목길 걷기 | 〈무한도전〉 속 춘천
고택 vs 한옥 게스트하우스 | 춘천 관광열차 vs 춘천 시티투어버스
춘천에서 맛봐야 할 막걸리 | 춘천 특화 거리

춘천 소개
낭만가 '춘천 씨'와 나눈 유쾌한 인터뷰

잘 알고 있는 듯하지만 동시에 알쏭달쏭하고 궁금한 점이 많은 춘천. '춘천 씨'와 인터뷰를 나누며 춘천에 대한 기본적인 얘기를 들어봤다. 춘천 씨 왈, "인터뷰에는 가장 기본적인 내용만 담겠습니다. 저에 대해 속속들이 알고 싶다면, 자주 놀러 와서 몸과 마음으로 직접 느껴주세요."

Q. 춘천이라는 이름이 참 예쁘네요.

● 우리말로는 '봄내'라고도 하지요. 봄 춘(春), 내 천(川)이라는 한자를 쓰며, '봄이 오는 냇물'이라는 뜻을 담고 있습니다. 옛날 신라 선덕여왕 때는 우수주라고 불렸고, 문무왕 때는 수약주, 경덕왕 때는 삭주, 광해주로 불렸지요. 지금의 춘천이란 이름과는 다소 거리가 먼 듯하지요.
고려 태조 때는 춘주로 불리다가 드디어 조선 태종 3년에 지금의 춘천이라는 이름을 얻게 됐습니다.

Q. 춘천 씨, 당신의 위치에 대해서도 좀 얘기해주세요.

● 화천, 양구, 인제, 가평, 홍천 등이 제 이웃이랍니다. 북쪽으로는 화천군과 양구군, 동쪽으로는 인제군과 홍천군, 남쪽으로는 가평군과 홍천군, 서쪽으로는 가평군과 이웃하고 있지요. 면적은 1,116.35km² 정도로 서울 면적의 거의 2배에 달한답니다. 북한강과 소양강을 끼고 있으며, 전체 면적의 76% 이상이 산악 지대라 물과 산이 어우러진 아름다운 경관을 연출합니다. 위에서 내려다보면 제가 있는 곳이 분지임을 확연히 알 수 있지요. 진산 봉의산을 중심으로, 북쪽은 용화산, 동쪽은 대룡산, 남쪽은 금병산과 삼악산, 서쪽은 화악산이 둘러싸고 있답니다.

Q. 호반의 도시로 불릴 정도로 아름다운 호수들을 보유하고 있는데요.

● 우리나라를 대표하는 인공 호수 세 곳을 보듬고 있어요. 바로 의암호, 춘천호, 소양호입니다. 1965년 춘천댐, 1967년 의암댐, 1973년 소양강댐을 세우면서 각 호수가 탄생했지요. 산이 많기 때문에 산과 호수가 어우러지면서 더욱 그림 같은 풍경을 그려냈고, 상수원 지역이라 개발이 제한되면서 깨끗한 환경이 유지되어왔죠.

Q. 기후는 어떤가요?

● 바다에서 멀고 분지로 되어 있어 내륙성 기후의 특성을 보입니다. 온도 차가 심하고 여름에 집중적으로 비가 내린답니다. 호수로 둘러싸였기 때문에 아침이면 안개가 자욱하게 끼는 날도 많지요. 겨울에는 이러한 기후적 특성과 자연환경이 어우러져 '상고대'라는 환상적인 풍경을 만들어내기도 합니다. 그런 모습이 바로 제 매력 포인트 중 하나이기도 하고요.

Q. 친한 친구들을 소개해주세요.

● 국제 교류를 맺은 친구 도시들은 에티오피아의 아디스아바바 시를 비롯해 중국 네 곳, 일본 세 곳이 있답니다. 특히 에티오피아는 역사적으로 밀접한 관계가 있어 저희 집에 놀러 오시면 곳곳에서 에티오피아의 흔적을 느낄 수 있지요. 국내 자매 도시는 여러분이 모두 잘 아시는 서울 동대문구랍니다.

Q. 춘천 씨, 당신을 상징하는 것은 무엇인가요?

● 저를 상징하는 꽃은 개나리입니다. 봄과 잘 어울리는 저에게 안성맞춤인 꽃이지요. 특히 개나리는 강원도가 원산지라 더 의미 있습니다. 상징 새는 산까치이고 동물은 호랑이랍니다.

Q. 춘천 씨의 마스코트에 대해서도 소개해주세요.

● 곳곳을 다니다 보면 귀여운 물방울 모양의 캐릭터를 보게 될 겁니다. 이름은 호반이라고 하고요. 춘천 하면 떠오르는 이미지인 아름다운 호수, 깨끗한 물 이미지를 토대로 물을 기본 소재로 했죠. 거기에 천진난만한 꼬마 요정의 느낌을 더했답니다. 계절에 따라 물의 형태에서 눈으로 바뀐다는 것도 재미있지요.

Q. 앞으로의 계획에 대해서 한 말씀 해주세요.

● 앞으로 곳곳에 여러 변화가 있을 텐데, 현재 청계천 복개 사업처럼 약사천 복개 사업을 진행하고 있습니다. 이곳에 수변 공원을 조성하고 산책로와 자전거도로를 도심과 연결해서 많은 사람들이 자연 친화적인 휴식을 취하도록 할 예정입니다. 최근 폐선된 옛 경춘선을 활용해 레일바이크를 설치했고 김유정문학촌 주변으로 보다 다채로운 볼거리를 조성할 예정입니다. 저희 집을 찾는 분들이 앞으로 즐길 거리가 더욱 많아지겠죠? 그러니 많이들 놀러 오세요!

베스트 포토 존
춘천, 어디에서 사진 찍을까?

춘천은 다양한 풍경을 담고 있어 사진가들이 즐겨 찾는 곳 중 하나. 특히 우리 나라에서 가장 아름다운 상고대를 감상할 수 있어 겨울이면 많은 사진가들이 춘천으로 몰려든다. 물안개가 피어오르는 풍경, 상고대가 하얗게 꽃을 피운 그림 같은 풍경, 소박하지만 조명과 함께 신비로운 빛을 내뿜는 소양2교와 공지천교 등 누구든 한 번쯤 사진에 담아보고 싶은 풍경이 가득하다. 멋진 사진을 담아낼 수 있는 베스트 포토 포인트를 소개한다.

상고대 베스트 포인트, 소양5교와 소양3교

오로지 겨울철에만 볼 수 있는 아름다운 눈꽃과 상고대를 감상할 수 있는 포인트. 상고대 촬영 장소로 유명해 겨울철이 되면 사진가들이 몰려든다. 소양5교는 물안개와 일출 풍경도 유명해서 언제나 전문 사진가들이 몰려든다. 사진 촬영 장소나 전망대로 활용할 수 있는 데크도 별도 마련되어 있다. 반면 소양3교 역시 상고대를 촬영하기 좋은 곳인데, 위치상 일출은 담을 수 없다. 대신 파란 하늘이 아름다운 배경이 되어준다.

상고대를 촬영하기 가장 좋은 날은 영하 15~18℃ 이하의 기온에, 바람이 없고 습도가 높은 날이다.

춘천을 대표하는 사진, 소양2교

소양강처녀상과 소양2교를 담은 사진은 춘천을 대표하는 풍경 중 하나. 소양2교 주변에 산책로와 전망 데크가 설치되어 있어 사진 찍기도 수월하다. 낮에는 소양강처녀상과 함께 담아내는 풍경이 아름답고 밤에는 화려한 불빛을 반짝이는 소양2교 자체의 풍경도 신비롭다. 소양1교에 자리 잡고 소양2교의 야경을 담는 것도 좋다. 춘천에 온 이상 꼭 담아 가야 할 풍경 중 하나다.

물안개와 철새가 아름다운 그림을 연출, 소양1교에서 소양3교

소양1교에서 소양3교는 자연 습지가 조성되어 있어 철새들이 날아들고 물안개가 피어나는 풍경이 아름답다. 2012년 10월 말, 소양강변을 따라 포토 존이 설치된다. 위치는 소양1교와 소양3교 사이 강원도재활병원 앞. 사진을 찍는 사람도, 전망을 즐기려는 사람에게도 멋진 장소가 될 듯.

의암호를 아름답게 담기, 서면도서관 포인트

애니메이션박물관이 있는 서면 쪽은 의암호의 또 다른 풍경을 담을 수 있는 곳. 서면도서관 포인트에서 사진을 찍는 사람들도 많다. 또 춘천 서면파출소 방향으로 오르는 길에도 멋진 사진을 담을 수 있는 포인트가 많다.

모든 풍경이 그림이 되는 곳, 남이섬

남이섬은 섬 자체가 포토 존이라고 할 수 있다. 키 큰 나무들이 줄지어 서 있는 산책로와 호수를 배경으로 한 풍경, 간간이 만나는 새와 동물 등 아기자기한 요소가 많다. 또 사계절에 따라 색다른 그림을 담을 수 있다는 점도 매력적. 봄부터 가을까지는 물론, 눈 내린 겨울 풍경도 운치 있다.

소박하지만 운치 있는 길, 산천리 잣나무길

소박한 길이지만 시골 한가운데 이런 길이 조성되어 있다는 게 신기하다. 전혀 예상치 못한 곳에서 마주치는 잣나무길은 평화롭고 따스하다. 영화와 드라마 배경으로도 등장했고, 많은 사람들이 사진을 찍기 위해 들른다. 신북읍 산천리에 위치하며 '월드온천' 바로 맞은편에 있으므로 쉽게 찾을 수 있다.

춘천 시내 최고의 야경을 담을 수 있는 포인트, 구봉산 전망대 카페 거리 '산토리니'

구봉산전망대 카페 거리는 전망을 즐길 수 있는 곳이 많은데, 사진가들이 좋아하는 곳은 '산토리니'이다. 넓은 잔디밭과 데크 등이 조성되어 있어 삼각대를 설치하고 여유롭게 사진을 찍을 수 있기 때문이다. 춘천휴게소에서 바라보는 춘천 시내 야경도 아름답다.

춘천 축제
춘천의 축제에는 뭔가 특별한 게 있다!

이미지 때문일까. 춘천은 페스티벌과 참 잘 어울리는 도시다. 춘천의 축제는 마임, 인형극, 애니메이션, 문학 등 다양한 문화 장르를 테마로 해 더욱 특별하고 의미 있다. 춘천에서만 볼 수 있고 춘천이라서 더욱 즐거운 축제들. 사계절 내내 춘천은 축제로 흥겹다.

춘천마임축제

프랑스 미모스페스티벌, 영국 런던마임페스티벌과 함께 세계 3대 마임 축제로 손꼽히는 춘천마임축제. '마임'이라는 장르 때문에 공연 마니아들만 즐기는 축제로 오해할 수도 있겠지만 몸과 움직임, 이미지를 바탕으로 하는 모든 공연 예술이 한데 어우러져 남녀노소 누구나 쉽게 즐길 수 있다. 축제 기간엔 축제극장몸짓과 수변공원을 비롯한 춘천 시내 일대가 축제장으로 변신해 즐거운 한마당이 펼쳐진다. 공연이라는 순수예술과 난장이라는 축제를 함께 체험하는 신나는 축제, 오직 춘천에서만 볼 수 있는 특별한 축제가 매년 5월 펼쳐진다. www.mimefestival.com

춘천인형극제

1989년 시작된 춘천인형극제는 국내 최대 규모의 인형극제로, 인형극을 비롯한 다양한 체험 프로그램을 즐길 수 있다. 국내외 전문 극단과 아마추어 극단이 함께 참여해 다양한 인형극을 선보인다. 인형들이 거리를 활보하는 퍼레이드부터 흥을 돋우는데, 누구나 함께 참여 가능하다는 점도 매력적이다. 일상에서 흔히 접하기 어려운 인형극에 한발 가까이 다가설 수 있는 즐거운 동심의 축제다. 매년 8월 개최. www.cocobau.com

춘천막국수·닭갈비축제

춘천을 대표하는 춘천막국수와 춘천닭갈비가 함께하는 맛있는 축제. 향토 축제답게 다소 투박하고 소박하다. 축제를 통해 춘천닭갈비와 춘천막국수에 대해 배우고 맛볼 수 있다. 특히 100인분 닭갈비, 막국수 시식 행사는 언제나

인기 높다. 세계 다른 나라의 면 요리, 닭 요리를 맛볼 수도 있고 호수불꽃쇼도 펼쳐진다. 춘천 송암스포츠타운에서 진행되기 때문에 물레길, 카트장 등과 연계해서 즐겨도 좋다. 매년 8월 개최. www.mdfestival.com

춘천국제연극제

춘천이라는 도시의 아름다운 배경을 십분 활용해 극장 위주의 공연을 지양하고 다양한 장르의 연극 공연을 선보이는 축제. 국내외 것진 연극을 접할 수 있는 소중한 기회로, '열린 무대, 열린 축제'를 테마 삼아 자연 속의 연극제로 자리 매김했다. 가을이 무르익는 계절, 낭만의 도시 춘천에서 연극 한 편을 감상하며 아름다운 추억을 만들어 보자. www.citf.or.kr

춘천애니메이션포럼

애니메이션의 도시, 춘천에서 펼쳐지는 만화 같은 축제. 애니메이션 공모전과 컨퍼런스 등 전문 분야 행사와 함께 일반인들을 위한 다채로운 부대 행사가 펼쳐진다. 조트로프, 페나키스티스코프 등 애니메이션 원리를 체험하는 프로그램과 애니메이션 캐릭터를 이용한 인형극 공연, 코스튬 플레이 등도 진행된다. 거기에 3D 영화제도 볼거리를 더한다. 매년 가을 개최. www.caf21.org

김유정문학제

춘천을 대표하는 문인 김유정의 삶과 작품을 접할 수 있는 축제. 김유정 소설 속 배경을 고스란히 느낄 수 있는 고향 실레마을에서 열려 더욱 흥미롭다. 전국 중·고·대학생과 일반인을 대상으로 펼쳐지는 김유정 산문 백일장과 김유정 소설 입체 시낭송 대회, '봄·봄, 동백꽃의 점순이를 찾습니다', 실레마을 닭 운동회, 풍물 장터 등 특별한 프로그램이 가득하다. 매년 4월 개최. www.kimyoujeong.org

조선일보춘천국제마라톤대회

춘천 호반의 바람을 가르며 달릴 수 있어, 달리기를 좋아하는 사람이라면 누구나 한 번쯤 꿈에 그리는 춘천마라톤대회. 영화 〈말아톤〉 속에서도 빛을 발한 코스다. 42.195km 풀코스와 함께 10km 코스도 참가 가능하다. 의암호의 아름다운 풍경 속을 달리는 황홀한 기분 때문에 단순한 마라톤대회 이상의 의미를 갖는다. 매년 10월, 춘천 호반을 달리는 춘천마라톤대회는 대회라기보다 축제라는 이름이 더 잘 어울린다
marathon.chosun.com

춘천월드레저대회

2010년 첫선을 보인 춘천월드레저대회는 2년 단위로 개최되며 국제 대회와 국내 대회가 함께 진행된다. 웨이크보드 선수권, 토너먼트 수상스키 등의 국제 대회와 스포츠 클라이밍, 퍼러글라이딩, 모형 항공기, 인라인스케이팅, 아이스하키, 족구, 궁도, 테니스, 배드민턴, 축구, 야구 등 레저·생활체육 종목이 개최된다. 일반인을 위한 전국등반대회, 레저사진촬영대회, 시민자유공연, 물레길 호수 체험, 뉴스포츠 체험, 걷기대회, 수상 레저 체험 등의 행사도 마련된다. 무한한 레저의 세계를 눈으로 즐기고, 몸으로 체험할 수 있는 신나는 기회이다. 8월 말경 송암스포츠타운 중심으로 개최된다.

춘천호수별빛축제

전망 좋은 춘천MBC에서 펼쳐지는 빛의 축제. 은은하게 불을 밝히는 은하수 전구와 LED 조형물 등을 이용해 환상적인 여름밤의 추억을 선사한다. 춘천MBC 내 광장에서 공연과 콘서트도 진행돼 볼거리를 더한다. 화려한 빛으로 반짝이는 산책로를 따라 걷고 의암호와 춘천 시내 야경도 함께 감상할 수 있다. 공지천과 멀지 않으므로 축제 기간 동안 산책 삼아 춘천MBC까지 걸어도 좋다. 2011년부터 시작됐으며 5월 말부터 8월 말까지 진행.

Special Talk 04

춘천닭갈비 & 춘천막국수 한 수 배우기
지글지글 닭갈비, 새콤시원 막국수가 있어 더욱 즐거운 춘천 여행~

"닭갈비, 막국수 맛이 거기서 거기지"라는 말은 틀린 말이라 단언할 수 있다. 춘천에서 제대로 된 닭갈비, 막국수 맛집을 몇 군데라도 가본다면 이런 말은 할 수 없을 테다. 춘천에는 서울에서 먹던 흔하디흔한 닭갈비와 막국수 맛을 잊게 해줄 전통 있는 닭갈비, 막국숫집이 많다. 춘천닭갈비와 춘천막국수에 대해 제대로 한 수 배운 뒤에 먹으면 그 맛이 더욱 깊이 있게 다가올 것이다.

Part 1 ## All that 춘천닭갈비

춘천닭갈비는 어떻게 탄생했나?

철판에 닭고기와 양배추, 채소를 넣어 볶아 먹는 요리를 춘천닭갈비라고 하지만, 맨 처음에는 닭고기를 숯불에 구워 먹는 형태였다. 원래 돼지고기를 고추장에 양념해서 팔던 가게에서 고기가 떨어지자 대신 닭고기를 사용했는데 손님들의 반응이 좋아 아예 닭고기로 만들어 판매한 것이 춘천닭갈비의 유래라는 설도 있다. 어쨌든 1960년대 말 선술집에서 술안주 대용으로 개발했다가 이후 푸짐하게 먹기 위해 채소를 섞어 볶는 형태로 발전했다. 춘천 지역에 도계장이 많았던 것도 닭갈비가 성행하게 된 이유 중 하나. 예전에는 닭고기가 다른 육류에 비

해 워낙 싸서 닭갈비는 서민 갈비라는 별명으로 불리기도 했다. 원래 춘천에서는 닭갈비를 1인분이 아니라 대수로 판매했는데 관광객이 늘면서 1인분의 형태로 가격 기준이 바뀌었다. 1970년대 초만 해도 닭갈비 1대 값이 100원이었다고 하니 지금과 엄청난 차이가 있다. 지금은 일반적으로 1인분이면 닭갈비 3대 혹은 300g 정도가 나오고 가격은 1만원 정도.

제대로 된 춘천닭갈비란?

① **국내산 닭 넓적다리 살만 사용** 춘천에서 그래도 닭갈비를 제대로 한다는 몇몇 집에서는 여전히 토막 낸 고기를 사용하지 않는다. 닭의 넓적다리 살을 포를 뜨듯 펴서 양념에 재워뒀다가 손님상에 채소와 함께 통째로 내온다. 그리고 즉석에서 고기를 자르며 볶아준다. 가게 입장에서는 시간과 노력이 더 들어가지만 춘천닭갈비의 전통을 지키기 위해 아직도 일부 닭갈빗집에서는 이런 방식을 고수한다.

② **주물 무쇠판 이용** 제대로 된 춘천닭갈빗집에서는 여전히 주물 무쇠판을 고집한다. 일반 철판에 볶을 때와 맛이 확연히 차이 난다. 똑같은 재료라도 어떤 불에서 익혀내느냐에 따라 음식 맛이 달라진다는 것은 누구나 아는 사실. 최근에는 주물 무쇠판을 만드는 공장들이 거의 문을 닫는 추세라 오래된 닭갈빗집들은 이 무쇠판을 보물처럼 여긴다.

③ **닭 내장 함께 먹기** 관광지의 닭갈빗집이 아니라 춘천 현지인들이 자주 찾는 원조 닭갈빗집의 메뉴판에는 막국수 대신 닭 내장이 올라 있다. 닭갈비에 닭 내장을 섞어 먹으면 쫄깃한 질감을 느낄 수 있다. 낯설기 때문에 시도하지 않는 외지인들이 많은데, 한번 먹어보면 대부분의 사람들이 의외로 좋아한다. 처음에 2명이 가서 닭갈비 1인분, 닭 내장 1인분을 먹기 부담스럽다면 '닭갈비 5대에 닭 내장 약간'을 주문해보자. 이런 식으로 주문을 받는 닭갈빗집들도 있다.

춘천 사람들이 좋아하는 원조 춘천닭갈빗집

춘천 여행에서 빠지지 않는 코스가 바로 춘천닭갈비 먹기. 그만큼 닭갈비는 춘천을 대표하는 주요 아이콘으로 자리 잡았다. 춘천 시청에 등록돼 있는 닭갈빗집만 해도 300개가 훨씬 넘는다고 하니 엄청나다. 그중에는 업체에서 양념을 주문받아 사용하는 곳도 있어 그런 식당만 다니다 보면 '닭갈비 맛이 거기서 거기'라고 느낄 수밖에 없다.

명동 닭갈비 골목, 소양강댐 인근, 온의동 닭갈비 골목 등 닭갈빗집이 몰려 있는 곳이 많다. 명동 닭갈비 골목은 춘천닭갈비가 태어난 원조 골목이긴 하지만 지금은 많은 가게들의 주인이 바뀌었다. 그래서 춘천 사람들이 줄서서 먹는 닭갈빗집과 외지인들이 줄서서 먹는 닭갈빗집은 따로 있다는 얘기도 있다. 춘천 현지인들이 닭갈비 원조집으로 인정하는 곳은 1.5닭갈비(p.220), 구우미닭갈비(p.222), 우성닭갈비(p.224) 정도. 소양강댐 인근의 통나무집닭갈비(p.226)는 공기 좋은 교외라는 이점과 맛을 인정받아 현지인과 외지인들이 모두 즐겨 찾는 곳이다. 그 외 숯불닭갈빗집 중에서는 원조닭불고기집(p.228)과 상호네(p.230)가 인기가 많다.

All that 춘천막국수

왜 막국수라고 부를까?

예전에 우리나라에는 밀보다 메밀이 흔했다. 메밀은 아무 곳에서나 잘 자라기 때문에 어디서든 흔히 볼 수 있었다. 서민들이 쉽게 식재료로 사용할 수 있었던 메밀과 조리 방법이 간편한 국수가 만나 탄생한 것이 바로 메밀막국수. 메밀 반죽을 아무렇게나 '막' 눌러서 국수를 뽑아 먹었다 해서 '막'국수라는 이름을 얻게 되었다. 강원도 지역에서 주로 먹었는데 특히 춘천에 서민들의 생계를 위한 막국숫집이 많이 생기면서 춘천막국수라는 이름이 생겨났다. 춘천막국수를 한마디로 정의할 수는 없지만 예전에는 걸쭉한 고추장, 간장 양념이 가미된 막국수를 춘천 스타일이라고 하기도 했다. 하지만 지금 춘천막국수 맛집들을 보면 동치미막국수, 회막국수, 비빔막국수 등 그 형태가 매우 다양하다.

막국수 맛있게 먹는 법

① **따뜻한 면수를 마신다** 막국숫집에 가면 주전자에 따뜻한 물을 넣어 내오는데, 이 물이 바로 면을 삶은 국물, 즉 면수다. 냉면집에서 따뜻한 육수가 나온다면 막국숫집에서는 면수가 나온다. 막국수 면수는 차가운 음식을 먹기 전에 속을 따뜻하게 데워주는 역할을 한다. 면수에 양념장이나 간장을 살짝 타서 먹어도 된다.

② **고명으로 나온 삶은 계란을 먼저 먹는다** 대부분 막국수 위에 얹어 나오는 삶은 계란을 나중에 먹는 사람이 많은데, 사실 막국수를 먹기 전 제일 처음 먹어야 한다. 삶은 계란은 이전에 먹었던 음식의 맛을 중화시켜, 막국수의 맛을 제대로 느끼게 해주는 역할을 한다.

③ **입맛에 맞게 육수를 넣고 양념을 한다** 춘천막국수의 특징 중 하나는 손님이 스스로 자신의 취향에 맞게 기본양념을 한다는 점. 막국수와 함께 육수를 내오면 손님상 위에 놓인 설탕, 식초, 겨자를 넣고 추가로 준비된 양념장을 넣어 먹는다. 가장 먼저 육수를 넣고 양념을 한다. 육수나 양념 양은 사실 정답이 없고 개인 취향에 따라 다르다. 굳이 기본을 얘기하자면, 육수는 막국수 사리의 3분의 1 정도, 설탕은 한 숟가락(가득 올라오는 한 숟가락이 아니라 적당히), 식초는 크게 한 바퀴 두를 정도, 겨자는 취향에 맞게 넣는 것이다. 설탕과 식초도 기본을 얘기한 것이고 취향에 맞게 조절하면 된다. 기본적으로 설탕을 첨가하는 곳도 있으므로 확인한 후 설탕을 넣어도 좋다. 비빔 스타일이나 진한 맛을 원한다면, 양념장을 더 넣어 먹으면 된다.

메밀막국수 건강하게 즐기는 방법

① **메밀막국수를 먹을 때는 꼭 무와 함께** 막국수 고명에는 꼭 무가 들어가거나 동치미가 함께 나온다. 메밀의 독성을 중화하기 위해 무를 함께 먹는 것으로 알려져 있다. 하지만 《동의보감》에는 '메밀의 성질은 평하고 냉하며 맛은 달고 독성이 없어 내장을 튼튼하게 한다'고 적혀 있어 메밀의 독성을 놓고는 찬반 논란이 있다. 이유야 어떻든 막국수와 무를 곁들여 먹으면 맛도 있고 음식 궁합도 잘 맞는다. 메밀총떡에도 무김치 소가 들어가는 걸 보면, 메밀과 무의 음식 궁합이 제대로인 듯.

② **막국수와 함께 즐기는 돼지고기 편육** 사실 메밀과 돼지고기 모두 성질이 찬 음식이라 궁합상 잘 맞지 않는다는 의견도 있으나, 다른 한편에서는 메밀과 돼지고기를 함께 섭취하면 아미노산 상승효과가 나타나 영양 효율이 높다는 설도 있다. 예전부터 메밀과 돼지고기로 만드는 메밀총떡을 먹었고 메밀막국수에도 돼지고기 고명을 올렸던 것을 보면, 두 스푼이 꼭 맞지 않는다고 할 수는 없을 듯하다. 성질이 따뜻한 겨자나 소화를 도와주는 무를 함께 곁들여 먹는다면, 메밀막국수와 돼지고기 편육도 더 건강하게 맛볼 수 있다.

③ **쫄깃함에 대한 기대감 버리기** 면발은 쫄깃해야 한다고 생각하는 사람들이 많은데, 메밀막국수만은 예외다. 쫄깃한 메밀막국수는 그만큼 메밀 함량이 낮고 전분 등 다른 성분의 함량이 높다. 춘천의 막국수 맛집은 대부분 메밀 함량 비율을 70~80% 정도로 조정하는데, 100% 메밀을 사용하면 뚝뚝 끊어져 식감이 좋지 않다고들 한다. 막국수 전문점마다 메밀 외에 추가로 들어가는 성분도 다소 차이가 있기 때문에 면발 색이나 질감, 맛이 차이가 있다.

춘천의 막국수 맛집을 찾아서~

막국수를 닭갈빗집에서 먹는 후식 정도로 생각하는 외지인들이 많지만 춘천 사람들에게 막국수는 후식이 아닌 메인 음식이다. 그러다 보니 춘천에는 막국숫집이 많고, 막국수를 즐기는 춘천 사람들의 입맛에 맞춰야 하니 맛집이 많을 수밖에 없다. 2대째 운영하는 원조 막국수 맛집도 많고 새로운 스타일로 사람들의 입맛을 사로잡는 신생 막국숫집도 많다. 춘천막국수체험박물관이 위치한 신북읍에는 대표적인 막국수 맛집인 유포리막국수(p.202)와 샘밭막국수(p.204)를 비롯해 많은 막국숫집이 포진해 있다. 또 접근성이 좋은 시내에서는 남부막국수(p.206), 부안막국수(p.208), 별당막국수(p.210), 실비막국수 등이 맛집으로 손꼽힌다. 막국숫집이 워낙 많다 보니 취향에 따라 선호하는 맛집이 다를 수밖에 없다. 여기서 다 소개하지 못한 막국수 맛집이 춘천에는 아직도 무궁무진하니 곳곳의 막국수 맛집을 다녀보며 내 입맛에 가장 잘 맞는 최고의 맛집을 찾아내는 재미도 쏠쏠할 듯.

전철 타고 즐기는 춘천 여행

어느 역에서 내릴까?

춘천은 마음만 먹으면 경춘선 전철을 타고 쉽게 떠날 수 있는 여행지다. 모든 역이 관광 명소와 바로 인접한 건 아니지만 셔틀버스 등 연계 교통편을 이용하면 어디든 쉽게 찾아갈 수 있도록 되어 있다. 굴봉산역부터 춘천역까지, 각 역에서 찾아가기 쉬운 여행지를 소개한다.

굴봉산역

구 경춘선 운행 당시 경강역으로 불렸으나 복선 전철 개통과 함께 신역사가 들어서면서 굴봉산역으로 역명이 변경되었다. 구 경강역은 현재 '강촌레일파크' 역으로 이용되고 있다. 굴봉산역에서 제이드가든(p.356)까지 무료 셔틀버스가 약 1시간 간격으로 운행된다.

백양리역

백양리역은 역사 자체를 독특하게 설계해 멀리서도 한눈에 띈다. 겨울철 엘리시안강촌 스키장을 찾는 여행자들이 애용한다. 백양리역에서 엘리시안강촌을 오가는 무료 셔틀버스가 약 20분 간격으로 운행된다.

강촌역

MT 온 젊은 대학생들이 우르르 몰려 내리는 역. 강촌유원지(p.378)를 찾는 대학생들이나 구곡폭포, 문배마을(p.385) 등으로 산행을 떠나는 일반인들이 주로 이용한다.

춘천역

경춘선 전철의 종점. 명동이나 한림대학교 쪽 시내 방향이나 소양강댐 방향으로 여행 시 춘천역에서 하차한다. 춘천역에서 소양강댐행 버스로 갈아탈 수 있으며 시내 방향으로 가고자 할 때도 이곳에서 버스나 택시를 이용한다.

김유정역

신남역에서 김유정역으로 역명이 변경되었다. 김유정문학촌(p.326)과 춘천 걷기 여행 봄내길 1코스인 실레이야기길, '레일파크(p.360)' 등을 즐길 수 있다. 예전 간이역도 인근에 있어 둘러보기 좋다.

남춘천역

경춘선 복선 전철이 개통되면서 춘천역보다 더 이용률이 높아진 역. 춘천 시민들과 강원대학교 학생들이 많이 이용한다. 강원드라마갤러리(p.340), 춘천풍물시장은 도보로 이동 가능하다. 공지천(p.370), 국립춘천박물관(p.306), 강원대학교 등을 방문할 때도 남춘천역에서 하차한다.

Special Talk 06

국내 최초의 2층 기차 'ITX-청춘'
다시 돌아온 '춘천 가는 기차'

춘천 가는 기차가 다시 돌아왔다. 예전의 무궁화호나 통일호가 아니라 'ITX (Intercity Train eXpress)-청춘'이라는 준고속 열차 형태로 말이다. 공모전을 통해 채택된 이름인 '청춘'은 경춘선 운행 당시 기차의 출발역과 종착역인 청량리역, 춘천역의 첫 글자를 상징하는 동시에 경춘선이 지니고 있는 젊음의 추억, 낭만의 철도 등의 다양한 의미를 담고 있다.

2012년 2월 28일 개통했으며 기본 정차 역은 용산역, 청량리역, 평내호평역, 가평역, 남춘천역, 춘천역이다. 그 외 열차와 시간에 따라 다른 역들도 정차한다. 정차 역에 따라 다소 차이는 있지만 일반적으로 청량리역에서 춘천까지 1시간 정도, 용산역에서 춘천까지 1시간 10분 정도 걸린다. 현재 요금은 원래보다 30% 할인돼 용산-춘천 간 6900원, 청량리-춘천 간 6000원이다.

Point 1 ## 우리나라 최초의 2층 열차

ITX-청춘이 개통하기 전부터 가장 주목받은 점은 바로 우리나라 최초의 2층형 객차라는 사실.

2층 버스도 흔치 않은 우리나라에서 2층 기차는 호기심을 자극하기에 충분하다. 열차 전체가 2층으로 되어 있지는 않고 총 8량 중 2량(4호 차와 5호 차)에 2층 객차가 편성되어 있다. 2층 객차는 일반 객차보다 높은 위치에서 전망을 감상할 수 있다. 그러나 실내 높이가 낮아 다소 답답한 느낌이 들 수 있고 짐을 얹는 선반이 없어 객차 앞뒤에 마련된 짐칸을 이용해야 한다. 그럼에도 2층 객차는 인기가 많아 주말에 이용하려면 반드시 예매해야 한다.

"이 뿔은 뭐야?"
각 좌석에 귀여운 뿔이 하나씩 달려 있다. 처음엔 무슨 용도일까 싶은데, 여기에 가방을 걸어두면 편리하다. 특히 선반이 없는 2층 객차에서는 더욱 요긴하다.

Point 2 ## 전철이 아니라 기차

ITX-청춘이 전철 노선과 같은 전철역을 이용하다 보니 전철로 오인하는 사람들이 있는데, ITX-청춘은 전철이 아니라 기차라는 점을 유념하자. 전철처럼 교통카드로 이용하는 것이 아니라, 다른 기차와 마찬가지로 기차역이나 온라인을 통해 기차표를 끊어야 한다. 일반 기차처럼 좌석제로 운행되며, 일부 시간대와 차량에 한해 자유석도 이용 가능하다. ITX-청춘과 전철을 갈아타는 사람들을 위해 환승 통로나 승강장에 교통카드 승하차 단말 처리기가 설치돼 있어 편리하다.

Tip   춘천역/남춘천역 도착 후 어떻게 돌아볼까?

+ **150번 관광지 순환버스** 춘천 시내버스 중 150번 버스를 이용하자. 150번은 관광지 순환노선 운행 버스로, 춘천을 찾은 여행자들을 위해 개설됐다. 코스는 춘천역 → 인형극장 → 월드온천 → 윗샘밭종점 → 소양강댐 정상 → 옥광산 → 춘천역. 평일에는 10회, 주말과 공휴일에는 20회 운행된다. 운행 시간표, 요금은 춘천 버스 정보 시스템 홈페이지(www.chbis.kr)에서 확인 가능하다.

+ **시티투어버스** 춘천역에서 매일 시티투어버스가 출발한다. 춘천의 굵직한 관광 명소가 코스에 포함되며 요일별로 약간씩 변화된 코스로 운행된다. 기용료는 5000원이며 사전 예약 후 이용하면 좋다. 자세한 내용은 p.114 참조.

+ **걷기** 춘천 시내를 둘러볼 계획이라면 걷기 여행도 추천할 만하다. 아주 춥거나 더운 날이 아니라면, 춘천역이나 남춘천역을 출발해 공지천, 명동, 낭만시장 등까지 산책 삼아 여유롭게 거닐며 여행을 즐겨도 좋다. 작은 골목이나 숨어 있는 따뜻한 풍경들이 소소한 재미를 안겨준다.

2층 객차와 일반 객차를 비교해보면 높이에 차이가 있다. 일반 객차에는
중간 스크린이나 선반이 있지만, 2층 객차에는 둘 다 없다.

Point 3 **자전거 여행에도 OK**

경춘선의 특성을 고려해 열차 내에 자전거 거치 공간이 마련되어 있다.
단, 1호 차와 8호 차에 각 4개씩 총 8개 공간밖에 없으므로 이 역시 예매
가 필요하다. 본인의 자전거를 가지고 춘천 여행을 떠나고 싶은 사람이
라면 꼭 기억해두자.

Point 4 **ITX-청춘 vs 경춘선 전철**

	ITX-청춘	경춘선 전철
분류	준고속 열차	수도권 전철
요금	춘천-청량리 6000원 춘천-용산 6900원	춘천-상봉 교통카드 2650원, 현금 2750원
요금 지불 방식	승차권(기차표) 구입	승차권(전철표) 구입, 교통카드 사용 가능
소요 시간	춘천-청량리 약 1시간 춘천-용산 약 1시간 13분(기본 역 정차 기준)	춘천-상봉 약 1시간 20분
특징 비교	전철에 비해 좌석이 편안하고, 여행 기분을 낼 수 있다. 연인이라면 둘만의 좌석에서 다정하게 여행을 즐길 수 있고, 가족이나 친구는 의자를 돌려 4인석을 만들어 마주 보며 여행을 즐길 수 있다. 여행 기분을 제대로 즐기고 싶다면 아무래도 전철보다는 기차가 제격.	저렴하게 춘천 여행을 즐길 수 있다. 기차와 같은 노선을 이용하기 때문에 같은 풍경을 만끽할 수 있다. 7호선과 연계해 여행하면 편리하며 정차 역이 많기 때문에 목적지와 출발지에 대한 선택의 폭이 넓다. 또 기차보다 자주 운행해 시간 제약을 덜 받는다.

춘천과 잘 어울리는 노래

"이 노래와 함께라면 춘천 여행이 더욱 즐거워요"

음악과 함께하는 여행은 더욱 운치 있다. 그리고 특정한 여행지와 어울리는 음악도 있다. 특히 춘천처럼 로맨틱한 여행지라면 음악이 더욱 빠질 수 없다. 김현철의 '춘천 가는 기차' 때문일까. 춘천으로 여행을 떠나는 날에는 꼭 음악이 있어야 할 듯하다.

'춘천 가는 기차'_김현철

"조금은 지쳐 있었나 봐
쫓기는 듯한 내 생활
아무 계획도 없이 무작정 몸을 부대어보며
힘들게 올라탄 기차는
어딘고 하니 춘천행
지난 일이 생각나 차라리 혼자도 좋겠네

춘천 가는 기차는 나를 데리고 가네
오월의 내 사랑이 숨 쉬는 곳
지금은 눈이 내린 끝없는 철길 위에
초라한 내 모습만 이 길을 따라가네
그리운 사람"

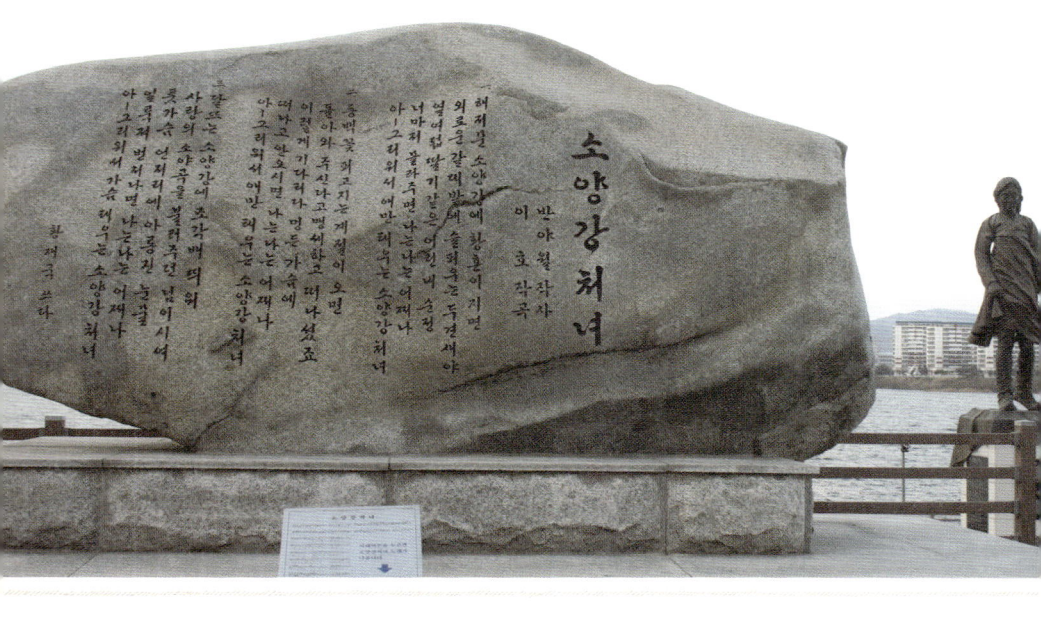

춘천 하면 가장 먼저 떠오르는 노래가 바로 김현철의 '춘천 가는 기차'. 춘천으로 향할 때면 이 노래가 듣고 싶고, 이 노래를 들으면 춘천으로 떠나고 싶어진다. 예전의 춘천 가는 기차는 없어졌지만 지금은 ITX-청춘과 경춘선 전철을 통해 기차 여행 기분을 낼 수 있다. 춘천으로 떠나는 여행길, '춘천 가는 기차'를 꼭 들어보자. 그 느낌이 사뭇 다르게 다가올 것이다.

'소양강 처녀'_김태희

"해 저문 소양강에 황혼이 지면 외로운 갈대밭에 슬피 우는 두견새야"로 시작하는 '소양강 처녀'. 누구나 한 번쯤은 불러봤을 법한 대한민국 대표 트로트 애창곡. 무심히 부를 때는 몰랐겠지만 '소양강 처녀'이니만큼 춘천과 깊은 관계가 있다. '소양강 처녀'는 실존 인물로, 가수를 꿈꾸던 춘천의 18세 처녀를 모티브로 만든 노래다. 지금 춘천 소양2교 인근 강변에는 대형 소양강 처녀상이 있고 노래비까지 서 있다. 2011년 소양강댐 주변을 재정비하면서 그곳에도 소양강 처녀상을 만들었다. 동상 크기는 훨씬 작고 모습도 약간 다르게 생겼다. 춘천 여행 시 해 저문 소양강을 바라보며 이 노래를 들어보라. 꽤나 운치 있게 느껴질 것이다.

'처음부터 지금까지'_류

제목이 낯설지 모르지만 이 노래를 들어보던 모두 "아~" 하고 고개를 끄덕일 것이다. 바로 그 유명한 〈겨울연가〉 OST이기 때문이다. 춘천과 떼려야 뗄 수 없는 〈겨울연가〉. 그래서 춘천에서 듣는 〈겨울연가〉 OST는 더욱 남다르게 다가온다. 드라마를 열심히 본 사람이라면 춘천의 〈겨울연가〉 촬영지를 돌면서 이 노래를 들으면 감회가 남다를 것.

'간지럽게'_스윗소로우

MBC 프로그램 〈무한도전〉의 '시크릿 바캉스' 편 방영 당시 스윗소로우가 춘천 중도에 와서 불렀던 노래. 때 묻지 않은 자연이 아름다운 중도와 해맑은 스윗소로우의 목소리가 잘 어울린다. 중도에서 듣는 스윗소로우의 '간지럽게'는 더욱 청아하게 느껴진다.

'GRAND FINAL'_리쌍

"뜨거운 태양 아래 우린 노를 저어가네… 함께 올라탄 배 멈추지 않네. 다 같이 박자를 맞춰 하나 둘 셋. 우린 하나 서로를 믿고 끝까지 간다… 어기야 디여차 어기여차 어기야 디여차 노를 젓자." 물레길에서 카누를 타면서 들으면 좋을 노래. 〈무한도전〉 조정 편에 나온 노래지만 카누와도 잘 어울린다. 물론 카누 시합을 하는 것도 아니고 힘든 코스도 아니지만 'Grand Final'을 들으며 노를 저으면 흥이 솟을 듯하다.

강촌에 살고 싶네_나훈아

"날이 새면 물새들이 시름없이 나는 / 꽃피고 새가 우는 논밭에 묻혀서 / 씨 뿌려 가꾸면서 땀을 흘리며 / 냇가에 늘어진 버드나무 아래서 / 조용히 살고파라 / 강촌에 살고 싶네". 노랫말 때문에 더욱 유명한 노래. 작사가인 고 김설강 선생이 실제로 강촌의 한 여인숙에 머물면서 노랫말을 만든 것으로 알려져 있다. 강촌유원지에 가면 '강촌에 살고 싶네' 기념 노래비가 있다.

춘천을 대표하는 시장
"우리, 시장 구경이나 가볼까~"

사람 사는 곳 어디에나 시장이 있다. 그 여행지와 친해지려면 시장 구경은 필수 코스. 현지 사람들이 사는 모습을 관찰할 수 있고 그들이 먹고, 사는 것들도 구경할 수 있다. 도시와 시골, 현지인과 여행자가 어우러져 있는 춘천. 그래서 춘천의 시장은 더 색다르고 재미있다.

Market 1 ▶ **춘천을 대표하는 대규모 5일장 춘천풍물시장**

원래 약사명동에서 '춘천풍물시장'이란 이름으로 20여 년을 함께했으나 약사천 복원 사업으로 2010년 10월, 지금의 온의동 갈매울로 이전했다. 아담하고 깔끔한 점포가 줄지어 서 있고 5일장이 열리는 날에는 노점도 가득 차 인산인해를 이룬다. 호떡, 찐빵 등 시골장 단골 메뉴부터 춘천을 대표하는 다양한 메뉴도 만나볼 수 있다. 남춘천역과 가까워 여행자들이 즐겨 찾는다. 5일장이 서는 매 2일과 7일에 찾아가면 좋다.

곤계란이 뭐예요?

풍물시장을 돌다 보면 삶은 계란을 파는 집이 많다. 그중에도 '곤계란'이라는 글자가 눈에 띈다. 곤계란은 부화에 실패한 계란을 일컫는다. 일반 계란에는 흰자와 노른자가 있지만 곤계란에는 부화되지 못한 병아리가 들어 있다. 처음 보는 사람들은 껍질을 까다가 깜짝 놀랄지도 모른다. 익숙지 않은 음식이라 누구나 쉽게 시도하기는 어렵겠지만 마니아들은 고소한 맛이 일품이라며 좋아한다. 구 남춘천역 인근에 곤계란을 파는 가게가 있었는데, 재개발 때문에 지금은 풍물시장으로 일부 자리를 옮겼다. 풍물시장 내 육림스당도 곤계란을 전문으로 판매한다. 용기 있는 자라면 한번 도전해보시길. 곤계란 3개 1000원.

호떡, 호떡, 호떡!

예나 지금이나 시장의 단골 간식 메뉴는 흐떡. 기름에 바삭하게 구워낸 호떡부터 뚜껑 달린 불판에 구워내는 옛날식 찹쌀호떡까지, 주인장 손맛에 따라 호떡 맛도 제각각이다. 1개 1000원짜리 호떡도 많아진 요즈음, 풍물시장에서 만나는 1개 500원짜리 호떡이 참 착하게 느껴진다.

돌절구 떡 맛 보세요!

돌절구로 만든 떡을 자신 있게 선보이는 풍물시장 내 낙원떡집. 돌절구가 앞에 전시되어 있다. 인절미, 송편, 시루떡, 콩찰떡, 증편 등 다양한 떡을 판매한다.

알뜰 쇼핑을 위하여

구제 옷 가게도 간혹 눈에 띈다. 특히 5일장이 서는 날에는 구제 제품을 파는 노점도 들어온다. 발품을 팔면 괜찮은 물건을 싼값에 사는 횡재를 누릴 수도 있다.

맛집이 가득~

풍물시장에는 보리밥집, 순댓국밥집 등 다양한 맛집이 많다. 5일장이 열리는 날, 유난히 손님이 많이 몰리는 가게가 바로 맛집. 시장 맨 끝에 자리한 죽집도 인기가 많다.

Market 2 소박한 시골 장터 분위기 물씬~ 샘밭장터

춘천풍물시장에 비해 규모는 많이 작지만 시골 장터 분위기를 제대로 느낄 수 있어 좋다. 시장은 작아도 메밀부침개, 메밀전병과 같은 강원도 대표 먹을거리와 각종 채소, 생선 등 모든 품목이 구비되어 있다. 샘밭장터가 열리는 동네 자체가 잘 정비되어 있어 산책하듯 돌아보면 재미있다. 매 4일과 9일에 5일장이 선다.

할머니가 손수 빚은 떡

샘밭장터에서 눈에 띄는 먹을거리 중 하나는 바로 할머니가 직접 만들어 파는 현미찹쌀떡. 재료만 준비해 와 그 자리에서 만들어 판매한다. 쫀득쫀득한 현미찹쌀떡에 직접 삶은 단팥을 가득 채워 만드는데, 기계로 만들어내는 떡

에서는 느낄 수 없는 찰기와 고소함이 느껴진다. 달지 않고 담백해서 자꾸 생각나는 맛. 할머니가 손수 만든 청국장도 함께 판매한다. 현미찹쌀떡 3개 2000원.

장터에서 결코 빠질 수 없는 부침개

얇은 메밀부침에 매콤한 무채로 속을 채운 메밀전병과 얇은 메밀전에 배추, 실파를 얹은 메밀부침개. 강원도 어느 장터에 가더라도 빠지지 않는 단골 메뉴다. 규모가 작은 샘밭장터에도 메밀부침개와 메밀전병은 꼭 등장한다.

주인을 기다리는 멍멍이들

시골 장터에서 볼 수 있는 풍경. 강아지들이 새로운 주인을 만나기 위해 장터에 나와 있다. "너희들 모두 새 주인을 만났니?"

도발적인(?) 문구

엿을 파는 곳에 붙어 있는 '에라이, 엿 먹어라'라는 문구가 눈길을 끈다.

시장표 과자

샘밭장터 한쪽에 쭉 늘어선 과자들이 눈길을 사로잡는다. 각양각색의 시장표 옛날 과자는 종류도 다양하다. 꽈배기 과자부터 컬러풀한 웨하스, 상투과자, 미니 약과, 호두과자 등 하나하나 이름을 대기도 어려울 정도. 갖가지 과자를 봉투 가득 담아 맛봐도 좋을 듯.

Market 3 낭만 가득한 감성 시장 **춘천낭만시장(중앙시장)**

춘천 명동에 위치해 춘천을 찾는 여행자들이 많이 들르는 곳. 재래시장 이지만 깔끔하게 정리되어 있어 돌아보기 좋다. 2010년부터 '낭만시장' 이라는 새로운 이름을 얻은 중앙시장은 시장에 문화 콘텐츠를 가미한 재미있는 곳이다. 골목갤러리, 입주 작가들의 작업실, 낭만상회, 시장라 운지, 낭만극장 등 특별한 볼거리가 많다. 시장을 가득 채운 알록달록 한 그림과 간판을 구경하는 재미도 쏠쏠하다. ···→ p.318

Market 4 번개처럼 왔다 사라지는 시장 **번개시장**

춘천에는 '번개시장'이 있다. 아직 깜깜한 이른 새벽에 장이 서고 오전 8~9시에는 파장해 부지런해야만 가볼 수 있는 시장이다. 새벽에 반짝 서기 때문에 이름도 번개시장이다.

화려하지는 않지만 시골에서 할머니들이 가지고 나오는 정직한 농산물을 저렴한 가격에 구입할 수 있어 매력적이다. 번개시장은 소양로1가 뒷골목과 후평동에도 선다. 후평동 번개시장은 대로변에 위치해 차를 타고 이동하면서도 쉽게 구경할 수 있다.

Market 5 구수한 순대국밥 내음~ **춘천동부시장**

팔호광장 인근에 위치한 동부시장은 맛집이 많 아 춘천 현지인들이 즐겨 찾는 시장. 복합 상가 건물로 이루어진 시장 분위기가 독특하며 그 지 하에 유명한 순댓국밥집 등 맛집이 모여 있다. 아주 번화한 시장은 아니지만 맛집을 찾아 한번 들러볼 만하다.

63 | Stories about Chuncheon

영화 · 드라마 속 춘천

춘천 어디에 가도 그 영화, 그 드라마가 보인다

춘천. 이름만 들어도 왠지 모를 설렘이 느껴지는 도시. 아름다운 호수와 산으로 둘러싸인 호반의 도시. 일상과 감성, 상상이 더해지는 영화와 드라마 배경으로 이만큼 완벽한 곳이 또 있을까. 그래서인지 춘천은 참 많은 영화와 드라마의 배경이 되었다. 단순히 촬영지로 활용되는 것이 아니라 영화나 드라마 속 중요 요소로 '춘천'이란 공간이 강조되기도 한다. 영화나 드라마의 스토리텔링을 더듬으며 다가가는 춘천은 어떤 느낌일까.

Place 1 네버 엔딩 스토리 in 춘천 드라마 〈겨울연가〉

참 오래되긴 했지만 춘천에서 촬영한 영화나 드라마를 얘기할 때 〈겨울연가〉를 빼놓을 수는 없다. 드라마 방영 직후 많은 국내외 관광객들이 〈겨울연가〉를 느끼러 춘천을 찾았다. 당시의 인기보다는 한풀 꺾였다고 해도 여전히 많은 외국인 관광객들이 〈겨울연가〉 때문에 춘천을 찾고 있다. 그래서 아직도 춘천 곳곳에는 한국인들에게는 조금 따분하게 느껴질지도 모를 〈겨울연가〉의 여운이 고스란히 남아 있다. 드라마는 끝난 지 오래됐지만 그래도 가끔은 추억을 회상하듯 촬영지를 돌아봐도 좋을 듯.

꽤 오랜 시간이 흘렀지만 이곳에서는 여전히 유진과 준상이 살아 숨 쉬는 듯하다.

남이섬

〈겨울연가〉 하면 가장 먼저 떠오르는 장소가 아닐까. 준상(배용준)과 유진(최지우)이 나눈 달콤한 첫 키스의 추억을 담은 곳. 1년 내내 녹지 않는 눈사람처럼, 사랑도 365일 시들지 않길 바라는 연인들의 기념 촬영 장소로 인기를 끌고 있다. 유진과 준상이 함께했던 아름다운 메타세쿼이아 길과 〈겨울연가〉 기념사진을 전시해 놓은 전시관도 볼거리다.

춘천 명동

준상과 유진의 약속 장소로 등장했다. 실제로 춘천의 많은 젊은이들이 만나는 서울의 명동과도 같은 곳.

중앙시장

드라마에서 유진의 엄마가 일하던 가게가 있던 곳으로 등장했는데 바로 명동과 이어져 있다. 입구 바로 앞 분식집은 배용준이 떡볶이를 먹

었던 곳으로 유명해졌다.

소양로 기와골 '준상이네 집'

드라마 속에서 준상이 살았던 집. 드라마 촬영 당시 사용했던 다양한 소품이 그대로 보존되어 있어 일본인 관광객들이 많이 찾는다. 지금도 주인이 거주하며 촬영지는 유료 개방하고 있다. 하지만 재개발 때문에 이제 '준상이네 집'은 추억 속으로 사라질 예정.

중도

준상이 유진에게 춘천으로 돌아온 이유를 설명하는 장면에 등장했다. 노을 속 갈대밭이 참 인

상적인 장면이다. 첫눈 내리던 날 데이트 장면도 이곳에서 촬영됐다.

공지천

유진이 버스에서 졸다가 잘못 내렸던 곳. 〈겨울연가〉 촬영지를 알리는 표지판과 벤치가 있다.

춘천고등학교

준상과 유진이 선생님의 눈을 피해 담을 넘어 학교로 들어가던 장면을 촬영했던 곳. 아직도 학교 담벼락에 〈겨울연가〉 촬영지임을 알리는 안내판이 남아 있다.

Place 2 소소한 춘천의 일상 풍경 영화 〈가족의 탄생〉

이 영화를 본 사람들에게 춘천은 또 다른 의미로 다가갈 듯하다. 춘천이 단순히 촬영지 이상의 의미를 갖는 영화이기 때문. 소양강의 아름다운 풍경과 함께 춘천의 평범한 동네들이 등장한다. 〈가족의 탄생〉은 세 가지 에피소드로 구성되는데, 첫 번째 에피소드는 춘천의 오래된 약사동 주택가에서 빈집을 대여해 촬영했다. 소양강변의 잔잔한 풍경이 영화와 참 잘 어울린다. 기회가 된다면 이 영화를 본 후 춘천을 여행해보자. 춘천의 소소한 매력에 빠져들게 될 것이다.

Place 3 춘천에서 이별하고 다시 사랑하다 영화 〈와니와 준하〉

주인공 와니의 집이 춘천인 것으로 설정되어 있다. 와니와 준하는 춘천 와니의 집에서 함께 생활한다. 와니의 직업은 애니메이터. 국내 유일의 애니메이션박물관이 있는 춘천과 잘 어울리는 설정으로, 영화의 흐름 속에 춘천이 함께 흐른다. 와니의 첫사랑이 이별을 고하던 장소는 서정적인 풍경이 아름다운 춘천 중도다.

Place 4 유럽풍 제이드가든에서 펼쳐지는 만화 같은 이야기 드라마 〈풀하우스 2〉

황정음과 노민우가 출연하는 〈풀하우스 2〉를 촬영한 춘천 제이드가든. 유럽풍 가든이 이국적인 풍경을 선사하는 곳이라 촬영지로도 인기가 많다. 김하늘, 장근석 주연의 영화 〈너는 펫〉 속 뮤지컬 같은 결혼식 장면 역시 제이드가든에서 촬영했다.

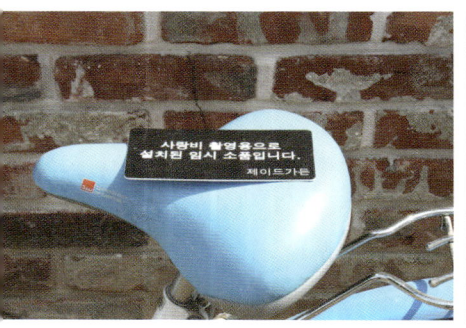

Place 5 연애 시절의 추억이 묻어 있는 춘천 드라마 〈연애시대〉

한 번쯤 무작정 경춘선에 몸을 실은 적
이 있는가. 〈연애시대〉 속 두 주인공, 동
진과 은호도 그렇게 춘천행 기차에 올라
탔다. 춘천에서 내린 그들은 공지천의 소
양2교를 걷고 은호는 홀로 '황금비늘 산
책길'을 걷는다. 누구든 사랑하는, 혹은
사랑했던 사람과의 추억을 춘천에 묻어두
지 않았을까.

Place 6 아름다운 춘천을 달리다 영화 〈말아톤〉

〈말아톤〉의 실제 주인공 배형진은 2001년 춘
천마라톤대회에 참가했다. 이를 바탕으로 영화
속에서도 춘천마라톤대회 코스가 등장한다. 의

암호를 중심으로 한 그림 같은 마라톤 코스는
누구든 뛰고 싶게 만든다.

Place 7 순수한 영혼, 순수한 춘천 영화 〈허브〉

강혜정의 순수한 연기가 돋보이는 영화 〈허브〉
역시 춘천에서 상당 부분을 촬영했다. 목가적인
영화의 전반적 분위기와 춘천이 참 잘 어울린

다. 춘천향교 주변과 동네 꽃집 등 춘천의 일상
적인 풍경이 영화에 묻어난다.

Place 8 이 영화 속 춘천이 궁금하다 **영화 〈미스터 고〉**

영화 〈국가대표〉로 널리 알려진 춘천 출신의 김용화 감독이 허영만의 만화 《제7구단》을 원작으로 제작하는 〈미스터 고〉가 송암구장 등 춘천 각지에서 촬영된다. 영화 〈미스터 고〉 속에서 춘천은 어떤 모습으로 등장할지 사뭇 궁금해진다.

Place 9 별을 꿈꾸는 청춘이 있는 춘천 **드라마 〈사춘기〉**

30~40대 중에는 이 드라마를 기억하는 사람들이 많을 것이다. MBC 청소년 드라마 〈사춘기〉 속 춘천은 극 내용처럼 따뜻하고 풋풋했다. 자전거를 타고 달리고, 별을 보러 다니던 사춘기의 추억. 춘천이란 지역 설정, 사춘기의 풋풋한 꿈과 고민이 너무도 잘 어울렸다. 강원대 사대부고, 봉의산 등 춘천의 다양한 장소가 드라마에 등장했다.

Tip
경춘선 속 영화 · 드라마 촬영지

+ 영화 〈편지〉에서 최진실과 박신양이 만난 장소로 유명세를 탄 옛 경강역. 원래 가평과 백양리 사이의 역사였으나 경춘선 전철 개통과 함께 폐역되었다. 드라마 〈천국의 계단〉에도 등장했다.
+ 오래전 방영된 MBC 드라마 〈간이역〉을 통해 인기를 끌었던 신남역. 시골 부역장의 인생 역정을 다룬 드라마를 통해 신남역이 알려지면서 운치 있는 간이역 신남역이 인기를 끌게 되었다. 김유정역으로 역명이 변경되면서 이제 신남역이라는 이름은 사라지고 간이역 건물만 남아 있다.

Special Talk 10

춘천 명동 대탐험

리얼 춘천을 탐색하다!

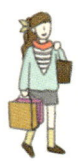

춘천을 대표하는 젊음의 거리, 명동. 사실 춘천에는 명동이라는 지명은 없다. 이곳의 정확한 지명은 춘천시 조양동. 서울 명동을 축소해놓은 듯하다 하여 춘천 명동이라고 불린다. 명동 거리에는 패션 상점과 패스트푸드점을 비롯한 젊은 감각의 음식점, 카페 등이 밀집해 있으며, 닭갈비 골목도 있다. 또 춘천낭만시장이라고 불리는 중앙시장과 대규모 지하상가가 조성되어 있어 춘천 최고의 쇼핑 지역으로 꼽히기도 한다. 춘천을 찾는 사람들이 한 번쯤은 들르게 되는 명동을 좀 더 세세히 들여다보자.

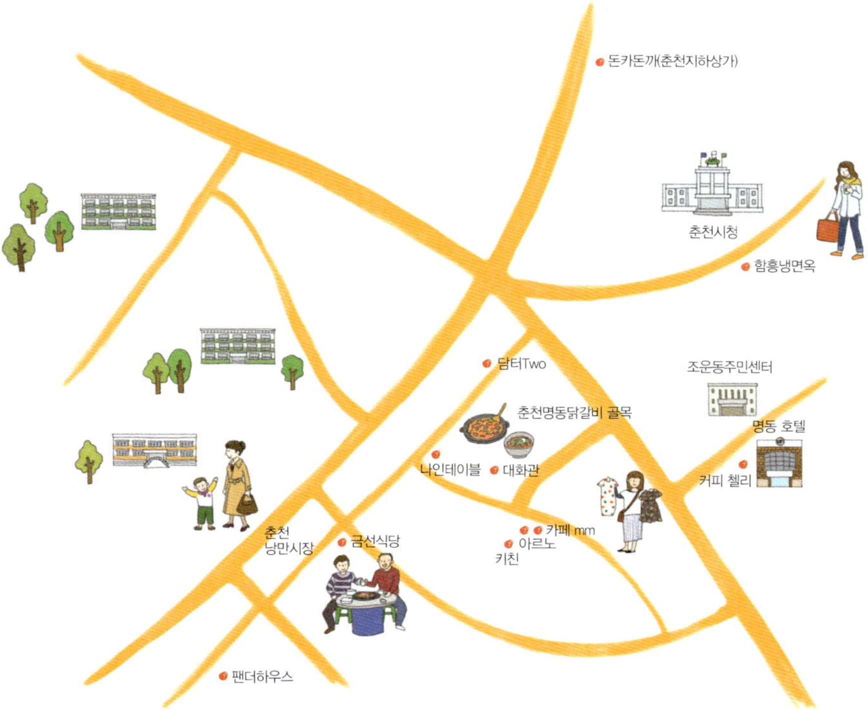
돈카돈까(춘천지하상가)
춘천시청
함흥냉면옥
담터Two
조운동주민센터
춘천명동닭갈비 골목
명동 호텔
나인테이블
대화관
커피 첼리
춘천
낭만시장
금선식당
카페 mm
아르노
키친
팬더하우스

Part 1 춘천 명동 거리

주말이면 춘천 사람들보다 국내외 여행자가 더욱 많이 몰린다. 거리 양쪽에 들어선 건물들을 보면, 1층에는 주로 다양한 패션 상점이 입점해 있고, 2층에는 카페나 음식점

이 많다. 춘천의 젊은 층이 많이 모이는 곳이라 분식, 이탈리언 요리, 퓨전 요리 등을 판매하는 음식점이 주를 이룬다. 거리 중앙에는 아담한 크리스마스트리 같은 나무들이 사계절 내내 장식되어 있으며 중간중간 앉아서 쉴 수 있는 의자가 있다. 〈겨울연가〉 촬영지로 인기를 끌었던 곳이라, 아직도 곳곳에 그 흔적이 남아 있다. 서울 명동 거리만큼 화려하거나 크지는 않지만 딱 춘천에 어울리는 모습을 간직하고 있다.

Spot 1 담터 TWO

춘천 대학가에서 인기를 끌기 시작한 '치즈 땡밥'을 맛볼 수 있는 곳. 젊은이들의 분위기에 맞게 땡밥만 간단히 즐길 수 있다. 양념구이까지 같이 맛볼 수 있는 담터(p.292)는 남춘천역 근처에 있다. 033-242-5201

Spot 2 나인테이블

춘천 대학생들 사이에서 입소문이 난 이탈리언 레스토랑. 가게 이름처럼 테이블이 9개다. 빵속에 스파게티를 넣은 파네가 유명하며 명동 거리에서 브라운5번가로 가는 길 건물 2층에 위치한다. 033-255-8459

Part 2 춘천지하상가

춘천 현지인들이 쇼핑을 즐기는 곳. 웬만한 대도시 지하상가보다 더 큰 규모를 자랑한다. 춘천지하쇼핑몰이라는 이름으로 불리며 패션 상점이 대거 입점해 있다. 분수대가 설치된 광장도 있고, 쉬어 갈 수 있는 공간도 곳곳에 마련되어 있다. 꼭 쇼핑을 하지 않더라도 한 번쯤 들러볼 만하다. 특히 비가 오거나 추운 날에 춘천을 찾았다면, 이곳에서 쉬어 가도 좋을 듯.

Spot 1 돈카돈까

스낵 코너에 가면 한눈에 들어오는 돈카돈까. 이름처럼 돈가스 전문점인데, 다양한 메뉴로 사랑받고 있다. 지하상가 스낵 코너에 여러 개의 돈카돈까 매장이 자리 잡고 있으며, 춘천 시내 다른 지역에서도 찾아볼 수 있을 정도로 인기가 높다. 033-252-1510

Part 3 브라운5번가

패션 매장이 모여 있는 아웃렛인데, 안에 극장이 있어 춘천 젊은이들이 많이 찾는다. 명동과 가깝고 패션 매장, 레스토랑 등을 두루 갖추고 있다. 트렌디한 카페나 레스토랑도 많아 10~20대가 즐겨 찾는 명소.

Spot 1 카페 mm

심플한 인테리어, 맛있는 커피, 와플 등으로 사랑받는 카페. 좌식 공간이 마련되어 있어 여성들이 좋아한다. 종류가 다양한 모히토나 에이드도 인기 메뉴.

Spot 2 키친

춘천의 젊은 층 사이에서 유명한 이탈리언 레스토랑. 깔끔한 분위기에서 맛있는 이탈리언 요리를 맛볼 수 있다. 다양한 요리를 한 번에 즐기는 세트 메뉴도 인기. 033-252-4800

Spot 3 아르노

힐튼 호텔 출신의 셰프가 만들어주는 이탈리언 요리를 맛볼 수 있는 곳. 스파게티, 파네를 비롯한 모든 메뉴가 좋은 평가를 얻고 있다. 033-242-0088

Part 4 춘천낭만시장

재래시장과 문화 콘텐츠가 만나 새롭게 탄생한 공간. 재래시장에 아기자기한 문화 요소를 더해 많은 볼거리를 제공한다. 메인 통로뿐만 아니라 시장 내 작은 골목길을 세세히 들여다보면 더욱 재미있다. 낭만시장을 빠져나와 죽림동주교좌성당, 망대골목 등으로 가벼운 산책을 즐겨도 좋다. ⋯ p.318

Spot 1 금선식당

중앙시장의 오래된 순댓국밥집. 머릿고기도 유명하다. 시장의 정취를 느끼며 푸짐한 순댓국밥을 맛볼 수 있는 식당. 033-242-3376

Spot 2 팬더하우스

춘천낭만시장에서 나와 약사명동주민센터로 가는 길에 오래된 분식집이 세 곳 붙어 있다. 그중 하나인 팬더하우스는 떡볶이와 튀김만두가 유명하다. ⋯ p.254

Part 5 명동 닭갈비 골목

주말이면 여행자들로 더욱 붐비는 곳. 사실 춘천 현지인들은 굳이 이곳까지 가서 닭갈비를 먹지는 않는다. 춘천닭갈비의 원조 격인 곳이지만 가장 초기에 이곳에서 닭갈빗집을 운영했던 사람들은 대부분 다른 곳으로 이전했다.

Spot 1 대화관

인근 관공서 등에서 직장인들이 점심시간에 닭갈비 골목으로 모여드는 이유는 닭갈비 때문이 아니라 매운 짜장면으로 유명한 대화관 때문. 중독성이 강해 몇 번 먹다 보면 계속 찾게 된다. … p.282

Part 6 명동에서 춘천 시청 방향

명동게서 춘천 시청 방향으로 길을 건너면 명동과는 다른 분위기를 접하게 된다. 춘천 시청 근처라 현지 직장인들이 즐겨 찾는 맛집이 많다. 춘천 현지인들이 보증하는 맛집을 찾아가고 싶다면, 꼭 들러봐야 할 곳이다.

Spot 1 커피 젤리

커피 마니아 사이에서 정평이 나 있는 카데. 더 치커피와 아이스티가 특히 유명하며 비스코티, 브라우니, 치즈 케이크, 초콜릿 등 수제 사이드 메뉴도 모두 인기가 많다. … p.138

Spot 2 함흥냉면옥

함흥냉면으로 입소문이 자자한 식당. 주메뉴인 냉면 외에 갈비탕과 육개장도 맛있다. 033-244-4944

Special Talk 11

대학가 탐방
젊음과 낭만 넘치는 춘천의 대학가

춘천은 도시 규모에 비해 대학교가 많다. 강원도를 대표하는 강원대학교부터 이외수 작가가 몸담았던 춘천교육대학교, 한림대학교, 한림성심대학교, 송곡대학교 등이 자리하고 있다. 그 때문에 춘천은 1970~80년대의 낭만이 남아 있는 동시에 2010년대의 트렌디한 젊음의 신선함이 넘쳐난다. 춘천의 젊음을 느껴보고 싶다면 대학가에서 잠깐 시간을 보내는 것도 좋다.

Place 1 캠퍼스 안팎에 즐길 거리가 가득 **강원대학교**

강원도를 대표하는 강원대학교는 국립 대학교라 규모도 크고 다양한 시설과 아름다운 자연을 품고 있다. 강원대 학생이 아니라도 산책 삼아 한번 걸어봐도 좋을 만하다. 학교 캠퍼스 안은 물론 강원대학교 주변에 많은 상가가 형성되어 있어 춘천에서 가장 번화한 지역 중 하나다. 특히 후문 쪽에 상가가 밀집해 있다.

카페 마운틴

정문에서 조금 올라가면 60주년기념관 앞에 카페가 있다. 나무 데크로 된 테라스가 있는 넓은 카페는 강원대 학생들로 늘 붐빈다. 카페 안에는 커피 전문점과 빵집이 들어서 있다. 커피 가격이 일반적으로 2000~2500원 선이라 부담 없이 즐길 수 있다. 날씨가 좋으면 야외 테라스에 앉아 여유로운 캠퍼스 풍경을 즐기며 커피 한잔을 음미해도 좋다. 때때로 야외 테라스에서 밴드의 정기 공연이 펼쳐져 감미로운 음악을 선사한다.

강원대학교 중앙박물관

독특한 형태의 건물이 돋보이는 박물관. 선사시대부터 최근까지의 다양한 유물을 전시하며 학생은 물론 일반인도 무료 관람이 가능하다. 의미 있는 기획전도 종종 열린다. 관람 시간은 월~금요일 10:10~17:00.

백령아트센터

춘천문화예술회관과 함께 주요 공연이 개최되는 곳. 춘천 시민들의 문화의 장이기도 하다. 유명 가수들의 콘서트부터 대규모 공연이 자주 열린다.

Place 2 아기자기한 매력이 넘친다 한림대학교

강원대학교처럼 규모가 크지는 않지만 산을 끼고 있어 아늑하고 멋스럽다. 콘서트, 연극 등 다양한 공연과 세미나가 열리는 일송아트홀, 성호관에 위치한 박물관은 일반인도 이용할 수 있다. 다산관, 퇴계관, 성호관, 김유정관 등 유명 학자나 문인의 호나 이름을 딴 건물명이 재미있다. 캠퍼스 밖에 번화한 상가가 형성되어 있는 것은 아니지만, 주변에 아기자기한 맛집과 카페가 숨어 있다. 한림대에서 춘천향교 방향으로 가는 길에 자리한 아담한 공방과 카페도 들러볼 만하다.

Place 3 숨은 볼거리가 가득 춘천교육대학교

국립춘천박물관 인근에 있으며 아담하고 한적한 분위기. 비록 중퇴하긴 했으나 이외수 작가가 다니던 학교로도 유명하다. 주변에 이렇다 할 대학가 상가가 형성돼 있는 것은 아니다. 은행나무가 많아 가을에 찾으면 예쁜데, 아담한 조그 공원도 조성돼 있어 산책을 즐기기 좋다. 교정을 돌다 보면 동요 '과수원길' 노래비가 보인다. 이 노래를 작곡한 김공선 선생은 춘천교육대학교 전신인 춘천사범대학교 출신. 어린이날에는 캠퍼스에서 다양한 행사를 진행해 큰 재미를 준다.

Special Talk 12

전망 명소

춘천 풍경 속으로 빠져들다

춘천은 여행 중간중간 예쁜 풍경을 마주할 수 있는 곳이다. 호수도 많고, 산도 많아 어디서든 멋진 풍경을 대면하게 된다. 그래서 전망 포인트를 몇 개로 정리하기에는 무리가 있겠지만 그래도 일반적으로 많은 사람들이 공감하는 몇몇 장소를 소개한다. 하지만 이외의 공간에서도 '내 마음에 가장 남는' 어여쁜 풍경을 만나게 될지도 모른다.

호수의 아름다움이 끝없이 펼쳐진다, 의암호 호반길 드라이브 코스

의암댐에서 춘천댐에 이르는 의암호 서쪽 길인 의암호 호반길은 최고의 드라이브 코스이자 전망 포인트. 약 19km 구간을 달리는 동안 만나는 모든 경관이 아름답다. 산과 물이 어우러진 풍경은 춘천의 매력을 한껏 느끼게 해준다. 물안개가 피어오르는 풍경도 환상적이고, 꽃이 핀 봄 풍경이나 단풍이 든 가을 풍경 또한 아름답다. 눈꽃이 핀 겨울 풍경은 어디서도 느낄 수 없는 감동을 선사한다.

• 위치 : 의암댐–춘천댐 구간 서쪽 길

춘천 시내를 한눈에 담다, 구봉산전망대 카페 거리

춘천 시가지 풍경을 한눈에 담기 가장 좋은 곳은 단연 구봉산전망대 카페 거리. 이곳에 위치한 카페나 휴게소에서 춘천의 아름다운 풍경을 감상할 수 있다. 레스토랑과 카페를 겸비한 '산토리니(p.140)', 커피 전문점 '제이콥스 스테이션(Jacob's St)' 등이 유명하다. 하루 중 해 질 무렵이 가장 멋진 풍경을 선사한다. 해 지기 전에 자리를 잡고 붉게 물드는 저녁노을과 소양2교를 중심으로 한 춘천 야경을 감상해보자.

• 위치 : 춘천시 동면 만천리

춘천호 최고의 전망, 춘천댐 팔각정

춘천댐에 팔각정이 있다는 사실을 아는 여행자
들은 많지 않은 듯하다. 물속에 다리가 잠겨 있
는 팔각정은 그 자체만으로도 최고의 운치를 자
아낸다. 산 위에 올라앉은 여느 팔각정과는 달리
물속에 다리를 담고 있는 팔각정. 예전에는 일반
전망대였으나 지금은 주변에 음식점이 만들어
졌다. 팔각정을 품고 있는 곳이라 음식점 이름도
'팔각정'이다. 춘천호를 끼고 있어 민물고기가 유
명하다. 또한 공간이 넓어 오토캠핑이 가능하다
는 점도 매력적. 신비스러운 곳에서 최고의 풍경
을 감상하며 쉬어갈 수 있다. 춘천의 숨은 비경
을 찾고 있는 사람이라면, 꼭 들러볼 것.

• 위치 : 춘천시 서면 오월리 105

새롭게 떠오르는 전망 명소, 춘천 창작개발센터

애니메이션박물관 옆에 자리 잡은 창작개발센
터는 2012년 4월 문을 연 후, 춘천의 새로운 랜
드마크로 떠오르고 있다. 문화 관련 업체들이
입주한 공간인데, 건물 모양 자체가 눈에 띈다.
애니메이션박물관 야외 정원에서 작은 다리 하
나만 건너면 다다른다. 건물 밖으로 완만하게
만든 계단을 따라 오르면 옥상 전망대에서 의
암호 풍광을 한눈에 감상할 수 있다. 계단에는
아담한 화단과 구름빵 등 캐릭터가 전시되어
있어 아기자기다. 건물에서 의암호를 바라보는
풍경도 근사하지만, 의암호에서 창작개발센터
건물을 보면 마치 유람선이나 기차가 지나는
것처럼 보이기도 한다. 또 상공에서 이 건물을

바라보면 물음표로 보이는데, 이는 창작 정신을
상징한다. 1층에 마련된 쇼룸, 레스토랑 등의 공
간은 일반인들도 이용 가능하다. 의암호와 춘천
을 한눈에 담아가고 싶다면 꼭 들러보자.

• 위치 : 애니메이션박물관 옆

의암호 가까이에서 바라보기, 미스타페오

의암호의 아름다운 풍경을 감상하기 좋은 곳 중 하나가 서면에 위치한 카페 '미스타페오 (p.168)'. 봄부터 가을까지의 풍경도 아름답지만 겨울에는 운이 좋으면 상고대를 감상할 수도 있다. 편안하게 쉬면서 춘천 시가지가 어우러진 의암호 풍경을 즐겨보자. 잔디밭도 마련되어 있어 의암호를 가까이에서 바라보기 좋다.

• 위치 : 춘천시 서면 신매리 72

잔잔하게 흐르는 공지천 야경, 이디오피아 집

해 지기 전 공지천에 위치한 카페 '이디오피아 집(p.132)' 창가에 자리를 잡자. 이곳에서는 해가 지는 아름다운 풍경과 화려한 공지천교의 불빛이 눈앞에 펼쳐진다. 시간마다 색을 바꾸는 조명이 소박한 공지천교를 화사하게 만들어 준다. 조명을 달고 물 건너 강둑을 따라 쭉 이어져 있는 나무들도 멋진 야경을 연출한다. 눈부시게 하얀 꽃이 내려앉은 듯한 나무들은 밤에만 나타났다 사라져 춘몽처럼 신비롭다

• 위치 : 공지천 에티오피아 한국전참전기념관 옆

길에서 만나는 춘천 야경, 춘천휴게소

지리적 위치상 서울–춘천 구간을 여행할 때 많이 이용하게 되는 휴게소는 아니지만, 이곳에서 바라보는 춘천 시내 야경이 아름다워 일부러 쉬어 가는 사람들도 있다. 구봉산과는 또 다른 느낌이다. 대도시처럼 화려한 야경은 아니지만 아늑한 분지인 춘천의 분위기를 제대로 느낄 수 있다.

• 위치 : 서울–춘천 간 고속도로

산에서 내려다보는 의암호, 삼악산 & 삼악산장 찻집

삼악산 정상에서 바라보는 의암호 풍경이 그림 같다. 하지만 산 정상까지 올라갈 여유가 없거나 조금 더 가까운 곳에서 의암호를 바라보고 싶다면, 삼악산 의암매표소에서 조금 올라가면 만날 수 있는 삼악산장 찻집을 찾아가자. 원래 박정희 전 대통령의 별장으로 사용하던 건물로, 절벽에 위치해 아름다운 의암호의 모습을 만끽할 수 있다.

• 위치 : 춘천시 서면 덕두원리 40–4

물과 산을 음미한다, 소양정

소양강 풍경을 한눈에 담을 수 있는 전망 포인트로, 춘천의 상징인 봉의산 서쪽에 있다. 본래 이름이 물과 산을 함께 즐긴다는 뜻의 '이요루'였다는데, 그 이름처럼 물과 산을 모두 감상할 수 있다. 원래 소양1교 강변 절벽에 위치했으나 한국전쟁 당시 전소되었다. 이후 1966년 현재 위치에 다시 건립되었다. 소양정에서 내려다보면 저 멀리 소양강처녀상과 소양강 쏘가리 조형물까지 보인다.

• 위치 : 춘천시 소양로1가

물 따라 즐기는 춘천 여행

물에서 한판 신나게 놀아볼까~

호수가 많아 호반의 도시로 불리며, 물안개로 유명한 춘천. 소양호, 의암호, 춘천호가 그림 같은 풍경을 자아낸다. 물이 없었다면 춘천은 지금의 감성을 담아내지 못했을 것이 분명하다. 물안개가 드리워진 아스르한 풍경, 신나게 즐기는 수상 레포츠, 물가에서 보내는 시원하고 평화로운 한때. 춘천은 물이 있어 행복하다.

호수를 떠돌다, 춘천의 호수

춘천 최대 명소 중 하나인 소양강댐은 국내 최대 규모의 다목적댐으로 알려져 있다. 소양강댐 건설로 생성된 소양호는 대규모 호수도 볼거리지만, 주변 경관 또한 아름답다. 특히 최근 소양강댐 정상길이 개방되면서 댐 위를 걸어 높은 곳에 올라 전망을 감상할 수 있게 되어 인기를 얻고 있다. 배를 타고 들어가면 청평사와 오봉산도 방문할 수 있다. 소양강댐 가는 길에 막국수, 닭갈비 맛집이 대거 모여 있어 더욱 행복한 여행을 선사한다.

한편 의암호는 아름다운 드라이브 코스로 유명하다. 삼악산과 의암호가 어우러져 황홀한 비경을 연출한다. 계절 따라 변화하는 풍경을 감상하는 재미 또한 크다. 매년 가을 조선일보춘천마라톤대회가 열릴 때면 수많은 사람들이 의암호의 절경을 감상하며 달리기를 한다. 최근에는 의암호 주변에 자전거도로가 조성되어 즐

길 거리를 더한다.

마지막으로, 춘천호는 호젓하고 고요한 풍경이 매력적이다. 의암호와 춘천호를 잇는 드라이브 코스는 춘천에 오면 꼭 경험해봐야 할 코스 중 하나. 특히 춘천댐 매운탕 골목이 형성되어 있어 많은 미식가가 즐겨 찾는다. 자연산 메기매운탕, 쏘가리매운탕 등 민물고기 매운탕 맛의 진수를 느낄 수 있다. 수려한 풍경과 함께 물 맑은 춘천에서 즐기는 민물 생선의 진미를 만끽해보자.

물 위로 떠나는 섬 여행, 춘천의 섬

물이 많은 춘천에는 섬도 많다. 이미 널리 알려
진 남이섬과 중도 외에도 작은 섬들이 많다. 북
한강 안에 자리한 남이섬은 청평댐 건설로 생
겨났고, 의암호의 중도는 의암댐 건설로 생겨
났다. 위도라고도 불리는 고슴도치섬은 춘천인
형극장과 가깝다. 섬의 모습이 고슴도치 같다
해서 고슴도치섬이라는 이름을 얻게 되었는데,
예전에는 춘천마임축제의 도깨비 난장이 펼쳐
지고 캠핑장으로도 인기를 모았다. 현재는 테
마파크 조성 사업으로 공사 중이라 예전의 모
습을 찾아볼 수 없다. 의암댐 쪽으로 가는 하중

도는 붕어섬이라고 불리는데, 섬 모양이 붕어
처럼 생겨서 이렇게 불리게 됐다. 붕어섬은 딱
히 유명한 관광지는 아니지만 물레길 카누 캠
핑이 본격화되면 캠핑지로 이용될 예정이다.
고요한 섬에서 쉬어 가는 하룻밤이 춘천 여행
의 낭만을 더해줄 것이다.

물과 함께 논다, 다양한 수상 레포츠 & 수변 즐길 거리

공지천에서 오리보트를 타고 의암호반을 따라 수상스키, 웨이
크보드 같은 수상 스포츠를 즐기는 풍경. 춘천에서 볼 수 있는
흔한 모습이다. 이제는 카누를 타고 유유자적 의암호를 누
비는 풍경도 볼 수 있다. 황금비늘 테마·거리를 비롯해 호
수 바로 옆에 조성된 수많은 산책로도 아름답다. 의암호를
바로 끼고 도는 자전거길도 새로 생겨 호반의 도시 춘천에
서 물과 함께 즐길 수 있는 요소가 더욱 많아졌다.

Special Talk 14

춘천의 산
산이 좋아 산에 가네

호반의 도시 춘천이 아름다운 이유는 호수와 함께 산이 있기 때문이다. 춘천 시내 어디서든 보이는 봉의산부터 의암호와 어우러져 그림을 만들어내는 삼악산, 춘천을 한눈에 담아볼 수 있는 구봉산… 어느 산을 선택하더라도 후회 없을 비경을 선사한다.

기암괴석과 폭포, 볼거리가 가득, 삼악산

의암호를 끼고 드라이브를 즐기다 보면 기암절벽으로 이루어진 삼악산(654m)이 보인다. 등산객이 많이 찾는 춘천의 명산 중 하나로, 호반을 끼고 있는 풍경이 아름답다. 기암괴석의 수려한 경관과 등선폭포의 아름다움이 더해져 산림청이 선정한 100대 명산에 포함되어 있다. 삼악산 정상에 오르는 코스는 일반적으로 등선폭포매표소 방향과 의암호매표소 방향이 있는데, 두 코스의 난이도가 엄청나게 차이 난다. 등선폭포매표소에서 올라가는 코스는 크고 작은 폭포를 구경하며 편안하게 올라갈 수 있는 반면, 의암호매표소에서 오르는 길은 경사도가 급하고 험난하다. 대신 의암호의 멋진 풍경을 감상하며 산행을 즐길 수 있다. 의암호매표소에서 출발해 오르막 산길을 조금 오르면 '삼악산장'이라는 찻집이 보이는데, 박정희 전 대통령의 별장으로 지은 건물이라 전망이 기가 막히다. 흥국사를 비롯해 상원사, 선녀탕 등 볼거리가 가득하다.

춘천 야경 명소, 구봉산

춘천 시내를 가장 아름답게 조망할 수 있는 곳. 봉우리 9개가 병풍처럼 둘러 있다 하여 구봉산(441.3m)이라 불린다. 등산보다는 야경 명소로 유명한데, 카페와 휴게소가 여럿 모인 구봉산 전망대 카페 거리가 형성돼 있다. 도로가 잘 닦여 있어 차를 타고 구봉산전망대에 올라 커피나 식사를 즐기며 아름다운 춘천의 풍경을 감상하는 사람들이 많다.

춘천의 상징, 봉의산

춘천 시가지에 위치한 봉의산(301.5m)은 높지 않은 아담한 산이지만 춘천의 상징이자 진산(鎭山)이다. 봉황이 날개를 편 위엄 있는 모습과 같다 하여 봉의산이라는 이름을 얻게 됐다. 산의 가파른 지형에 축성한 봉의산성과 소양강 일대를 조망할 수 있는 소양정은 놓치지 말아야 할 포인트. 산책하듯 걸으며 춘천의 감성을 느껴볼 수 있는 춘천의 제대로 된 산이다.

높지만 누구든 쉽게 오를 수 있다, 대룡산

높이 899m로 춘천에서 가장 높은 산에 속하지만 산행 코스는 완만하다. 남녀노소 누구나 산책하듯 즐길 수 있는 산길인데, 정상까지 오르려면 시간이 꽤 걸린다. 산 정상의 전강대에서 바라보는 풍경이 아름답다. 의암호와 삼악산, 봉의산, 춘천 시내가 내려다보이며 낮쪽 멀리로는 용문산과 유명산까지 보인다. 특히 패러글라이딩 이착륙장이 있어 주말에는 창공을 나는 멋진 패러글라이더들을 구경할 수 있다.

김유정의 흔적이 가득, 금병산

김유정 소설에도 등장한 정감 어린 산. 김유정 생가가 있는 실레마을을 품고 있다. 대룡산에서 남서쪽으로 뻗은 능선이 수리봉(645m)에 이르렀다 그 맥이 원창고개에서 가라앉았다가 마지막에 솟은 산이 금병산이라고 한다. 김유정의 흔적이 곳곳에서 묻어나는 산으로, 동백꽃길, 봄봄길 등 그의 소설 제목을 딴 등산로 이름이 재미있다. 봄내길 1코스인 실레이야기길과 연계해서 산행을 즐겨도 좋다.

강촌 쪽에서 사람들이 많이 찾는 검봉산(530m)과 봉화산(520m)도 유명하다. 검봉산(530m)은 경관이 아름다워 사계절 내내 많은 사람들이 찾는다. 특히 겨울에는 폭포 빙벽 타기를 즐기는 사람들이 찾아든다. 칼을 세워놓은 것처럼 생겼다 하여 검봉산 혹은 칼봉산이라고 부른다. 봉화산은 조선시대의 봉수대가 정상에 있어 봉화산이라고 불린다. 강촌역 또는 구곡폭포에서 출발하는 코스로 산행을 즐길 수 있다. 춘천과 화천의 경계에 위치한 용화산(878m)은 곳곳에 기암과 폭포가 많아 아름다운 절경을 자랑한다. 주봉은 만장봉이고 정상에 오르면 호수와 산이 어우러진 그림 같은 전망을 감상할 수 있다. 용화산자연휴양림이 조성돼 있어 많은 사람들이 즐겨 찾는다. 관광객이 많이 찾는 소양댐 청평사 뒤의 오봉산(778m)에는 청평사와 구성폭포를 함께 둘러볼 수 있는 등반 코스가 있다.

Special Talk 15

춘천의 이색 한증막 & 찜질방
여행도 하고, 건강도 챙긴다!

'찜질방 같은 시설을 굳이 여행 중에 이용할 필요가 있을까'라고 생각하는 사람들도 있겠지만, 그 지역에서 꼭 가봐야 할 한증막이나 찜질방도 있다. 물론 가끔은 여행 중 하루쯤 간단히 저렴하게 묵어 갈 수 있는 휴식처로 찜질방을 선택할 때도 있다. 건강을 목적으로 하든, 단순히 필요에 의해서든 그 지역의 괜찮은 찜질방에 대한 정보가 절실할 때가 있다. 그래서 춘천의 물 좋고 특색 있는 한증막, 찜질방, 온천을 소개해본다.

Spot 1 한증막이라고 하기엔 너무나 아름다운 나무향기

공지천에서 조금 벗어난 구석 주택가에 들어서면 한옥과 현대식 건축양식이 조화를 이룬 독특한 건물이 보인다. 아주 멋스러운 이곳의 정체는 다름 아닌 황토 벽돌 한증막. 일반적인 찜질방이나 한증막과는 차원이 다르다. 2009년 문을 연 '나무향기'는 입소문을 타고 춘천의 또 하나의 명소로 떠올랐다. 손님들에게 조용한 쉼터이자 휴식처를 제공하겠다는 신조로, 철저하게 '중학생 이상 입장 가능'이라는 원칙을 고수한다. 목재와 석조가 조화를 이룬 고풍스러운 건물에 정적인 휴식을 취할 수 있는 마당과 연못까지 갖추었다. 건물 하나하나, 공간 하나하나마다 그 특성에 맞는 이름을 붙였다는 점도 눈여겨볼 만하다. 운치 있는 마당과 2층짜리 건물, 별채 등으로 구성되어 있으며 땀을 낼 수 있는 방은 2개, 휴게실은 크게 3개로 분류되어 있다.

① 나무향기는 외관만 멋스러운 게 아니다. 한증막이라는 본분에 충실해 질 좋은 순수 황토 벽돌을 한 켜 한 켜 쌓아 올려 건강하게 땀을 뺄 수 있도록 했다. 건식 사우나지만 지나치게 건조하지 않고 부드러운 느낌으로 땀을 뺄 수 있다는 점이 특징.

② 식당 역시 일반 찜질방 식당과 다르다. 분위기도 다르거니와 메뉴 역시 웰빙에 중점을 두었다. 일반적으로 볼 수 있는 미역국, 된장찌개 등을 판매하지만 직접 담근 된장을 사용하는 등 식자재에서 차이가 난다. 다른 곳에서 쉽게 맛볼 수 없는 콩탕도 별미. 가격은 일반 식사류가 6000~7000원.

③ 아담한 족욕 코너도 마련되어 있다. 의자에 앉아 따뜻한 물에 발을 담그고 책을 보며 쉴 수 있는 분위기 좋은 코너다. 세로로 길게 난 창을 통해 운치 있는 정원 풍경을 감상할 수 있어 좋다.

④ 나무향기는 대체적으로 조용한 분위기를 유지하기 위해 애쓰고 있다. 처음에는 TV도 두지 않았는데 손님들이 불편해서 지금은 TV를 설치했다. 다른 사람들의 조용한 휴식을 위해 담소를 나누고 싶을 때는 '담소방'을 이용 하자.

⑤ '우아하고 품위 있게 쉬자'는 콘셉트에 걸맞게 휴식 공간 곳곳에서도 기품이 느껴진다. 창을 통해 마당 풍경을 조망할 수 있어 실내에서도 답답한 느낌이 들지 않는다.

⑦

⑧

⑨

⑩

⑥ 2층에 위치한 수면실도 한옥 느낌이 물씬 풍기는 고즈넉한 분위기다.

⑦ ⑧ 1층과 2층에 별도 야외 공간이 있다. 1층은 툇마루 형태이고 2층은 테이블이 있는 발코니로 꾸몄다. 답답하면 잠시 나와서 시원한 경관을 감상하며 쉴 수 있고, 흡연도 가능하다.

⑨ ⑩ 별채에서는 찻집(p.160)을 운영하고 있다. 운치 있는 한옥 분위기에서 핸드드립 커피, 배숙, 수정과 등 정성 가득한 수제 음료와 수제 머핀 등을 맛보자.

⑪

⑪ 쿠폰제도 운영하고 있다. 9개를 채우면 1회 무료 이용할 수 있으며 1인당 쿠폰 1개씩 지급한다.

Address 춘천시 삼천동 37-1 Tel 033-241-9877, www.na-moo.kr Cost 9000원. 평일 오전(10:00~12:00) 이용 시 8000원 Time 평일 10:00~다음 날 01:00, 금ㆍ토요일 24시간 운영 Tip 한증막의 특성상 샤워 시설만 있고 목욕탕 시설은 없다. / 중학생 이상만 입장 가능하다. 따라서 어린이 동반 가족 여행자는 이용할 수 없다. / 주말에는 만원으로 손님을 받지 못할 때가 있다. 미리 확인하고 이용할 것.

Spot 2 · 세계 유일의 연옥 광산에서 즐기는 최고의 옥찜질 옥산가 옥찜질방

세계 유일의 연옥 광산인 춘천의 옥 광산. 실제 옥을 채굴하는 광산에서 옥 동굴 체험장과 찜질방을 운영한다. 그래서 '옥산가 옥찜질방'이라는 이름보다 '옥 광산 찜질방'으로 많이 알려져 있다. 가장 큰 특징은 옥으로 된 찜질방. 옥 광산에서 채굴한 옥을 사용해 고온방, 중온방, 저온방을 운영한다. 특히 옥찜질돔이 인기다. 찜질방 내 모든 물은 옥 광산 갱내 깊은 지하 옥벽에서 용출되는 천연 알칼리 환원수인 옥정수를 사용한다. 옥 광산에서 운영하는 찜질방이라 믿을 수 있는 옥 속에서 찜질을 한다는 것이 장점. 최근 리모델링 공사를 마쳐 시설도 깨

끗하다. 목욕탕 시설은 없고 샤워 시설만 갖추었으며 연중무휴 24시간 운영한다. 입장료는 어른 1만원, 어린이 8000원.

· 위치 : 춘천시 동면 월곡리 241
· 문의 : 033-241-0300

Spot 3 · 물 맑은 춘천의 온천을 맛보고 싶다면 춘천월드온천

춘천 유일의 온천수 찜질방. 워낙 물 좋기로 소문난 춘천에 위치한 온천인 만큼 국내 최고 수질을 자랑한다. 온천의 특성상 찜질방 시설보다 사우나 시설이 핵심인데, 냉탕, 초냉탕, 어린이탕, 열탕, 고열탕 등 다양한 탕 시설과 함께 노천탕이 있어 취향대로 골라 즐길 수 있다.

여름철에는 옥외 수영장과 유아 풀장을 운영해 아이를 동반한 가족 단위 여행객이 이용하기 좋다. 월드온천 바로 앞에는 〈겨울연가〉 등 드라마에도 종종 등장한 춘천의 아름다운 잣나무 길이 있다. 또 춘천의 막국수 맛집인 유포리막국수나 샘밭막국수와도 멀지 않아 여행 코스를 짜기에도 좋다. 연중무휴 24시간 운영하며, 온천 이용료는 주간 어른 6000원, 7세 이하 어린이 3000원, 야간(20:00~다음 날 04:00) 어른 8000원, 어린이 4000원. 찜질방을 함께 이용할 때는 1000원이 추가된다.

· 위치 : 춘천시 신북읍 산천리 310-13
· 문의 : 033-244-8889

레포츠 천국, 춘천
Exciting, Exciting, Exciting!

춘천은 호반의 도시라는 정적인 이미지 이면에 레저 도시로서의 역동적인 면모도 갖추고 있다. 깨끗한 강, 호수, 산과 같은 자연환경을 두루 갖추고 있는 덕택에 다양한 레포츠를 즐기기에 안성맞춤이다. 2010년 시작된 춘천월드레저대회만 보더라도 레저 도시로서 춘천의 진면목을 확인할 수 있다. 한여름의 수상스키부터 한겨울의 스키까지, 춘천에서는 모든 종류의 레포츠를 경험할 수 있다.

물레길 카누 체험

멀게만 느껴졌던 카누가 일상으로 다가왔다. 제대로 만든 카누를 타고 의암호 물레길을 여행할 수 있다. 다양한 코스와 프로그램으로 오픈한 직후부터 많은 인기를 끌고 있다. 어린아이도 체험 가능하고 부담 없는 가격으로 즐길 수 있도록 했다. 카누 캠핑도 선보여, 새로운 레저 세계의 문을 열었다.

춘천 송암 스포츠타운

레포츠 마니아들이여, 송암 스포츠타운으로 모여라! 주경기장, 보조 경기장, 야구장, 테니스장, 실내 빙상장 등 기존 시설에 물레길, 카트장, 수상 레포츠 시설 등이 보강되면서 스포츠타운의 다양한 재미를 선사한다. 의암호와 삼악산 등의 비경을 감상하며 레포츠를 경험할 수 있어 더욱 매력적이다. 스포츠클라이밍, 국궁, 페인트볼 사격, 지프라인, 로프 코스, 딩기요트 등 갖가지 프로그램이 준비되어 있다. 익스트림게임 파크 등의 시설도 두루 갖추어 춘천월드레저대회 개최장이 되기에 손색이 없다. 전문 선수뿐만이 아니라 일반인도 누구나 손쉽게 이용 가능해 더욱 사랑받는 송암스포츠타운. 다양한 스포츠를 체험해보고 싶다면, 꼭 들러야 할 춘천 여행의 필수 코스가 됐다.

www.csa2012.co.kr

번지점프

젊은 열기로 가득한 강촌에서는 번지점프 체험이 가능하다. 지상 42m 높이의 스카이다이빙 점드와 25m 번지점프를 즐길 수 있다. 누구나 할 수 있지만 아무나 할 수 없는 번지점프. 강촌에서 기억에 남을 체험에 도전해보자.

033-262-2228, www.kcbj.net

춘천 카트장

춘천 송암스포츠타운에 소형 자동차 경주장인 카트 체험장이 문을 열었다. 의암호를 끼고 있는 너른 카트장에서 전력 질주하며 스그드를 즐기는 짜릿함을 경험해보자. 레포츠와 자연을 동시에 즐길 수 있어 일석이조다. 카트 체험은 물론, 로프와 지프라인 체험장, 수상 체험 시설, 캠핑장도 들어설 예정.

수상스키, 웨이크보드

물의 도시, 춘천은 수상 스포츠를 즐기기에 가장 좋은 조건을 갖추고 있다. 그런 이유로 춘천에는 물길을 따라 곳곳에 수상스키 등 다양한 수상 스포츠를 체험할 수 있는 공간이 마련되어 있다. 수상스키, 웨이크보드, 바나나보트, 웨이크보드, 플라이피시, 윈드서핑 등 모든 수상 스포츠를 즐길 수 있다. 특히 남이섬과 인접한 남산면 방하리 쪽에 수상 스포츠 전문 업체가 모여 있다. 마니아들도 즐겨 찾는 이 지역은 조용하고 풍광도 아름답다. 춘천 도심 쪽에도 공지천, 중도, 의암호 주변 등 각지에서 수상 스포츠를 체험할 수 있다. 춘천만큼 쉽게 수상 스포츠를 접할 수 있는 곳이 없는 만큼 춘천 여행 시 한 번쯤은 어떤 종목이든 즐겨보자.

스키

여름에 수상스키를 즐겼다면 겨울에는 설원에서 스키와 스노보드를 타보자. 강촌 엘리시안리조트 스키장은 접근성이 좋아 많은 사랑을 받고 있다. 특히 경춘선 복선화와 함께 '전철을 타고 떠나는 스키장' 콘셉트로 인기몰이를 하고 있다. 이동 시간이 짧고, 교통 체증에 시달리지 않으며, 대중교통으로 편안하게 스키를 즐길 수 있다는 점. 바로 춘천의 스키장이 사랑받을 수밖에 없는 이유다.

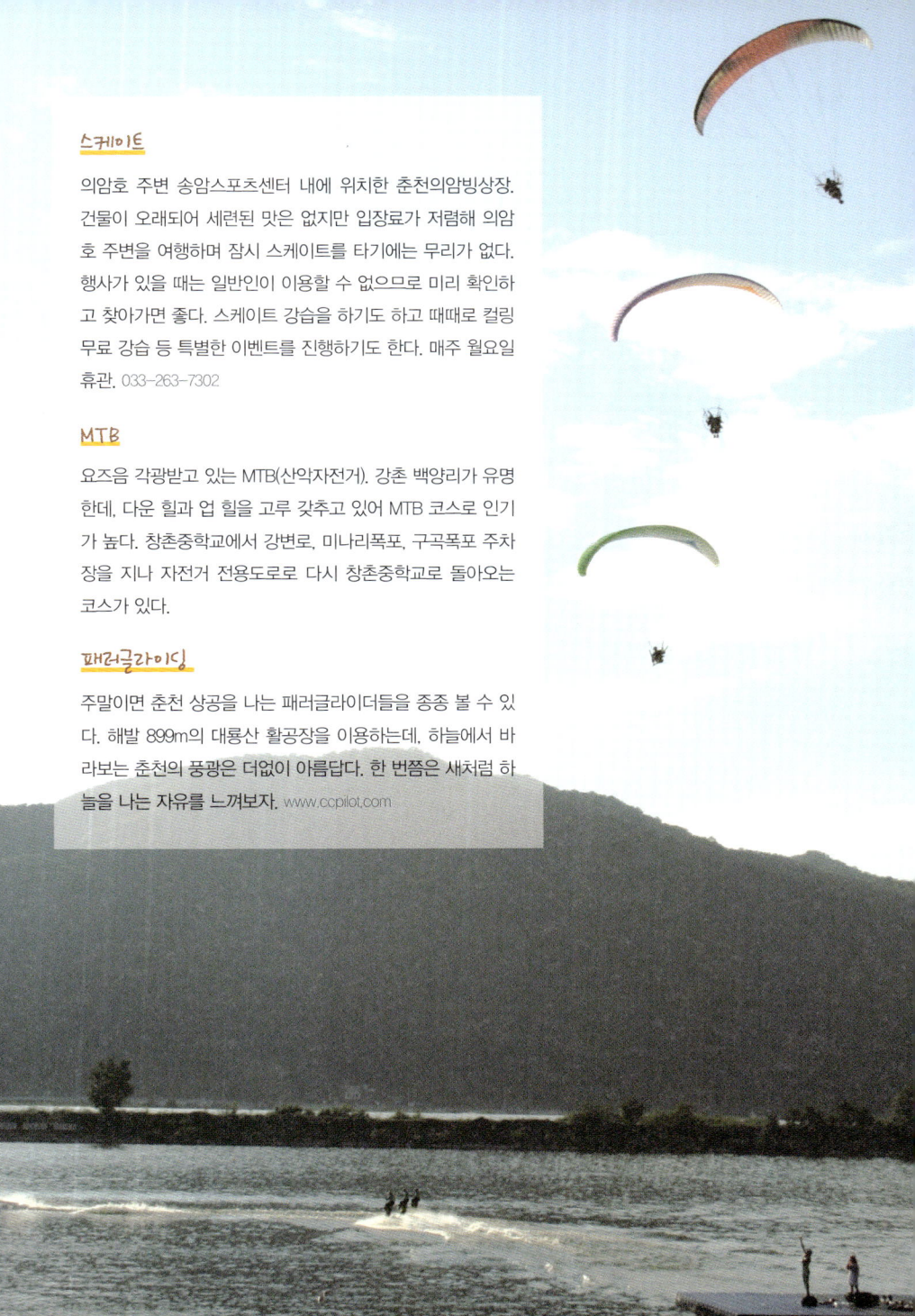

스케이트

의암호 주변 송암스포츠센터 내에 위치한 춘천의암빙상장. 건물이 오래되어 세련된 맛은 없지만 입장료가 저렴해 의암호 주변을 여행하며 잠시 스케이트를 타기에는 무리가 없다. 행사가 있을 때는 일반인이 이용할 수 없으므로 미리 확인하고 찾아가면 좋다. 스케이트 강습을 하기도 하고 때때로 컬링 무료 강습 등 특별한 이벤트를 진행하기도 한다. 매주 월요일 휴관. 033-263-7302

MTB

요즈음 각광받고 있는 MTB(산악자전거). 강촌 백양리가 유명한데, 다운 힐과 업 힐을 고루 갖추고 있어 MTB 코스로 인기가 높다. 창촌중학교에서 강변로, 미나리폭포, 구곡폭포 주차장을 지나 자전거 전용도로로 다시 창촌중학교로 돌아오는 코스가 있다.

패러글라이딩

주말이면 춘천 상공을 나는 패러글라이더들을 종종 볼 수 있다. 해발 899m의 대룡산 활공장을 이용하는데, 하늘에서 바라보는 춘천의 풍광은 더없이 아름답다. 한 번쯤은 새처럼 하늘을 나는 자유를 느껴보자. www.ccpilot.com

이색 볼거리
상상하지 못한 공간을 만나다

춘천에서 가끔씩 마주치게 되는 독특한 공간. 옥 광산에 들어앉은 박물관이나 한적한 시골 동네에 폐가처럼 숨어 있는 막국숫집 등 흔히 상상하기 어려운 이색 공간은 여행에 특별한 추억을 더해준다. 춘천에서 기억에 남을 만한 재미있는 공간 몇 곳을 소개한다.

광산 속 박물관, 옥 광산 옹기전시관

세계 유일의 연옥 광산으로 알려진 춘천의 옥 광산에는 천연 옥 외에 전시관이 숨어 있다. 현재도 옥 채취 작업이 진행 중인 갱도 내에 자리한 옹기전시관. 개인 소유 박물관이지만 소장품이나 규모가 여느 옹기 박물관 부럽지 않다. 옥 광산 갱도 내에 옥찜질 체험방이 마련되어 있다는 점도 재미있다. 주변이 온통 옥으로 둘러싸인 곳에서 잠시 쉬며 옥찜질을 할 수 있다. 세계 어디에서도 찾아볼 수 없는 옥 광산 내 옹기전시관, 춘천에 가면 꼭 한번 들러보자.
033-242-1042

도무지 음식점 같지 않은 외관이
호기심을 자극한다.

막국수와 어울리지 않는 듯한
가게 분위기와 소품이 은근히 재미있다.

채소가 듬뿍 들어간 개성 강한 메밀전

폐가가 아니라 막국숫집, 지암막국수

집다리골휴양림으로 가는 길, 사람이 살지 않
는 듯한 오래된 집이 보인다. '지암막국수'라는
간판이 달려 있지만 이곳이 정말 식당일까, 하
는 의문이 든다. 하지만 안으로 들어가면 정말
식당이 맞다. 마치 토굴 안에 들어온 듯 묘한
분위기를 풍기는 데다 흙과 돌로 이루어진 가
게 분위기가 예사롭지 않다. 어두컴컴한 실내
한쪽에는 기타가 놓여 있고, 이런저런 골동품
이 보인다. 막국수 맛도 독특해 그 풍미를 잊지
못해 찾아오는 손님들도 많다. 이색적인 분위
기에서 먹는 막국수의 맛은 누구든 쉽게 잊을
수 없을 터. 직접 만든 동동주와 채소를 푸짐하
게 넣은 메밀전도 일품. 033-244-0808

산 위에 숨은 마을, 문배마을

한국전쟁 당시 북한군도 존재를 모르고 지나쳤다는 문배마을. 강촌 구곡폭포에서 산길을 따라 한참 올라가면 산꼭대기에 다다른 듯한 느낌이 드는데, 이때 믿기지 않게도 마을 하나가 나타난다. 예전에는 오지 마을이었으나 등반객이나 관광객들이 많이 찾아들면서 유명 관광지가 되었다. 산행으로 지친 사람들이 쉬면서 허기를 채울 수 있 도록 산채비빔밥을 파는 집이 몇몇 들어서 있다. 산꼭대기 호젓한 마 을에서 먹는 산채비빔밥 한 그릇은 그 어디에서도 맛볼 수 없는 미각의 기억을 남긴다. ··· p.382

섬 아닌 섬, 소양예술농원

육지에 있지만 섬이 되어버린 곳. 소양강댐 건설 로 고향을 잃은 수몰 마을 주민이 산중턱에 집 을 지으면서 소양예술농원이 생겨났다. 처음에 는 전기도 들어오지 않는 오지였으나 2002년부 터는 전기가 들어왔다. 소양강댐 선착장에서 배 를 타고 들어가면 되는데, 하룻밤 쉬어 가거나 맛있는 식사를 할 수 있다. 그렇지만 무엇보다 매력적인 것은 이곳에서 멋진 야외 공연이 펼쳐 진다는 점이다. 한 번쯤은 화려한 소양강댐 뒤에 숨어 있는 곱디고운 마을을 찾아보자. ··· p.389

산비탈에 홀로 자리한 찻집, 삼악산장 찻집

의암호매표소에서 삼악산으로 오르는 길 가파 른 언덕을 조금 오르면 예상치 않은 집 하나가 나타난다. 이미 등반가들 사이에서는 입소문이 난 곳, 삼악산장 찻집이다. 박정희 전 대통령의 별장으로 사용했던 곳으로 의암호가 한눈에 들 어오는 수려한 전망을 만끽할 수 있다. 예전에 는 산장처럼 숙박이 가능했으나 지금은 찻집으 로 운영된다. 산비탈에 고고하게 서 있는 찻집 은 차 맛마저 황홀하게 만든다.

033-243-8112

물 위에서 만나는 불상

춘천댐을 지나 애니메이션박물관으로 향하는 길, 물 위에 떠 있는 붉은 건물과 그 위에 서 있는 대형 불 상이 눈길을 끈다. 호반의 도시 춘천이기에 볼 수 있 는 풍경이다. 호반 도로를 달리다 보면 붉은색 건물 과 불상이 어우러진 오묘한 풍경이 눈에 들어온다.

문학 속 춘천
책에서도 빛나는 춘천

춘천의 아름다운 풍광은 감성을 자극하고 영감의 원천이 된다. 그래서인지 유독 춘천을 배경으로 한 문학 작품이 많다. 이인직의 〈귀의 성〉이나 김유정의 문학 작품 등 오래전 작품은 물론이고 현대 작가들도 춘천을 무대로 많은 작품을 집필했다. 춘천을 배경으로 한 문학 작품을 접한 후 춘천 여행을 떠나보자. 춘천이 사뭇 다른 느낌으로 다가올 것이다.

"춘천이 그렇지
까닭도 연고도 없이 가고 싶지
얼음 풀리는 냇가에 새파란 움미나리 발돋움할 거라
녹다만 눈 응달 발치에 두고
마른 억새 깨 벗은 나뭇가지 사이사이로
피고 있는 진달래꽃 닮은 누가 있을 거라

왜 느닷없이 불쑥불쑥 춘천이 가고 싶어지지
가기만 하면 되는 거라
가서, 할 일은 아무것도 생각나지 않는 거라
그저, 다만 새봄 한아름을 만날 수 있을 거라는
기대는, 몽롱한 안개 피듯 언제나 춘천 천천이면서도
정말 가본 적은 없지
엄두가 안 나지, 두렵지, 겁나기도 하지
봄은 산 너머 남촌 아닌 춘천에서 오지"

– 유안진 〈춘천은 가을도 봄이지〉 중

〈황금비늘〉 & 〈장외인간〉의 이외수

춘천과 인연이 깊은 이외수 작가의 소설 속에 춘천은 단골 배경으로 등장한다. 〈황금비늘〉을 비롯해 〈장외인간〉〈꿈꾸는 식물〉, 〈겨울나기〉, 〈장수하늘소〉, 〈훈장〉 등 다양한 작품 속에 춘천이 등장한다. 그의 소설 곳곳에서 춘천의 다양한 공간이 생생하게 묘사된다. 〈황금비늘〉에는 춘천의 낚시터 여러 곳과 춘천역과 금산리가 나온다. 〈장외인간〉에는 소양로, 봉의산, 금병산, 고슴도치섬, 강원대학교 등이 등장하는데, '나는 신매대교를 건너면서 고슴도치섬을 내려다보고 있었다. 고슴도치섬은 물안개에 잠겨 있었다. 몽환적인 분위기였다. 모든 풍경이 물안개 속으로 흐리게 침잠하고 있었다'라는 표현과 같이 춘천의 공간을 사실적으로 자세히 묘사하고 있다. 〈훈장〉에서도 '망설이던 끝에 나는 중앙시장 뒷골목을 생각해냈다. 언제나 싸고 푸짐한 음식들이 허이연 김을 뿜어내고 있는 곳, 그 서민의 거리로 가서 국밥 한 그릇을 사 먹고 싶어졌다'라는 글귀 등을 볼 수 있다. 공지천에는 〈황금비늘〉을 테마로 한 '황금비늘 테마 거리'가 조성되어 있다.

Tip
당신에게도 영감을 줄 춘천 산책

+ 춘천, 마음으로 찍은 풍경
춘천에 대한 깊이 있는 이야기를 듣고 싶다면 지금은 일부 사라진 춘천의 옛 모습을 추억하고 싶다면 꼭 읽어봐야 할 책. 박찬일, 최수철, 한수산, 전상국, 오정희, 유안진, 안정효, 신달자 등 유명 문인 29명이 모여 춘천에 대한 이야기를 풀어낸다. 작가 각자가 간직하고 있는 춘천에 대한 추억과 에피소드, 이야기를 진솔하고 재미있게 담아냈다. 춘천을 겉모습만이 아니라 속 깊이 들여다보고 싶다면 한 번쯤 꼭 읽어봐야 할 책.

+ 문학 따라 춘천 산책
황금비늘 테마 거리 춘천을 대표하는 문학 거리. 잔잔한 산책로를 거닐며 이외수 작가의 다양한 작품, 핸드프린팅 등을 살펴보는 재미가 쏠쏠하다. 가끔씩 이 거리를 무대로 문학 전시회도 진행돼 볼거리를 더한다.
레일파크 김유정역 레일파크보다 이 역의 콘셉트에 반하게 된다. 김유정역이라는 특성에 맞게 레일파크 역을 책을 테마로 꾸몄다. 어떤 책들이 꽂혀 있는지 쭉 훑어봐도 재미있다.
북한강변 문학공원 신매대교에서 애니메이션박·물관으로 향하는 길, 의암호를 끼고 조성된 문학공원을 만나게 된다. 산책로를 따라가다 보면 여러 문인들의 주옥같은 글귀를 감상할 수 있다. 자연을 벗 삼아 문학을 즐기는 멋진 산책 코스다.

①
황금비늘테마거리

②

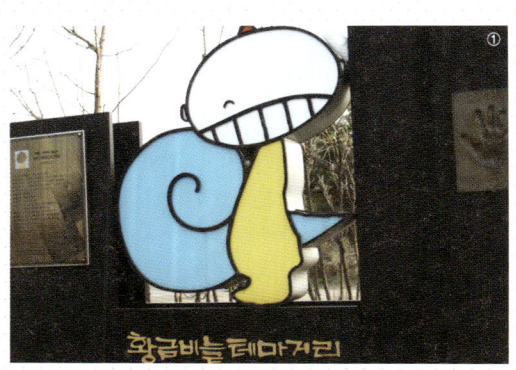

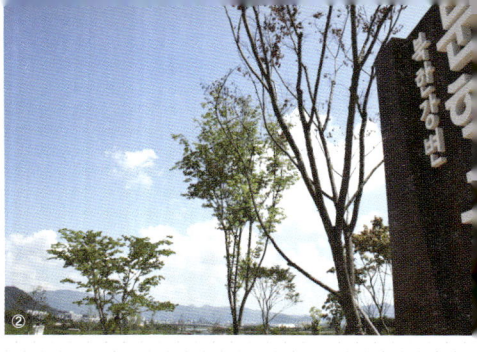

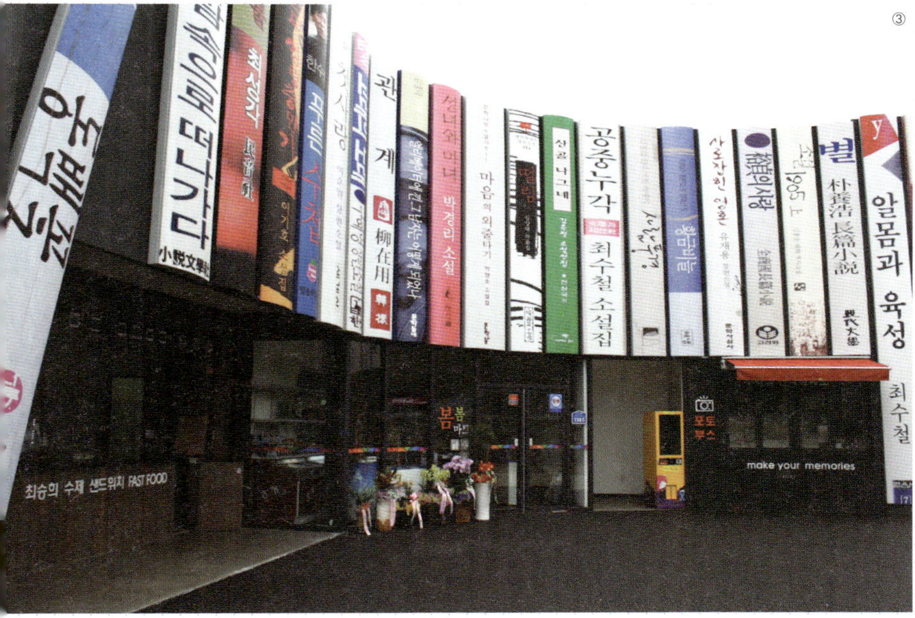
③
공중누각
최수철 소설집
알몸과 육성
최수철
박경리 소설
마음의 외줄타기
柳在用
小說文學社
포토 부스
make your memories
최승희 수제 샌드위치 FAST FOOD

④

황금비늘테마거리
⑤

⑥
작가와 소통하는...
mailbox

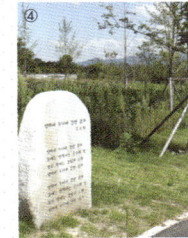

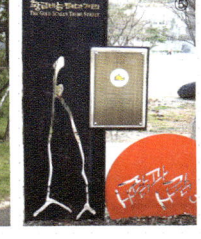

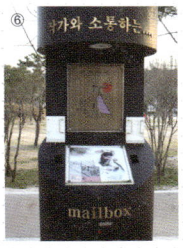

① ⑤ ⑥ 공지천 옆 황금비늘 테마 거리에 가면, 이외수 작가의 핸드프린팅, 소설, 시 등 다양한 볼거리가 전시되어 있다. 춘천의 문학 정서를 느끼며 산책ㅎ기 좋은 코스.

② ④ 신매대교에서 애니메이션박물관으로 향하는 길목에 새로 조성한 북한강변 문학공원. 이름처럼 여러 작가의 다양한 작품을 접할 수 있다. 아름다운 글귀를 읽으며 천천히 걷다 보면 마음마저 풍요로워진다.

③ 레일파크 김유정역은 지역의 특성을 살려 '북 스테이션'으로 꾸몄다. 강원도 출신 작가들의 작품을 이용해 대형 서고처럼 만들어놓아 인상적이다.

〈안개 시정거리〉의 한수산

제목에서부터 춘천이 느껴진다. 춘천 출신인 한수산 작가 역시 다양한 글에서 춘천을 보여준다. 〈안개 시정거리〉에서는 산업화 대문에 본래의 모습이 파괴되어가는 춘천의 모습을 그리고 있다. 소양로 일대, 춘천고등학교 주변, 요선동 일대, 옛 춘천교도소 등이 배경으로 등장한다.

〈은마는 오지 않는다〉의 안정효

한국전쟁의 비애를 다룬 유명 소설. 안정효 작가가 직접 영어로 개작한 후 미국에서 출판해 호평을 얻은 바 있다. 춘천 금산리가 주 무대이고, 서면 일대와 중도, 춘천역 등이 등장한다. 안정효 작가는 아예 춘천 금산리에 더물며 이 작품을 집필한 것으로 알려져 있다.

〈운수 좋은 날〉의 이문열

'운수 좋은 날' 하면 보통 현진건의 〈은수 좋은 날〉을 떠올리는데, 이문열 작가의 단편소설 중에도 같은 제목이 있다. 모티브도 비슷하다. '차를 몰고 시원한 춘천호를 끼고 돌게 되면서 그

의 기분은 금방 풀렸다. 그래 오늘은 벌이도 좋았으니 마음 느긋하게 춘천 관광이나 하자'라는 글귀와 함께 춘천호와 그 주변을 배경으로 이야기가 전개된다.

〈소는 여관으로 들어온다 가끔〉의 윤대녕

주인공 '나'가 춘천 가는 기차에 몸을 싣는 장면부터 청평사에 가려다 막배가 끊어지는 등 소양호와 청평사가 주 무대로 등장한다. 소양댐과 청평사에 대한 이야기가 화두가 되고 인근 샘밭 지역이 배경으로 등장한다.

그 외에도 박민규의 〈삼미 슈퍼스타즈의 마지막 팬클럽〉에는 온의동 춘천야구장이, 서종택의 〈외출〉에는 소양강, 등선폭포, 은하수다방, 설파다방, 소양교 등이, 오정희의 〈옛우물〉, 〈저 언덕〉, 〈비어 있는 들〉에는 소양로 번개시장이, 청평사, 중도 등이, 권지예의 〈풋고추〉에는 청평사 계곡 등이 등장한다. 그 밖에도 춘천을 배경으로 한 문학 작품은 무수히 많다.

춘천 캠핑 여행

카누 캠핑부터 휴양림 야영까지, 춘천은 캠핑 천국

섬, 휴양림, 계곡, 산 등 다양한 캠핑 공간을 확보하고 있는 춘천은 캠핑 천국이다. 서울과 가깝고 캠핑과 함께 다양한 즐길 거리를 갖추어 캠핑족의 사랑을 받는다. 춘천 시내에서 조금만 들어가도 깊은 자연 속에서 캠핑의 참맛을 누릴 수 있어 매력적이다.

카누 타고 캠핑을 즐기는 이색 체험, 카누 캠핑 여행

한국에서 카누 캠핑 여행을 제대로 즐길 수 있는 곳이 바로 호반의 도시, 춘천이다. 춘천 물레길에서 카누 체험에 이어 본격적으로 카누 캠핑 여행을 선보이고 있다. 원래는 의암호반의 물레길 사무국 옆 캠핑장에서 캠핑을 하면서 카누를 체험하는 형식으로 진행되다가 2012년 봄부터 캠핑의 메카인 중도로 이동해 캠핑을 즐기고 나오는 진정한 카누 캠핑도 선보였다. 아쉽게도 중도가 '레고랜드' 공사 때문에 폐쇄되면서 앞으로는 다른 곳과 연계하는 캠핑 프로그램을 선보일 예정이다. 캠핑하는 1박 2일 동안 카누 1대를 마음껏 이용할 수 있다는 점도 매력적. 캠핑족이라면 꼭 한번 체험해보고 싶을 만한 특별한 캠핑 여행의 기회를 선사한다. www.mullegil.org

숲과 계곡이 어우러진 야영, 집다리골자연휴양림

깊은 산속 계곡에 자리해 피서철 캠핑 여행에 잘 어울린다. 계곡의 물놀이장도 이용 가능해 여름철 무더위를 말끔히 씻어낼 수 있다. 원시림 느낌의 천연 숲이 맑은 공기와 시원한 그늘을 제공한다.

계곡을 따라 데크가 조성된 야영장 구역이 세 곳이 있다. 야영장은 일반적으로 5월 중순부터 10월 말까지 이용 가능하며 예약제로 운영된다. 워낙 인기가 많은 곳이므로 특히 여름철에는 서둘러 예약해야 한다. www.jipdari.com

아늑한 분위기, 춘천숲자연휴양림

일반 자연 휴양림에 비해 규모가 크지 않고 많이 알려지지도 않아 조용히 캠핑을 즐길 수 있는 곳이다. 텐트를 칠 수 있는 데크와 공중화장실, 취사장 등이 갖춰져 있지만 그늘이 아니어서 한여름에는 이에 대한 대비를 해야 한다. 사람들이 몰리는 곳이 아니라 호젓한 곳에서 캠핑을 즐기고 싶어 하는 사람들에게 알맞다. 서울-춘천 간 고속도로에서 가깝다는 게 가장 큰 장점. www.ccforest.or.kr

깊은 산속 야영지, 용화산자연휴양림

춘천과 화천의 경계가 되는 청정 용화산에 위치한 자연 휴양림. 삼림욕장, 산책로, 물놀이장 등의 시설을 갖추고 있다. 오토캠핑 데크와 몽골 텐트를 이용할 수 있다. 캠핑에 필요한 이용 시설이 잘 갖춰져 있어 편리하다. 깊은 산속에서 푸름을 만끽하며 캠핑하기 좋고 국립자연휴양림이라 관리가 잘되어 있어 반드시 예약해야 이용 가능하다. 033-243-9261

그 밖에도 춘천에는 개인이 운영하는 다양한 캠핑장이 있다. 그중 달머리캠핑장(010-4145-5959)은 규모나 위치, 시설 면에서 캠퍼들 사이에 입소문이 나 있다. 예전에 광산으로 사용되던 부지에 조성되었는데 주변 경치가 좋고 시설도 잘 갖춰져 있다. 여름에는 간이 수영장을 운영하는 등 다채로운 이벤트도 진행한다. 또 최근 제이드가든 바로 인근에 문을 연 제이드가든오토캠핑장(jadecamping.com)의 콘셉트는 잘 꾸민 캐러밴에서 캠핑을 즐기는 것. 제이드가든 수목원에서 운영하는 곳은 아니나, 제이드가든 수목원 입구와 아주 가까워 함께 즐기기에 좋다. 누구나 한 번쯤 꿈꾸는 캐러밴의 하룻밤을 즐겨보자.

숨은 문화 예술 공간 찾아가기
춘천으로 떠나는 특별한 '아트 여행'

춘천마임축제, 춘천인형극제, 춘천국제연극제 등 춘천은 국내 다른 어느 도시보다 다양한 공연과 예술 축제를 선보이는 문화 예술의 도시이다. 그래서 춘천 이곳저곳을 기웃거리다 보면 재미있는 아트 관련 공간과 마주할 수 있다. 작지만 의미 있는 아트 공간에서는 오늘도 귀한 공연 예술이 펼쳐지고 있을지 모른다. 춘천 여행 전 미리 스케줄을 확인하고 멋진 공연, 전시를 관람해보자. 춘천 여행이 더욱 의미 있어질 것이다.

축제극장몸짓

춘천마임축제 기간에 많은 사람들이 찾아드는 축제극장몸짓은 2010년 5월 개관한 소극장으로, 관객과 예술가가 소통하는 특별한 예술 공간이다. 일반적인 공연장 역할에서 그치지 않고 새로운 공연 예술 작품을 만들어내는 '인큐베이팅 극장' 역할을 하고자 한다. 그래서 이곳

에서 선보이는 공연은 독특하고 특색 있다. 2012년부터는 계절별로 다양한 기획 프로그램을 진행해 일반인들에게 다양한 장르의 공연 예술 작품을 접할 기회를 제공한다. 관객뿐 아니라 예술가들과도 적극적으로 소통하며 그들에게 공연을 펼친 기회를 제공한다는 측면에서 더욱 의미가 있다. 규모는 작지만 훌륭한 시설을 갖춘 축제극장몸짓에서 멋진 공연 예술을 접해보자.

• 위치 : 춘천시 춘천길 112
• 문의 : 033-251-0531, www.momzit.co.kr

봄내극장

낡고 오래된 극
장이 있다. 독
특한 외형이 인
상적인 봄내극
장은 춘천국제
연극제 기간 동
안 공연장 역할
을 한다. 그 외
기간에도 연극, 기획 전시 등 다양한 공연 예술
작품을 접할 수 있다. 최근 '객석 기부제'를 도
입해 객석 하나하나에 기부자의 이름을 새겨
넣었다. 시설이 낙후된 봄내극장은 이번 객석
기부제를 통해 레노베이션 공사를 마치고 더욱
알찬 공연장으로 태어난다.

• 위치 : 춘천시 옥천동 73-2
• 문의 : 033-253-7111

춘천미술관

봄내극장과 인
접한 춘천미술
관은 1994년 삼
천동 어린이회
관 건물에 개관
했다가 2000년
12월, 지금의 자
리로 옮겼다. 오
래된 건물 모양이 인상적인데, 옛 교회 건물을
매입해 미술관으로 리모델링했다. 일반적으로
오전 10시부터 오후 6시까지 개관하며 명절이
나 국경일 등에는 문을 닫는다.

• 위치 : 춘천시 옥천동 73-2
• 문의 : 033-241-1865

갤러리아르숲

유휴 공간이 창작 공간으로 재탄생했다. 갤러
리아르숲은 평범한 동네 골목에 어우러져 있는
독특한 창작 공간. 입주 작가들이 작업 활동을
하는 공간인 동시에 다양한 전시가 열리는 전
시장이기도 하다. 입주 작가와 동네 주민, 일반
시민 등이 함께 즐기는 골목 프로젝트도 인상
적이다. ···> p.323

• 위치 : 춘천시 효자2동 305-18
• 문의 : 033-262-1362

공간 오동

춘천낭만시장 골목
안에 자리한 창작
공간으로, 작가들의
작업 과정을 관람할
수 있다는 점이 특
색 있다. 빈 점포를
예술 공간으로 변신
시킨 이곳에서 젊은 작가들이 펼치는 작업 과
정과 전시 모두 흥미롭다.

• 위치 : 춘천낭만시장 골목

춘천아트페스티벌

춘천이 예술 문화의 도시임을 나타내는 대표적
인 축제. 일반 축제와는 달리, 아티스트와 스태
프들이 재능 기부를 통해 운영하는 의미 있는
축제다. 재능 기부가 익숙지 않던 10여 년 전부
터 춘천에서는 즐거운 아트 축제 한판이 벌어
졌다. 당대의 유명한 아티스트와 공연 기획자
들이 함께 만들어가는 아트 페스티벌은 매년 8
월 개최된다.

골목길 걷기

춘천 속으로 깊이 들어가기

대한민국 어디나 그러하듯 춘천에서도 여러 가지 이유로 오래된 골목길과 옛 동네가 사라지고 있다. 덤덤히 받아들이기엔 사라지는 골목길과 옛 동네의 아늑한 정취가 아쉽기만 하다. 춘천의 생활을 발견할 수 있고, 과거의 춘천을 느껴볼 수 있는 골목길과 동네를 한두 곳이라도 거닐어보자. 언제 사라질지 모를 그 길에서 춘천 여행의 참 재미를 찾게 될지도 모른다.

Place 1 춘천의 예스러움과 예술미가 어우러진 길 **춘천향교 주변**

춘천 제일의 번화가이자 유행을 이끄는 명동 바로 인근에는 유행과 관계없이 옛 모습을 지키고 있는 길이 많다. 그중 춘천향교가 있는 교동 일대 지역도 빼놓을 수 없다. 강원도청으로 향하는 중심 로터리에서 강원일보와 한국은행 춘천지점 건물 사잇길로 들어서서 얼마 걷다 보면 '구 도지사공관'이자 춘천문화원으로 사용하던 오래된 건물이 나타난다. 춘천 근대문화유산으로 지정된 건물로, 아름드리 은행나무가 위풍당당 자리해 가을에 유난히 그윽한 풍경을 연출한다. 그 앞길을 따라 오르면 춘천미술관, 봄내극장이 위치한 예술마당이 나타난다. 오래된 건물들이 만들어내는 풍경은 그 자체가 멋진 작품이 된다. 춘천미술관에서 봄내극장으로 오르는 길에서 감상하는 풍경이 꽤 다정하다. 미술관에서 나와 왼쪽 길을 따라가면 강원도 최초 여자 고등교육 기관으로 알려진 춘천여자고등학교가 나온다. 오래된 동네나 재잘거리는 여고생들로 언제나 활기차던 곳인데, 춘천여고는 건물이 노후되어, 시 외곽으로 이전하게 되었다. 얼마 떨어지지 않은 곳에 강원도 문화재인 춘천향교가 자리하고 있다. 향교가 있는 동네라 이름

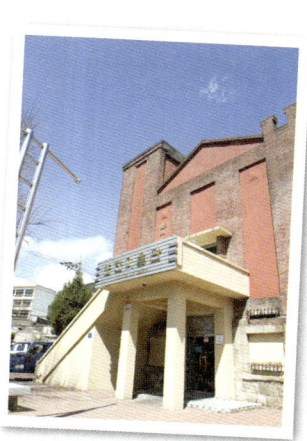

도 교동이다. 동네 풍경 자체가 향교와 잘 어울린다. 영화 〈허브〉를 촬영하기도 했는데, 잔잔한 분위기가 영화나 드라마 배경이 되기에 손색이 없다. 춘천향교에서 한림대학교로 이어지는 길에는 아기자기한 상점이 소소한 재미를 주며, 향교 돌담길을 끼고 올라가면 춘천의 숨은 풍경을 발견할 수 있다. 골목길 특유의 따뜻함이 느껴지는 길을 따라가면 봉의산으로 올라가는 샛길이 나오는데, 이곳에서 내려다보는 전망 또한 일품이다. 춘천의 아늑한 정취와 예술적인 분위기를 제대로 맛볼 수 있는 코스라 할 수 있다.

교동에서 만난 소박한 공간, 카페＋공방＋살림집

교동과 참 잘 어울리는 인간미 넘치는 건물이 있다. 오래된 작은 2층 건
물의 1층에는 아담한 가게 2개가 나란히 공간을 나눠 쓰고, 2층에는 평범
한 살림집이 있다. 말 그대로 '한 지붕 세 가족'. 1층의 한쪽은 카페, 한쪽은 공
방으로 꾸몄다. 2개의 가게인데 하나처럼 잘 어울린다. 빼꼼히 가게 문을 열고 들어가면 동
네 분위기에 어울리는 소박한 분위기에 마음이 따뜻해진다. 'Eden'이란 이름의 카페는 온통 블랙으로 치장
되어 있고 테이블도 몇 개 없다. 옆 가게 'y의 작업실'에서는 아기자기한 핸드메이드 액세서리를 구경하는
재미에 빠져든다. 언제 다시 이곳을 찾으면 가게가 바뀌어 있을지 모르겠지만, 지금까지는 두 가게가 나란

히 사이좋게 앉아 있는 모습이 참 사랑스럽다. 동
네를 산책하다 카페에 살짝 들러 창가 자리에 잠
시 앉아 사색에 젖거나
일상 풍경을 감상해
보자. 동네 분위기
때문인지, 따뜻한 커
피 때문인지 낯선 곳
에 대한 경계심을 완
전히 내려놓게 된다.

Place 2 **사라져가는 춘천의 어여쁜 골목길 망대골목**

축제극장몸짓을 지나 건널목을 건너면 약사고
개길이 나타난다. 춘천의 가장 대표적인 골목
중 하나이면서 이제는 사라져가는 풍경을 간직
한 곳이다. 언덕 아래서 동네 풍경을 바라보면
근대건축유산문화재로 등록된 죽림동주교좌성
당 건물과 그 뒤를 에워싸고 있는 대형 아파트

건물이 이 동네의 현실을 얘기해주는 듯하다.
약사고개길이라는 이름을 따라 오르면 사람들
은 떠나고 건물만 남은 서글픈 풍경을 마주하
게 된다. 한때는 가게도 많고 사람도 많이 다니
던 곳이었으나 지금은 상상으로만 그 풍경을
느껴볼 수 있다. 다음에 다시 찾으면 건물 잔해
마저 없어지고 또 다른 모습으로 변해 있을 것
이다. 고개 왼쪽으로 꺾어 올라가면 춘천에서
유명한 망대골목이 나타난다. 일제강점기에 화
재 감시용으로 만든 '망대'가 있다 하여 망대골
목이라 불리게 되었다. 지금도 꼭대기에 하얀
색 망대가 보인다. 언덕 위에 묘한 자세로 다닥

① 좁다란 골목길을 따라 걷다 보면 예상하지 못했던 소중한 무언가와 마주할 것 같은 느낌이 든다.
② 오랜 세월 묵묵히 자리를 지키고 있는 죽림동주교좌성당. 잠시 성당 마당에 들어가 나무 그늘 아래서 쉬어 가자.
③ 일제강점기에 만들었다는 하얀색 망대가 지나간 세월만큼 아스라하게 느껴진다.
④ 특별한 볼거리도, 즐길 거리도 없지만 골목길에는 사람의 마음을 사로잡는 오묘한 마력이 있다.

다닥 붙어 있는 집들이 재미난 풍경을 자아낸다. 전망 포인트인 망대정과 카페 '하늘'에서 춘천 풍경을 감상하는 코스도 놓치지 말자. 낯선 골목 여기저기를 기웃거리다 보면 향수를 자극하는 푸근한 풍경을 만나게 된다. 그래서인지 추억을 빼앗기고 싶지 않은 마음으로 이곳이 지금처럼 남아줬으면 하는 바람을 가지게 된다. 한국 근현대 미술계의 대표적 인물인 화가 박수근과 조각가 권진규가 이 근처에 머물며 생활했다는 이야기는 너무나 유명하다. 골목을 내려와 걷다 보면, 시장 골목에 갤러리를 품고 있는 춘천낭만시장에 이르게 된다.

`Place 3` 곧 사진으로만 기억하게 될 풍경 기와골

강원도청과 바로 인접한 흑백사진 같은 풍경. 드라마 〈겨울연가〉의 '준상이네 집' 촬영지가 있어 유명세를 탄 소양로2가 동네. 정식 명칭은 아니지만 기와집이 많이 모여 있다 해서 기와골 혹은 기와마을이라고 불린다. 골목길이 늘 그러하듯 별스러운 풍경은 없지만 그냥 걷다 보면 마음이 훈훈해진다. 재개발을 진행해 언제 사라질지 모르는 풍경이 되어버렸다. 사진으로만 감상할 수 있는 풍경이 되기 전에, 한 번쯤 직접 걸어보면 좋을 골목길.

`Place 4` 화려한 시절은 지나갔지만 요선동 골목길

한때 춘천에서 가장 번화했던 상권 중 하나. 지금도 모습은 허름하나 많은 가게가 이곳을 지키고 있다. 주변에 강원도청 등 관공서와 회사가 많아 점심시간이면 더욱 붐빈다. 이외수 작가의 〈꿈꾸는 식물〉, 〈장수하늘소〉 등 여러 작품 속에도 요선동이 등장한다. 춘천의 과거 면면이 고스란히 느껴지는 곳으로, 점심시간이면 줄을 서서 기다려야 하는 맛집도 많다.

〈무한도전〉 속 춘천
〈무한도전〉 '시크릿 바캉스' 따라잡기

2010년 여름에 방송된 〈무한도전〉의 '시크릿 바캉스 특집'을 기억하는지. 방송에서 〈무한도전〉 팀은 우여곡절 끝에 춘천으로 떠났다. 춘천의 서정적인 풍경과 〈무한도전〉의 신명이 더해져 특별한 바캉스가 탄생했다. 〈무한도전〉처럼 춘천으로 시크릿 바캉스를 떠나고 싶은 사람들을 위해 그들의 여행 루트를 공개한다.

Part 1 춘천행 기차 타기

〈무한도전〉 촬영 때만 해도 청량리역에서 출발하는 경춘선 기차가 있었다. 〈무한도전〉 멤버들은 기차를 타고 가면서 대학생처럼 게임도 하고 노래도 부르며 여행을 즐겼다. 지금은 경춘선 기차 대신 경춘선 전철과 ITX가 운행되지만 여전히 시원하고 아름다운 자연 풍경을 즐기며 춘천 가는 기차의 낭만을 만끽할 수 있다. 단, 예전처럼 게임을 하고 노래를 부르는 행위는 자제해야 한다.

Bonus

〈무한도전〉 팀, 또 한 번 춘천을 찾다~

〈무한도전〉 멤버들은 2010년에 이어 2011년에도 춘천을 찾았다. 바로 2012년 달력 촬영 때문. 〈무한도전〉 2012년 달력 촬영은 '파파라치 콘셉트'로 진행해, 멤버들이 춘천을 시작으로 강원도 곳곳을 돌아 평창에서 다시 모였다. 〈무한도전〉 멤버들은 춘천MBC에서 오프닝을 촬영했다. 춘천MBC 옆에는 의암호 산책길이 있고, 춘천MBC 내에는 '알뮤트 1917 갤러리 카페(p.128)'가 있어 여행자들이 들러볼 만하다.

Part 2 춘천닭갈비 먹기

춘천 여행에서 빠질 수 없는 춘천닭갈비. 〈무한
도전〉 멤버들 역시 춘천닭갈비를 먹기로 결정
하고 명동 닭갈비 골목으로 향했다. 맛집을 찾
기보다는 특색이 있는 명동 닭갈비 골목으로
간 것. 〈무한도전〉 팀이 간 곳은 닭갈비 골목 초
입에 있는 우미닭갈비. 이곳에 가면 〈무한도전〉
촬영 당시 사진들이 걸려 있다. 〈무한도전〉 멤
버들과 스태프가 먹은 어마어마한 양의 닭갈비
값을 계산하는 정준하의 모습도 담겨 있어 재
미있다.

Part 3 중도에서 캠핑하기

〈무한도전〉 팀이 중도로 향한 것은 '시크릿 바
캉스'에 어울리는 탁월한 선택이었다. 중도는
남이섬처럼 많이 알려져 있지는 않지만 순수
자연 속에서 휴식을 취할 수 있는 멋진 휴양지
다. 짧은 거리지만 배를 타고 들어가면 별세계
가 펼쳐진다. 〈무한도전〉 팀이 여기서 캠핑을
즐겼듯 중도는 캠핑족에게 사랑받는 곳. 〈무한
도전〉 방송 내내 배경으로 나온 중도를 보면 너
른 잔디밭과 막힘없는 시야, 푸른 나무가 인상
적이다. 라디오 방송을 하고 삼겹살 파티를 한
뒤 박명수가 원하던 '텐트 나이트 타임'도 가졌
는데, 특히나 유재석이 원했던 포크 댄스 타임
에 배경 화면으로 삽입된 영화 〈사운드 오브 뮤
직〉의 배경과 중도의 너른 잔디밭이 아주 잘 어
울린다. 하지만 2012년 8월 말부터 중도 '레고
랜드' 공사가 시작되면서 아쉽게도 〈무한도전〉
속 중도 풍경은 더 이상 볼 수 없게 됐다.

Special Talk 23

고택 vs 한옥 게스트하우스
춘천에서 보내는 특별한 하룻밤

춘천에서 하룻밤 묵는다면, 이왕이면 춘천 여행을 더욱 돋보이게 해주는 곳에서 쉬어 가길. 조선시대에 지은 고택에서 고요하게 하룻밤 묵어 가거나, 퓨전 스타일의 한옥 게스트하우스에서 모닥불을 피워놓고 낭만적인 밤을 보내보자. 여행 중 잠시 머무르는 공간이 아니라, 다시 춘천을 찾고 싶어지게 하는 특별한 공간에서 고즈넉하고 편안한 휴식을 취할 수 있다.

Part 1 한옥의 향기에 젖어들다 춘천 고택 김정은 전통 가옥

마당으로 한없이 쏟아져 내리는 햇살, 처마 끝으로 뚝뚝 떨어지는 빗방울, 이 방문을 타고 저 방문을 넘어 제멋대로 흘러 다니는 바람…. 한옥 툇마루에 가만히 앉아 한옥과 자연이 만들어내는 찰나의 표정에 몸과 마음을 기울여보라. 도시 생활에서 무뎌질 대로 무뎌진 감각세포가 하나하나 오롯하게 살아난다. 이곳에서 하룻밤을 쉬어 가면 삶의 무거운 고민이 모두 날아가버릴 듯하다. 어린 날 엄마 품속에 폭 안겼을 때 느낀 푸근함이 있다.

강원도문화재자료로 지정된 김정은 전통 가옥에서 보내는 하룻밤은 더욱 따뜻하고 푸근하다. 100년이란 세월을 품고 있는 고택, 그 안에서 발걸음을 내딛고 걸어보는 것만으로 특별한 기운을 느낄 수 있다. 오가며 이 집에 대해 궁금해하는 사람들을 위해 주인은 '이 집의 아름

다움은 우리 가족만이 아니라 많은 사람들과 공유해야 한다'는 마음으로 문을 활짝 열었다. 그리고 옛사람들이 지나가는 나그네들에게 묵어 갈 공간을 내주었듯 사랑채와 문간방 등을 내준다. 봄, 여름, 가을, 겨울, 사계절 모두 운치 있고, 햇살 맑은 날과 비가 오는 날, 눈이 내리는 날에도 저마다 다른 매력이 있다. 그래서 이 집에 살고 있는 주인들도, 이곳에서 하룻밤 묵어 가는 나그네들도 자꾸 이 공간의 매력에 깊이 빠져든다. 한번 찾으면 자꾸 그리워하게 되는 곳. 춘천 도심 속에 이런 곳이 숨어 있다는 게 그저 신기하다.

① 일일이 콩댐(불린 콩을 갈아서 들기름 등에 섞어 장판에 바르는 일)한 방바닥이 정겹다. 참나무로 불을 때기 때문에 옛 한옥 아랫목의 느낌이 그대로 전해진다. 불을 때면서 자연스럽게 색이 변한 방바닥의 모습도 친근하다. 한지로 자연스러운 멋을 살린 방의 벽면에도 눈길과 손길이 간다. 무형문화재 장용훈 옹이 제작한 닥종이 한지로 손수 발라 만들었다.

② 한옥은 밖에서 바라보는 풍경도 멋스럽지만, 방에서 작은 문을 통해 바라보는 바깥 풍경도 참 운치 있다. 특히 아가씨방에서 내다보는 마당 풍경은 곰살갑기¹ 그지없다. 한옥 방문이라는 액자 안에서 수려한 풍경화가 살아 움직인다.

③ 김정은 전통 가옥에는 다른 한옥과 달리 대청 정면에 함석으로 된 차양이 서 있어 독특한데, 햇빛이 들지 않고 빗물을 막는 역할을 한다. 이러한 차양은 강원도에서는 강릉 선교장과 이곳에서만 볼 수 있다.

④ 욕실과 화장실 건물은 별도로 마련되어 있다. 주인 부부는 굳이 옛 가옥의 형태를 변형해 방 옆에 욕실을 만들지 않았다. 옛날 한옥 생활처럼 방에서 나와 화장실을 사용하던 운치를 그대로 맛볼 수 있도록 하고 싶었기 때문이란다. 덕분에 깜깜한 밤, 화장실을 오가며 하늘을 한번 쳐다보며 별을 마주하던 그 추억을 고스란히 느낄 수 있다. 아이들을 위해 요강도 준비해놓았다.

Tip

+ 2개의 방으로 연결된 사랑채(2~4인 10만~12만원)와 문간방(2인 8만원), 아가씨방(2인 8만원), 총 세 종류의 방으로 구성되어 있다.

+ 별도 주방도 마련되어 있는데, 고기를 구워 먹는 등의 취사는 불가능하고 냄새를 피우지 않는 간단한 취사만 가능하다.

+ 춘천IC나 남춘천역에서 멀지 않고, 춘천 주택 밀집 구역인 퇴계동과 바로 인접해 있다. 주소는 춘천시 신동면 정족리 643.

+ 예약은 블로그(http://blog.naver.com/jawana), 쪽지나 이메일(jawana@naver.com)로 가능하다. 문의 010-5225-2923

사람과 사람, 사람과 자연이 친구가 되는 들판 나비야 게스트하우스

한옥에 빠져 도시 생활을 접고 고향에 내려와 손수 한옥을 지은 한 남자. 전국 각지를 돌면서 헐리는 한옥의 재목을 모아 10여 년 전 춘천 서면 퇴골에 한옥을 지었다. 그래서 이곳의 한옥은 10여 년이란 세월보다 훨씬 오랜 흔적이 느껴진다. 문짝 하나하나도 다른 한옥에서 온 것들이라 사연이 묻어 있고 개성이 담겨 있다. 주인장은 원래 이곳에서 음식점을 운영했으나 자신만의 시간을 갖고 자연을 돌보며 살고 싶어

게스트하우스를 운영하게 됐다. 2011년 말 게스트하우스로 다시 문을 열었는데, 벌써 입소문을 타고 찾아드는 여행자들이 많다. 운치 있고 사람 냄새 풀풀 풍기는 이곳은 춘천 여행과 너무도 잘 어울린다. 아름다운 주변 환경, 마당 곳곳에 앙증맞게 자리를 차지한 150여 종에 달하는 야생화, 마당 다른 한쪽에서 피어오르는 산나물은 소박하고 정겹기 그지없다. 주인아저씨

가 춘천시 문화관광해설사로 오랫동안 활동하고 있어 춘천 여행에 대한 남다른 조언을 얻을 수 있다는 점도 좋다.

Tip

+ 도미토리는 4인실로 운영하며 1인당 1만8000원, 다른 방은 기준 인원 2인, 비수기와 성수기 가격이 평일과 주말에 따라 5만~7만원 선. 1인 추가 시 5000원씩.
+ 춘천역이나 몇몇 관광지를 중심으로 픽업 서비스를 제공한다. 나비야에서 춘천역으로 나갈 때는 오전 9시 30분, 춘천역에서 나비야로 들어올 때는 오후 5시를 기준으로 한다.
+ 예약은 인터넷(www.춘천게스트하우스.com) 또는 전화(011-377-2402)로 가능.
+ 공동 주방과 야외 바비큐장을 이용할 수 있으며, 간단한 아침 식사용으로 식빵과 잼이 준비되어 있다.
+ 여름철 많은 사람들이 모여드는 춘천 퇴골유원지 입구에 있다. 주소는 춘천시 서면 서상리 1054.

① 남녀 도미토리 등 총 다섯 종류의 방이 있는데, 방마다 따로 이름이 있다. 나무향기, 여름정원, 우리, 길, 시내라는 이름에 각각의 의미도 담겨 있다. 방으로 들어가기 전 문 앞에 적혀 있는 글귀를 꼭 한번 읽어보자.

② 오랫동안 산채 음식 전문점을 운영한 주인 아저씨는 산채나물과 야생화에 대한 조예가 깊다. 텃밭에서 가꾼 산나물을 손님들이 저녁 먹을 때 내주기도 하고, 산채나물 샐러드를 만들어주기도 한다. 마당 곳곳에 피어나는 야생화에 대한 얘기를 듣는 재미도 쏠쏠하다.

③ 이곳에서는 자전거를 무료로 대여해준다. 시골길을 달려도 좋고, 멀지 않은 춘천의 아름다운 자전거길을 마음껏 누벼도 좋다.

④ 마당에는 바비큐 파티를 즐길 수 있는 공간이 있다. 음식을 준비해 오면 누구든 마음껏 이용 가능하다. 모닥불을 피우고 여행의 낭만을 즐겨보자.

④

춘천 관광열차 vs 춘천 시티투어버스
춘천을 즐기는 또 다른 방법

자유롭게 돌아다니는 여행이 좋을 때도 있지만, 때로는 알차게 짜인 코스를 따라 편안하게 돌아보고 싶을 때가 있다. 그럴 때는 춘천 시티투어 프로그램이나 관광열차 상품을 이용해보자. 자동차를 갖고 다닐 때 느끼는 스트레스에서 벗어날 수 있고 전문 가이드의 안내를 받으며 춘천에 대한 알찬 정보를 얻을 수 있어 좋다. 관광열차 상품이나 춘천 시티투어버스를 이용해 편안하고 즐겁게 춘천을 여행해보자.

춘천 시티투어버스

대중교통으로 춘천을 여행하는 사람들에게 유용한 프로그램. 춘천까지 오가는 길이 막힐까봐 걱정할 필요 없이 춘천 여행을 즐길 수 있어 좋다. 매일 다른 코스로 운행한다는 점도 매력적이다. 소양강처녀상, 강원도립화목원, 소양강댐, 풍물시장, 애니메이션박물관, 국립춘천박물관 등 춘천의 모든 명소가 코스에 포함되어 있다. 2012년 가을부터는 춘천의 새로운 명소인 강촌레일파크와 물레길 카누 체험 코스도 포함되어 구성이 더욱 알차졌다. 월요일부터 일요일까지 매일 다른 일정으로 이뤄져 있으므로 원하는 코스를 골라 이용하면 된다. 계절별로 투어 코스는 조금씩 변경되기도 한다. 매일 오전 10시 춘천역 앞에서 출발하며 이용료는 어른 5000원, 어린이 3000원, 만 3세 이하 무료. 또 학생들의 눈높이에 맞춘 특별 투어도 운영된다. 문화유적 코스, 자연경관 코스, 체험관광 코스, 학습 관광 코스로 진행되며 매주 토요일 이용 가능하다. 특히 문화유적 코스는 일반적인 춘천 여행에서는 찾아가기 쉽지 않은 춘천의 유적지들을 알차게 소개해주므로 아이들에게 큰 도움이 된다. 아이와 학생들이 좋아할 만한 코스로 구성되어 가족 단위 여행자들이 함께 이용하기 좋다. 이용료는 어른 6000원, 학생(초 · 중 · 고) 4000원. 특별 투어는 매주 목

요일 오후 5시까지 예약해야 이용 가능하다.

각 관광지 입장료와 점심 식사 비용은 별도. 단체 입장료가 적용되기 때문에 개인적으로 여행할 때보다 저렴하다는 점도 장점이다. 인터넷 예약(tour.chuncheon.go.kr)과 현장 접수(033-250-4312)가 가능하나, 인터넷 예약 접수가 우선된다.

춘천 관광열차

한동안 인기를 끌었던 한류 관광열차 운행이 중단되고 새로운 코스의 춘천 관광열차 상품들이 등장했다. 먼저 강촌레일파크를 체험하는 상품이 인기를 끌고 있는데, 남이섬과 막국수 만들기 체험을 함께 즐길 수 있어 좋다. 청량리역에서 ITX-청춘을 타고 가평역으로 이동해 경강역에서 레일바이크를 체험하고 남이섬을 둘러본 후 막국수박물관으로 가서 막국수를 직접 만들어본다. 요금은 어른 5만9000원, 어린이 5만5000원이며 성수기나 연휴에는 1만원 추가된다. 기차 요금, 레일바이크, 막국수 체험비 등이 모두 포함된다. www.korailtour.com

또 ITX-청춘을 타고 남이섬, 쁘띠프랑스, 김유정문학촌을 둘러보는 관광열차 상품도 이용 가능하다. 용산역을 출발해 청평역에서 하차한 후, 쁘띠프랑스와 남이섬을 돌아본 다음 김유정문학촌을 방문하는 코스. 매주 주말에 운행되며 요금은 어른 5만9000원, 어린이 5만4000원. www.korailtravel.com

단, 기차 여행 상품은 계절과 시기별로 변동되기도 하므로 사전 확인 후 이용하자.

춘천에서 맛봐야 할 막걸리
춘천에 가면, 춘천막걸리~

물 맑은 춘천에서 빚어내는 막걸리는 종류가 다양하다. 춘천에 왔다면 이왕이면 춘천 지역의 막걸리를 맛보자. 춘천 여행의 흥이 더욱 살아날 것이다.

소양강생막걸리

춘천 음식점에서 가장 많이 볼 수 있는 막걸리 중 하나로, 춘천을 대표하는 막걸리라 할 수 있다. 단맛보다는 청량감이 좋아 뒷맛이 깨끗한 편. 소양강 지역의 쌀을 100% 이용하기 때문에 춘천 대표 막걸리라는 명성이 아깝지 않다.

봄봄막걸리

2012년 출시된 신제품. 춘천의 대표 문학가인 김유정의 작품 〈봄·봄〉의 이름을 따서 만들었다. 100% 국내산 쌀을 이용해 빚은 생막걸리로, 깔끔한 맛이 돋보인다. 김유정문학촌 인근에서 봄봄막걸리를 맛본다면 더욱 운치 있다.

Tip

소주를 고집하는 당신이라면

+ 춘천에 와서 소주를 마신다면 이왕이면 '아름다운 춘천'을 마셔보자. 소주 이름치고 이렇게 예쁜 이름이 또 있을까. 소주의 원료인 주정에 자연 송이버섯이 2.43% 함유되어 맛도 독특하다. 이름은 '아름다운 춘천'이지만 실제 생산지는 양구라는 점도 재미있다. 알코올 도수는 19.5%이며 춘천의 일부 음식점에서 맛볼 수 있다.

춘천왕수생막걸리

국내산 쌀 80%와 소맥분 20%로 빚다가 최근 들어 국내산 쌀 100%를 사용해 품질을 높였다. 조미료를 첨가하지 않아 깔끔한 맛이 일품. 기존의 막걸리 맛에 길든 사람들에게는 첫맛이 다소 밍밍하게 느껴질 수 있으나 먹다 보면 그 개운한 맛에 매료된다. 시중에서 쉽게 접하기 힘들다는 단점이 있으나 꼭 한 번 맛볼 만한 막걸리다.

춘천생막걸리

쌀막걸리가 가니라 밀가루로 만든 막걸리. 밀가루 막걸리만의 특별한 맛을 즐길 수 있어 마니아층이 많다. 두 가지 용량으로 출시된다.

춘천옥수수생막걸리

국내산 쌀과 국내산 옥수수 전분을 섞어 만든 생막걸리. 일반 옥수수막걸리에 비해 지나치게 달지 않아 좋다.

춘천오미자생막걸리

질 좋은 막걸리를 만들기 위한 열정이 넘치는 춘천양조장에서 출시한 2012년 신제품. 국내산 쌀 95%, 오미자 5%를 혼합해 만들어 빛깔이 곱고 맛도 참하다. 여성들이 좋아할 만한 신개념 각걸리.

찹쌀생동동주

국내산 쌀 60%, 국내산 찹쌀 20%를 섞어서 간든 동동주로, 빛깔 자체가 막걸리와는 사뭇 다르다. 새로운 풍미의 탁주를 원한다면 한 번쯤 맛보자.

Special Talk 26

춘천 특화 거리

그 거리에 가면, 이 재미가 있다!

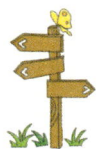

춘천에는 특색 있는 거리가 많다. 모두가 다 아는 닭갈비 골목부터 막국수 거리, 춘천의 멋진 야경을 감상할 수 있는 카페 거리 등 맛있고, 멋있는 거리들이다. 춘천에서 관광지 외에 어느 곳에 가야 할지 몰라 고민될 때 참고하면 좋을 만한 거리 정보를 모아봤다.

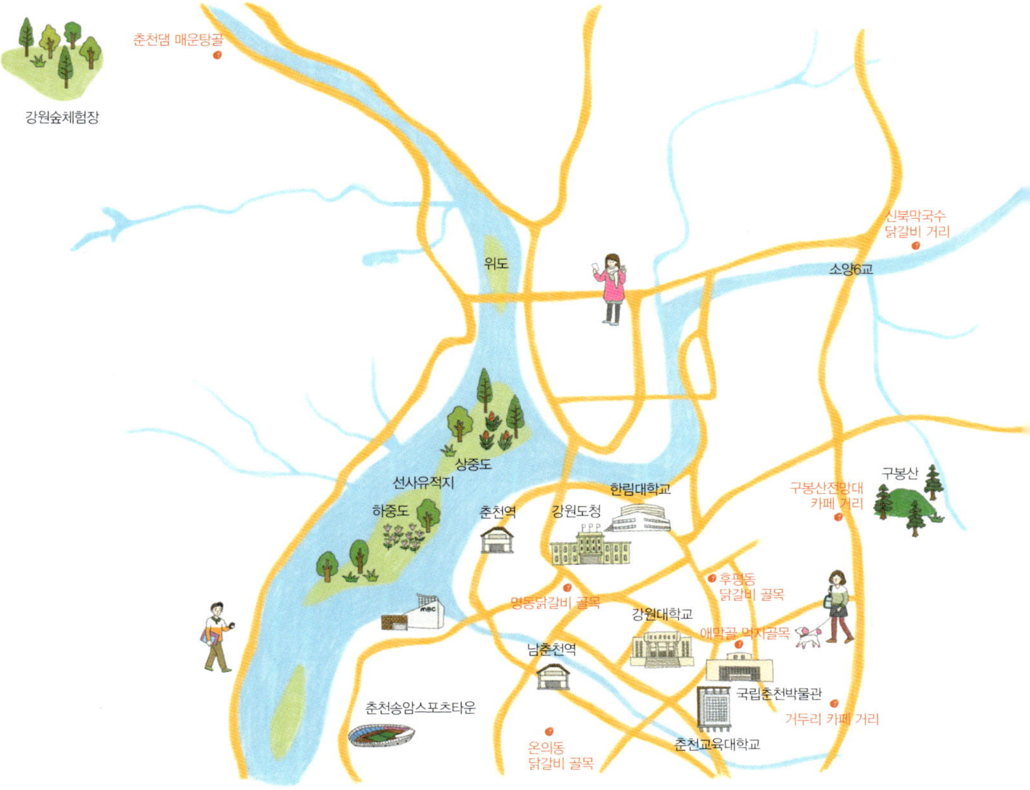

춘천댐 매운탕골
강원숲체험장
위도
신북막국수
닭갈비 거리
소양6교
상중도
선사유적지
하중도
춘천역
강원도청
한림대학교
구봉산
구봉산전망대
카페 거리
후평동
닭갈비 골목
명동닭갈비 골목
강원대학교
애막골 먹지골목
남춘천역
국립춘천박물관
거두리 카페 거리
춘천송암스포츠타운
온의동
닭갈비 골목
춘천교육대학교

춘천의 노을빛 전망을 선사하는, 구봉산 전망 카페 거리

춘천에서 최고의 전망을 즐길 수 있는 명소로 손꼽힌다. 고급스러운 카페나 레스토랑부터 간단하게 쉬어 갈 수 있는 휴게소도 있다. 이탈리언 레스토랑 & 카페 '산토리니(p.140)'와 커피 전문점 '제이콥스 스테이션(Jacob's Sation)' 등이 인기가 많다. 하루 중 어느 때 찾아도 아름다운 전망을 감상할 수 있지만 저녁노을과 야경이 특히 환상적이다.

트렌디한 카페가 모여 있는, 거두리 신 카페 거리

춘천에서 뜨고 있는 트렌디한 카페 거리. 처음에는 한두 곳뿐이었는데, 불과 몇 년 사이 카페가 많이 들어서면서 춘천의 대표적인 카페 거리로 자리 잡았다. 거두리 2택지 지구에 있으며, 대로를 중심으로 양옆에 분포되어 있다. 낮은 동산과 내천 등이 있어 커피 한잔 즐기며 여유로운 시간을 보내기 좋다.

춘천닭갈비 맛집을 찾아서, 닭갈비 골목

춘천 어디를 가든 닭갈빗집을 찾아볼 수 있지만, 특히 닭갈빗집이 많이 모여 있는 곳이 있다. 명동 닭갈비 골목을 비롯해 온의동과 후평3동 인공 폭포 앞에 닭갈비 거리가 형성되어 있다. 명동 닭갈비 골목은 여행자들이 주로 찾는다면, 후평3동 인공 폭포 앞은 춘천 현지인들이 즐겨 찾는다.

막국수 천국, 신북 막국수 & 닭갈비 거리

막국숫집 역시 춘천 곳곳에 분포되어 있지만 특히 신북읍에 유명한 막국숫집이 많다. 특히 소양댐 가는 방향이라 여행자들도 즐겨 찾는다. 춘천의 대표적인 막국수 맛집으로 손꼽히는 유포리막국수(p.202)와 샘밭막국수(p.204), 닭갈비 맛집인 통나무집닭갈비(p.226)도 모두 신북읍에 위치한다. 춘천막국수체험박물관(p.334)도 신북읍에 있다.

시원한 국물 맛의 유혹, 춘천댐 매운탕골

물 맑은 춘천에서 민물 생선 요리는 꼭 한번 맛봐야 할 음식이다. 철 따라 송어, 빙어, 쏘가리 등 다양한 민물 생선 요리를 맛볼 수 있다. 특히 춘천댐 근처에 매운탕골이 형성되어 있으며, 매운탕과 민물회 등이 유명하다. 이곳에 있는 대부분의 집이 손님이 많은데 '평남횟집(033-244-2370)'이 특히 쏘가리매운탕 맛집으로 유명하다.

춘천의 젊음을 느끼는, 강원대 후문

춘천에서는 '강대 후문'이라고 부른다. 젊은 감각에 맞는 각종 맛집과 카페가 즐비하게 들어서 있다. 대학가의 특성상 개성 넘치는 카페와 저렴하고 푸짐한 맛집이 많다. 커피안(p.176), 시실리아(p.170), 미화네 떡볶이(p.260), 룡림닭발(p.236) 등 유명 맛집, 카페가 대거 모여 있다. 대학가라 여름방학과 겨울방학 기간은 다소 한가한 편.

춘천 사람들이 즐겨 찾는 맛집이 즐비한 곳, 애막골 먹자골목

춘천의 대표적인 먹자골목. 현지인들이 즐겨 찾는 곳으로, 다양한 맛집이 모여 있다. 춘천의 대표적인 맛집의 분점과 예쁜 카페도 들어서 있다. 춘천국립박물관과 멀지 않아 박물관을 방문한 후 들러 식사와 커피를 즐겨도 좋다.

커피 향기 가득한 로맨틱 춘천 산책

춘천은 커피와 참 잘 어울리는 도시다. 춘천이란 도시가 주는
낭만적인 코드와 분위기 때문에도 그러하지만 실질적으로 춘천의 일부 지역은
커피콩을 보존하기에 최적의 기후를 갖추고 있다고 한다.
커피 맛을 좌우하는 요소 중 원두만큼 중요한 부분이 바로 물인데,
춘천만큼 물 맑은 곳이 또 어디 있겠는가. 게다가 대한민국 최초 원두커피 전문점도
바로 춘천에서 문을 열지 않았던가. 때로는 호수를 따라, 때로는 산길을 따라,
때로는 평범한 주택가를 따라, 때로는 오래된 시내 골목을 따라, 때로는 대학가를 따라
산책을 즐기며 만나는 커피 향기와 카페는, 마음을 촉촉이 적셔준다.
춘천의 카페들을 다니다 보면, 커피 한잔 마시기 위해 춘천까지 온다는
춘천 커피 & 카페 애호가들의 마음을 이해하게 된다.

알뮤트 1917 갤러리 카페 | 이디오피아 집 | 카페 뽀앤쏘
커피 첼리 | 산토리니 | 카페 아를 파이 | 커피쟁이 비버씨
커피 레시피 | 카페 로스팅 힐 | 메이플 | 카페 바오밥
피스 오브 마인드   차 마실 산 | 나무향기 찻집
748 커피앤코 | 카페 라르고 | 대원당 | 미스타페오
시실리아 | 자마이카촌뇬 | 11:19 | 커피안
켄즈 카페 | 루스 | 봉의산 가는 길 | 파인 베이 | 다인
커피 마리스 | 카페 구름빵

커피 향기에 빠지고 사람 향기에 취하다

거두리 카페 거리

향기롭고 말랑말랑한 커피 타임이 필요할 때, 발걸음이 거두리로 향한다. 겉만 슬쩍 보면 무미건조해 보이지만 속내를 자세히 들여다보면 잔재미가 가득한 동네. 거두택지지구라는 명목으로 한창 공사판이 벌어지던 때도, 동네 어디에선가는 스멀스멀 커피 볶는 향기가 번져 나왔다. 커피 볶는 로스터리 카페는 기본, 달콤 촉촉한 파이를 구워내는 파이집, 꽃집과 카페가 어우러진 플라워 카페, 블라블라 인형을 만드는 공방 카페, 플루티스트가 운영하며 이따금 플루트 연주를 들려주는 음악 카페, 책 읽으며 쉬어 가기 좋은 북 카페 등 개성 넘치는 카페가 가득하다. 이 골목, 저 골목 흘러 다니며 이 카페 저 카페를 기웃거린다. 한나절 산책에 지겨울 순간이 없다. 어느 날, 다시 찾아가면 못 보던 카페가 또 불쑥 등장한다. 그만큼 선택의 폭이 넓어지는 동시에 선택에 대한 고민도 깊어진다.

팍팍한 일상에서 벗어나고 싶어질 때면 거두리 카페 거리를 방황해본다. 작은 개천이 소박하게 흘러가고 낮은 동산이 묵직하게 앉아 있는 이곳에서는 사려 깊은 커피 한 잔, 친절한 파이 한 조각, 다정한 음악 한 곡이 마음을 포근하게 감싸준다.

산책의 '필'이 충만한 날이라면, 거두리에서 석사동 공지천 산책로, 춘천교대, 국립춘천박물관까지 느긋하게 거닐어도 좋다.

호반메르디움아파트

강원지방경찰청

국립춘천박물관

잇츠커피
마드레

카페 로스팅 힐

거두
주공아파트

커피 채스

뉴욕맘

카페 아를 파이

커피쟁이
비버씨

허니커피앤플라워
메이플

거두리
카페 거리

커피 레시피

춘천거두리성당

춘천교육대학교

거두사거리

석사사거리   공지로

피스 오브 마인드

거두교

석사동공지천산책로

산책 코스 1 성우오스타아파트 ⋯▶ 춘천거두리성당 ⋯▶ 뉴욕맘, 마드레 ⋯▶ 메이플, 허니커피앤
플라워 ⋯▶ 잇츠커피, 카페 아를 파이, 카페 로스팅 힐 ⋯▶ 커피쟁이 비버씨, 커피 채스 ⋯▶ 커피
레시피

산책 코스 2 거두리 카페 거리(커피 레시피 출발) ⋯▶ 피스 오브 마인드 ⋯▶ 석사동 공지천 산
책로

산책 코스 3 거두리 카페 거리(성우오스타아파트 출발) ⋯▶ 춘천교육대학교 ⋯▶ 국립춘천박물관

화려한 전망, 수수한 풍경
구봉산전망대 카페 거리

구봉산전망대 카페 거리는 큰 도로를 끼고 있어 사실 오붓한 산책길은 아니다. 대부분 자동차를 이용해 찾게 되는데, 산토리니처럼 넓은 정원이 있는 곳이라면 그 안에서 산책을 즐길 수도 있다. 푸릇한 잔디밭(비록 인조 잔디이긴 하지만)을 거닐며 춘천 시내를 내다보는 순간은 '하늘 산책'이라는 이름을 붙여주고 싶다.

구봉산전망대 카페 거리에도 현지인들만 아는 숨은 산책 코스가 있다. 바로 '제이콥스스테이션' 근처에서 내려가는 길. 그 길을 따라 내려가면 구봉산전망대 카페 거리의 화려한 분위기와는 전혀 다른 수수한 풍경이 나타난다. 과수원이 유독 많아 봄이면 더욱 아름다운 곳. 춘천 사람들은 구봉산전망대 카페 거리의 뻥 뚫린 풍경이 식상해질 때 아늑한 이곳으로 숨어든다. 돈가스와 허브비빔밥이 맛있는 '작은숲'. 자연 친화적이고 소박한 분위기가 멋스럽다. 바로 인근에는 춘천 사람들 사이에서는 꽤나 유명한 '복사꽃피는마을'이 있다. 예스러운 분위기가 인상적인 카페다. 주변으로 복사꽃이 피어오르는 시기에 찾아가면 가장 운치 있다. 여기서 멈추지 말고 길을 따라 조금 더 내려가보자. 쌉쓸한 풀 향기가 진동하는 시골길을 걷다 심심해질 때쯤 카페 하나가 또 모습을 드러낸다. 넓은 마당이 인상적인 '아침하늘'에서는 수제비, 산채비빔밥, 차 등을 판매한다. 하늘과 숲의 정취에 취해 걷다 보면 2012년 가을, 춘천 시내에서 외곽으로 이전한 춘천여자고등학교 건물이 보이고, 더 내려오면 만천초등학교가 보인다. 만천초등학교 주변에는 맛집이 가득하고 대중교통을 이용하기도 편리하다.

구봉산전망대휴게소

델모니코스

산토리니

구봉산전망대
카페 거리

나눔교회

아침하늘

제이콥스스테이션

채식사랑

만군부락

작은숲

복사꽃피는마을

춘천여자고등학교

만천초등학교

산책 코스 만천초등학교 정문 ⋯ 아침하늘 ⋯ 복사꽃피는마을 ⋯ 작은숲 ⋯ 제이콥스스테
이션

빛나는 마이너리그에 감동하다
소양2교 & 소양1교

소양2교, 소양강처녀상, 의암호…. 춘천의 향기에 흠뻑 취하고 싶을 때 이 거리를 걷는다. 강변을 따라 산책로를 거닐며 그 언젠가 〈겨울연가〉에 등장했다는 벤치에 앉아보고, 소양강처녀상을 바라보며 '소양강처녀' 노래를 들어본다. 낮에는 무덤덤한 표정이나 밤에는 화려한 모습을 드러내는 소양2교를 건너서 그윽한 손길을 내뻗는 '루스'에 들어가 커피 한잔을 마신다. 참 이상하다. 서울이었다면 이런 강변 풍경을 앞세워 카페들이 수두룩이 들어섰을 법한데, 닭갈빗집, 갈빗집 같은 음식점만 많고 버젓한 카페는 루스가 유일하다(길 건너편으로 한참 내려가면 한두 개 정도가 더 보이긴 한다).

소양2교에서 소양1교로 가는 강변 산책길은 호젓하고 고요하다. 계절과 시간에 따라 철새 떼나 물안개와 조우할 수 있는 찬란한 산책로이기도 하다. 여기까지가 '춘천의 메이저리그'였다면, 이제부터는 '춘천의 마이너리그'를 만날 차례다. 소양2교와 비교하면 상대적으로 초라하게 느껴지는 소양1교. 키 큰 트럭은 지나갈 수조차 없는 낡고 오래된 다리이다. 그럼에도 소양1교를 걸을 때 다리 끝으로 느껴지는 그 질감과 소박한 모양새가 좋다. 더욱이 소양2교의 화려한 야경은 그 다리에서가 아니라 초라한 소양1교에 서야 제대로 감상할 수 있지 않은가. 소양1교를 건너면 만나게 되는 카페 '봉의산 가는 길'도, 소양2교로 향하는 호반사거리 인근에 자리한 번개시장도 모두 춘천의 빛나는 마이너리그. 때로는 화려한 메이저리그보다 사연 깊은 마이너리그에 더 감동스러워하는 사람이, 비단 나 혼자만은 아니리라.

혼자만 걷기 너무나 아까운 애틋한 이 길로 많은 산책가들을 초대한다.

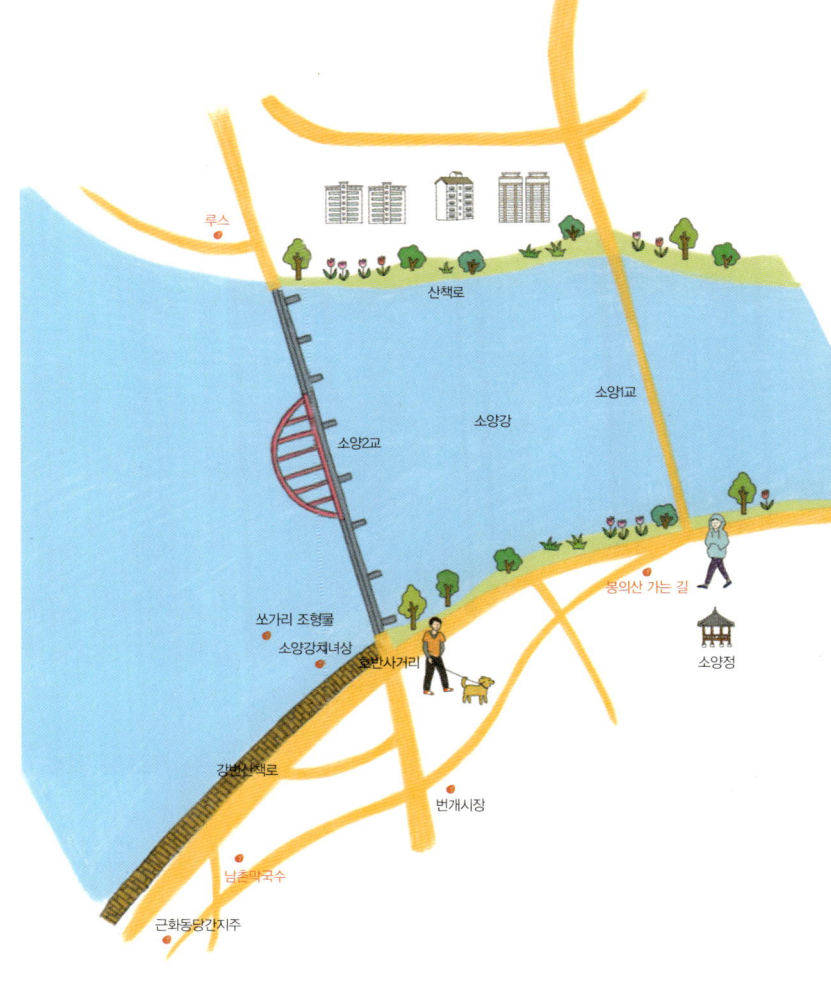

루스

산책로

소양강

소양1교

소양2교

쏘가리 조형물

소양강처녀상

호반사거리

봉의산 가는 길

소양정

강변산책로

번개시장

남촌막국수

근화동당간지주

산책 코스 춘천역 ⋯ 강변 산책로 ⋯ 근화동당간지주 ⋯ 남촌막국수 ⋯ 소양강처녀상 ⋯ 소양2교 ⋯ 루스 ⋯ 강변 산책로 ⋯ 소양1교 ⋯ 봉의산 가는 길(카페) ⋯ 소양정

알뮤트 1917 갤러리 카페

**갤러리를 닮은,
갤러리를
담은 카페**

예술은 어려운 것이다.
예술은 특별한 누군가를 위한 것이다.

'리처드 머트(R. Mutt)'라는 이름을 새긴 변기를
'샘(Fountain)'이라는 제목으로
전시회에 출품한 프랑스 예술가 마르셀 뒤샹은
이에 반대했을 것이다.

레디메이드 제품도 예술이 될 수 있다는 사실,
우리의 일상도 예술이 될 수 있다는 사실.

왜 이 갤러리 카페가
뒤샹의 변기 작품에 새겨진
'R. Mutt 1917'이라는 이름을 선택했는지
공감하게 된다.

1인당 개별 쟁반에 각각 세팅되어 나온다. 잠시 시간이 된다면 쟁반 위에 깔려 있는 종이에 담긴 내용을 탐독해보자. 알뮤트 1917이라는 공간에 대해 깊이 이해하게 될 것이다.

'알뮤트 1917'의 뜻을 알고 나면 왜 기본 세팅에 변기 모양 그릇이 나오는지 알 수 있다. 변기 안에 들어 있는 동그란 초콜릿의 의미는 상상에 맡기자.

알뮤트의 직원들은 라테 아트의 대가 이영민 바리스타에게 교육을 받는다. 예술가들의 작품으로 만드는 커피 잔은 따로 구매할 수도 있다. 본인이 사용한 잔을 사면 좀 더 저렴하다. 커피 잔은 판매가 끝나면 다른 작품으로 계속 대체된다. 알뮤트의 잔을 모으는 것도 색다른 재미가 될 듯.

단순히 예쁜 카페인 줄만 알았다. 예술 작품을 감상할 수 있는, 콘셉트가 독특한, 분위기 좋은 카페인 줄만 알았다. 하지만 '알뮤트 1917'은 그 이상의 진한 스토리텔링이 담긴 특별한 공간이다. 춘천MBC 사무실로 이용하던 재생 공간을 지금과 같은 예술 공간으로 변신시키기까지 많은 사람들의 고민과 땀이 녹아들었다. 많은 사람들이 일상생활 속에서도 쉽고 편하게 예술 작품을 접할 수 있도록 카페와 갤러리 공간을 합쳤다. 어린아이를 데리그 갤러리에 가기 어려운 가족들, 연로한 부모님을 모시고 갤러리에 가기 힘든 사람들 등 이런저런 사정으로 갤러리라는 공간을 부담스러워하는 보통 사람을 위해 카페라는 안락한 공간에서 편안하게 예술 작품을 접할 수 있도록 했다. 운영 측면에서도, 경험 없는 젊은이들을 직원으로 채용해 커피 교육, 서비스 교육의 기회를 제공함으로써 그들이 어디서든 당당하게 일할 수 있는 능력을 키워준다. 예술가들에게 전시의 기회를 주는 동시에 일반 젊은이들에게는 일할 수 있는 기회를 주는 것이다. '알뮤트 1917'은 커피와 음료 하나하니도 오로지 최고만을 고집한다. 최고의 원두를 사용한 커피는 기본, 파우더 대신 말린 단호박이나 고구마를 이용한 다양한 라테, 첨가물 없이 오렌지만 듬뿍 넣은 오렌지주스 등 겉모습뿐만 아니라 메뉴 하나하나도 예술적으로 만들어낸다. 커피 잔 하나, 스푼 하나, 쟁반 하나도 예술가들이 참여해 만들고 고른 작품이다. 그래서 수익보다· 투자가 많다. 전시 내용은 2개월에 한 번꼴로 바뀌고 매주 화요일 저녁에는 음악 공연이 펼쳐진다.

When 분위기부터 맛까지, 예술적 감각이 물씬 풍기는 곳을 찾고 있을 때

<u>Address</u> 춘천시 삼천동 238-3 <u>Where</u> 춘천MBC 내 <u>Tel</u> 033-254-1917
<u>Cost</u> 커피 6000원대, 와플 1만2000원 <u>Time</u> 10:00~23:00 <u>Parking</u> 가능

Ethiopia Bet
이디오피아 집

에티오피아
커피 한 잔에
담긴 깊은
이야기

1968년 5월,
에티오피아 황제인 하일레 셀라시에 1세가
한국을 방문했습니다.
에티오피아는 한국전쟁 당시
황제 근위병을 파병했습니다.
한국 정부는 전사자를 기리기 위해 춘천에
에티오피아 참전기념비를 건립했습니다.
기념비 제막식에 참석한 하일레 셀라시에 1세는
에티오피아를 기릴 수 있는 공간이
생겼으면 좋겠다는 바람을 이야기했습니다.
하일레 셀라시에 1세가 자신의 바람을
이야기했던 그 자리에 황제가 선물로 보내준
에티오피아 황실 생두가 씨앗이 되어
'이디오피아 집'이라는 공간이
탄생했습니다.

1968년 11월,
우리나라 최초 에티오피아 원두커피
전문점이 문을 열었습니다.
대한민국 춘천시 '이디오피아길'에서
귀한 에티오피아 커피를 마실 수 있습니다.

우리나라에 대를 이어가는 맛집은 있지만, 대를 이어하고 있는 카페가 있을까? 아마 춘천의 '이디오피아 집'이 유일하지 않을까 싶다. 에티오피아 기념관 건립을 원했던 하일레 셀라시에 1세의 얘기를 전해 들은 조용이 · 김옥희 부부가 사재로 건물을 지어 운영했고, 2009년부터 딸 조명숙 씨와 사위 차중대 씨가 대를 잇고 있다. 원두커피나 카페 문화가 먼 세상 이야기로 여겨졌던 1968년부터 그 귀한 에티오피아 원두커피를 판매했으니 독보적인 한국 최초의 원두커피집이라 할 수 있다. 한국에서 생두를 구할 수 없던 시절, 에티오피아 황실에서 보내주는 고급 생두를 이용해 만든 커피로 단연 주목받았다. 당시에는 국내에 커피 관련 기계가 없어 프라이팬에 생두를 볶고 고춧가루를 빻는 방식으로 원두를 갈아 만든 커피를 판매했다. 분위기와 인테리어로 승부하는 최근의 카페 트렌드를 비웃기라도 하듯 이디오피아 집은 최대한 옛 모습을 그대로 유지하고 있다. 이곳의 내력을 전혀 모르고 찾아온 사람들도 카페에서 내다보이는 아름다운 전망과 제대로 된 커피 맛에 반한다. 깐깐한 로스터이자 바리스타인 차중대 사장은 에티오피아 최고급 생두를 이탈리아 스타일로 제대로 로스팅하고 블렌딩해 언제나 최고의 커피를 선보이고자 노력한다. 의사 출신이라서 건강과 위생에도 꼼꼼히 신경 쓴다는 점도 이곳의 숨은 매력이다. 한국의 역사와 커피의 역사가 있고, 20대부터 80대까지 다양한 연령층이 공존하며, 커피와 문화가 있는 공간. 그렇기 때문에 이디오피아 집은 단순한 카페, 그 이상의 의미를 갖는다. 매년 10월 초에는 이곳에서 '이디오피아길 세계 커피축제'가 진행된다.

When 에티오피아 커피의 진수를 맛보고 싶을 때

Address 춘천시 이디오피아길 1 Where 공지천 에티오피아한국전참전기념관 옆 Tel 033-252-6972 Cost 이디오피아 아메리카노 5000원, 핸드드립 커피 8000원~ Time 10:00~00:00 Parking 가능(유료 공용주차장)

카페 뽀앤쏘

엄.친.카페

참 예쁘게 생겨서 어려서부터 쭉 사랑을
듬뿍 받아온 카페가 있었습니다.
이 카페는 예쁘기만 한 게 아니라
맛있는 커피와 케이크로
늘 손님들에게 훌륭한 성적표를 받았지요.
예쁜 얼굴(익스테리어+인테리어)에
질 좋은 커피와 케이크.
이 정도면 좋은 카페의 요건은
모두 갖춘 듯한데
이 카페는
요즈음 중요하게 여겨지는 소위
'개념'까지 갖추고
거기에 소신까지 갖췄네요.
이런 엄.친.딸 같은 카페라니….
엄마가 내 가족에게 줄 음식을 만드는
손길로 정성을 다하고 오래된 친구처럼
늘 같은 자리를 지키며 편안하게 대해주는,
그래서
엄마 같은, 친구 같은
엄.친.딸 같은 엄.친.카페.

카페 문 앞에 '아이를 동반한 손님들에 대한 주의'와 '술 취한 사람 입장 금지' 문구가 붙어 있고, 메뉴판을 열면 카페에서 지켜야 할 기본 사항 몇 가지가 명시되어 있다. 그래서 어떤 사람들은 카페 뽀앤쏘가 도도하다는 느낌을 받을지도 모른다.

사실 이곳에 명기되어 있는 사항은 이런 표시가 없더라도 공공장소에서 당연히 지켜야 할 기본 에티켓이다. 하지만 그런 기본적인 것이 지켜지지 않는 탓에 조심스럽게 주의 사항을 적어놓게 되었다고 신소정 사장은 이야기한다. 적어도 편안한 카페라는 공간을 공유하는 데 필요한 기본 에티켓을 갖춘 사람들만이 카페 뽀앤쏘의 진정한 손님이 될 수 있다.

뽀앤쏘는 자매인 신보라 · 신소정 사장의 애칭을 따서 만든 이름이다. 어려서부터 커피와 베이킹에 많은 관심을 갖고 실력을 키워온 동생(뽀)과 카페 운영의 꿈을 키워온 언니(쏘). 그들의 아버지는 딸들이 준비가 되었다는 판단 아래 오랫동안 살던 한옥을 부수고 그 터에 2층짜리 건물을 지어 카페를 마련해주었다. 카페 뽀앤쏘가 상권이나 유동 인구와는 상관없는 외진 주택가에 위치한 것은 바로 이런 이유 때문이다. 그래서 지나가다 들르는 사람은 거의 없다. 대부분 이곳만의 맛있는 커피와 달콤한 케이크, 아기자기한 분위기를 즐기러 찾아든다.

카페 뽀앤쏘에서 대충은 통하지 않는다. 커피를 비롯한 모든 음료와 케이크, 컵케이크를 모두 신선한 재료를 이용해 직접 만든다. 매일 두 가지씩 다른 종류의 케이크를 선보이며 하루 지난 케이크는 '죽은 케이크'로 분류해 판매하지 않는다. 이런 원칙과 소신이 많은 손님을 구석진 이곳까지 이끄는 힘이라 할 수 있다.

When 춘천을 대표하는 예쁜 카페에서 제대로
만들어낸 음료와 케이크를 맛보고 싶을 때

Address 춘천시 후평1동 752-9 Where 정부춘천지방합동청사에서
도보 5분 Tel 033-253-6518 Cost 커피 3500원~ 케이크 5000원~
Time 12:00~23:00(일요일과 공휴일은 ~22:00) Parking 가능

Café bboNsso
뽀앤쏘의 lovely 메뉴

탄산을 넣지 않은 로맨틱한 느낌의
핑크 레모네이드.

뽀앤쏘의 변함없는 넘버원 히트 메뉴.
무알코올 모히토, 4500원.

맛도 모양도 사랑스러운 뽀앤쏘의 페어러 케이크.
일반 컵케이크에 비해 단맛이 덜해 더욱 사랑받는 메뉴.

뽀앤쏘의 최고 인기 케이크는
고소한 풍미와 촉촉한 질감이
살아 있는 치즈 케이크.
'리얼' 초콜릿 맛의
브라우니도 인기 만점.

Coffee Coeli
커피 첼리

인연

인연이란
마음밭에 씨 뿌리는 것과 같아서
그 씨앗에서 움이 트고 잎이 펼쳐진다.
인연이란 이렇듯 미묘한 얽힘이다.

– 법정 스님의 〈인연〉 중에서

커피 첼리가 있다.
손님도 인연으로 다가오고
주인도 인연으로 다가온다.
그 공간이 마음밭이 되고
커피가 씨앗이 되어
'인연'이라는 꽃이 핀다.
카페라는 공간과의 인연 역시
미묘한 얽힘이다.

첼리는 라틴 어로 '천국'을 뜻한다. 맞다. 이곳은 커피 천국이다. 향기로운 커피를 통해 천국을 맛볼 수 있는 곳. 다른 카페에서 더치커피를 뽑는 기구가 쉬고 있을 때도, 이곳에서는 2대의 기구에서 늘 커피가 똑똑 떨어져 더치커피 전문이라는 일소문이 사실임을 증명해준다. 강민재 사장은 전광수커피아카데미에서 핸드드립 강사로 활동한 바 있다. 그 경력이 말해주듯 커피 칠리는 핸드드립 커피 또한 유명하다. 비스코티와 치즈 케이크, 홍차 초콜릿 등 사이드 메뉴도 모두 매장에서 강민재 사장이 직접 만드는 것은 물론, 시럽마저도 수제다. 단순한 설탕이 아니라 커피에서 추출한 수제 시럽은 더치커피의 풍미를 더욱 살려준다. 넓지 않은 공간이지만 작업 공간과 손님 테이블 공간을 1:1 비율로 맞췄다. '작업하는 사람이 편해야 좋은 커피도 나오고 손님도 편하다'라는 신념이 느껴지는 부분이다. 테이블 하나 더 놓고 손님을 한 명이라도 더 받으려는 상업적인 마인드보다는 커피 첼리를 찾은 손님들이 조금 더 편안하게 질 좋은 커피를 즐기길 바라는 따뜻한 마음이 담겨 있다. 다른 곳보다 바좌석 비율이 높다는 점 또한 특징. 그만큼 바에 편안히 앉아 주인과 커피는 물론 일상에 대한 소소한 대화를 나누며 쉬어 가는 사람이 많다. 카페에서 파는 모든 것이 정성이 들어간 수제이고, 따뜻한 소통이 이뤄진다는 점이 문 연 지 5년째 접어든 커피 첼리에 유난히 단골손님이 많은 이유가 아닐까.

장시간 찬물에 추출해 우아하고 깊은 향을 머금은 더치커피(7000원)와 18가지 재료를 사용해 2주간 숙성해서 만든 사랑스러운 수제 아이스티(7000원)가 커피 첼리의 대표 인기 메뉴.

When 제대로 된 카페가 그리울 때

Address 춘천시 조양동 13-6 Where 조운동주민센터 인근 Tel 033-252-5953 Cost 핸드드립 커피 5000~6000원, 더치커피·아이스티 각 7000원, 케이크 4000원 Time 10:00~22:00(첫째·셋째 주 월요일 휴무) Parking 가능(인근 주차 공간 이용)

산토리니

Near Me

가끔
그 이름만으로도 설레는 존재가 있다.

화이트와 블루가 만들어내는
그림 같은 풍경
좁다란 길목의 작은 레스토랑에서
음미하는 맛있는 음식
어느 작은 카페에 앉아 바라보는
황홀한 전망.

언제나 꿈꾸지만
언제나 접어두는
여행의 한 자락.

멀리 그리스 산토리니가 아닌
가까운 춘천 산토리니에서 펼쳐보는
그 여행의 감성.

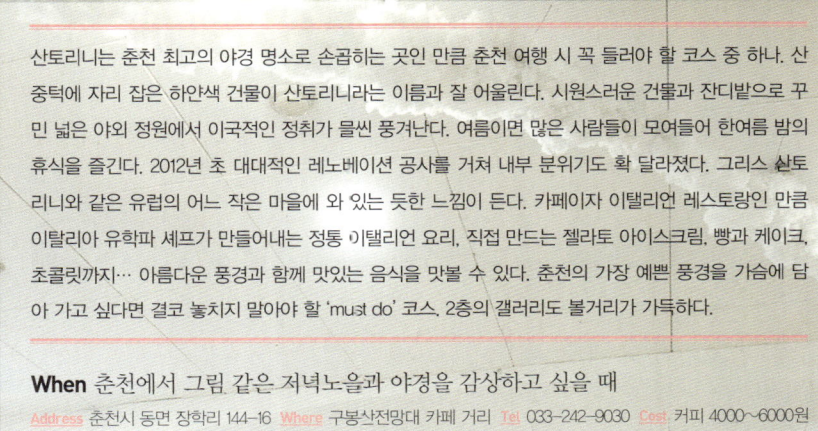

산토리니는 춘천 최고의 야경 명소로 손꼽히는 곳인 만큼 춘천 여행 시 꼭 들러야 할 코스 중 하나. 산 중턱에 자리 잡은 하얀색 건물이 산토리니라는 이름과 잘 어울린다. 시원스러운 건물과 잔디밭으로 꾸민 넓은 야외 정원에서 이국적인 정취가 물씬 풍겨난다. 여름이면 많은 사람들이 모여들어 한여름 밤의 휴식을 즐긴다. 2012년 초 대대적인 레노베이션 공사를 거쳐 내부 분위기도 확 달라졌다. 그리스 산토리니와 같은 유럽의 어느 작은 마을에 와 있는 듯한 느낌이 든다. 카페이자 이탈리언 레스토랑인 만큼 이탈리아 유학파 셰프가 만들어내는 정통 이탈리언 요리, 직접 만드는 젤라토 아이스크림, 빵과 케이크, 초콜릿까지… 아름다운 풍경과 함께 맛있는 음식을 맛볼 수 있다. 춘천의 가장 예쁜 풍경을 가슴에 담아 가고 싶다면 결코 놓치지 말아야 할 'must do' 코스. 2층의 갤러리도 볼거리가 가득하다.

When 춘천에서 그림 같은 저녁노을과 야경을 감상하고 싶을 때

Address 춘천시 동면 장학리 144-16 Where 구봉산전망대 카페 거리 Tel 033-242-9030 Cost 커피 4000~6000원
Time 11:00~다음 날 02:00(동절기는 ~00:00) Parking 가능

Café Arles Pie
카페 아를 파이

아를 & 파이

"예전에는 이런 행운을 누려본 적이 없다.
하늘은 믿을 수 없을 만큼 파랗고
태양은 유황빛으로 반짝인다.
천상에서나 볼 수 있을 듯한
푸른색과 노란색의 조합은
얼마나 부드럽고 매혹적인지…."

– 아를을 사랑한 고흐의 편지글 중

예전에는 춘천에서 이런 파이를 맛본 적이 없다.
파이는 믿을 수 없을 만큼 진득하고
타르트는 바삭 촉촉하다.
천상에서나 맛볼 수 있을 듯한
잘 구운 시트와 건강한 재료들의 조합은
얼마나 부드럽고 매혹적인지….

– 아를 파이를 사랑하는 사람의 한마디

아를을 닮은 풍경과
프랑스풍 디저트가 있는
맛있는 카페, 아를 파이.

Café Arles Pie
아틀 파이 속 프랑스

에펠탑 찾기 아틀 파이의 주인은 에펠탑홀릭
이다. 가게 곳곳에 숨어 있는 다양한 에펠탑
문양과 소품을 찾아보는 재미가 쏠쏠하다. 가
게 안에 과연 몇 개의 에펠탑이 있을까?

퐁당 쇼콜라 맛보기 진열장에는 없지만
메뉴판을 꼼꼼히 살펴보면 찾아낼 수 있
는 아틀 파이의 보석. 달지 않고 따뜻한
진짜 퐁당 쇼콜라(6500원)!

신선한 재료를 듬뿍 넣어 파이를
만들기 때문에 언제나 단호박,
고구마 등이 준비되어 있다.

맛있고 건강한, 그야말로 '착한' 디저트를 맛볼 수 있는 곳이다. 글자 자체가 독특한 간판부터 뭐라 한마디로 색감을 표현할 수 없는 빈티지한 목재 외관이 주변 자연환경과 잘 어우러져 시선을 사로잡는다. 프랑스 아를을 그대로 옮겨 온 듯한 빛깔과 분위기가 특징인 이곳의 여사장은 가게 건너편에 보이는 나지막한 동산이 마음에 들어 무작정 이곳에 가게를 냈다고 한다. 그는 파이와 타르트 등 손님들에게 내놓는 모든 먹을거리를 손수 만드는 것은 물론, 가게 인테리어도 직접 디자인했다. 의자, 책상의 높이와 크기도 가게 분위기에 맞게 일일이 체크해서 주문 · 제작했고 내외부 페인팅 작업도 손수 했다. 자신이 머릿속에 그려둔 가게 이미지를 최대한 살리기 위해서는 그 방법밖에 없었다고 한다. 힘들고 더디더라도 자신이 꿈꾸던 디저트 숍의 분위기를 최대한 살려내는 데 중점을 두었다.

그런 꼼꼼함과 철두철미함은 디저트에도 고스란히 담겨 있다. 파이와 타르트 속을 최상의 재료로 듬뿍 채워낸다. 지나친 단맛 대신 원재료 본연의 맛이 입안 가득 퍼지기 때문에 처음 한입 베어 물 때도 맛있지만 먹으면 먹을수록 더욱 깊은 풍미가 느껴진다. 단호박 한 통을 고스란히 넣어 만든 단호박타르트를 먹어보면 아를 파이의 진가를 알게 될 것. 프랑스 인 파티시에, 일본인 파티시에 등에게 다양한 교육을 받은 그는 한국인의 입맛에 닿는 착한 디저트를 만들어냈다. 덕분에 분위기, 디저트 맛, 커피 맛, 삼박자를 완벽하게 갖춘 멋진 카페가 되었다.

제철 과일을 듬뿍 얹어주는 생과일 타르트 맛이 환상적. 치즈 맛이 나는 달지 않은 크림이 과일과 조화를 이룬다. 아를 파이의 인기 메뉴인 단호박타르트를 베어 물면 단호박 맛이 입안 가득 퍼진다.

친절한 '주인 언니'는 언제나 기꺼이 아메리카노를 리필해준다.

When 맛있으면서도 건강한 '착한' 디저트를 맛보고 싶을 때

<u>Address</u> 춘천시 동내면 거두리 1055   <u>Where</u> 거두리 호반베르디움아파트 맞은편   <u>Tel</u> 033-262-0065   <u>Cost</u> 파이 & 타르트 3500~5000원대, 커피 4000~5000원대   <u>Time</u> 10:00~23:00   <u>Parking</u> 가능

Mr. Beaver Coffee
커피쟁이 비버씨

비버씨네
행복한 커피

유쾌한 비버씨가 만들어주는
행복한 커피를 마시러
오늘도 사람들이 찾아간다.
진실한 비버씨가 만들어주는
맛있는 커피를 마시러
오늘도 사람들이 찾아간다.
커피쟁이 비버씨는
커피콩을 볶으면서
이 커피를 마신 사람들이
모두 행복해지길 기도한다.
커피쟁이 비버씨는
커피를 내리면서
이 커피가 정말 맛있는 커피로
기억되길 소망한다.
커피쟁이 비버씨네 집에는
정직한 커피 향과
행복 바이러스가
언제나 퍼져 나온다.

가게 곳곳에 가득한 비버씨 캐릭터가 유쾌하다.

카페 이름과 함께 곳곳을 장식하고 있는 재미있는 '비버씨' 캐릭터가 이곳을 찾는 순간부터 즐거움을 준다. 카페 주인의 얼굴을 보면 왜 가게 이름이 커피쟁이 비버씨인지 바로 이해하게 된다. 커피 잔에 그려진 캐릭터와 주인 얼굴을 번갈아 보면서 키득키득 웃는 손님이 많다. 바로 이것이 주인이 원했던 풍경이다. 커피를 마시러 온 손님에게 작은 즐거움이라도 주고 싶었다고. 두루뭉술하고 수더분해 보이지만 커피에 대해서만은 까다로운 기준을 갖고 있다. 국내에서 일반적으로 유통되는 생두가 만족스럽지 않아 직접 원하는 생두를 수입해서 쓸 정도. 거두리에 카페를 낸 것도 상업적인 목적 때문이 아니라 생두 보관에 적절한 기후라는 판단 때문이었다. 최고의 블렌딩을 창조해내기 위해 늘 연구하고 공부한다. 좋은 재료와 깊은 정성이 더해진 커피는 더욱 맛있을 수밖에 없고, 그 맛이 많은 손님을 사로잡았다. 단순히 커피만이 아니라 다른 메뉴도 마찬가지다. 직접 녹차 원액을 추출해서 만드는 녹차라테, 특수 제조한 버터를 올려주는 허니브레드, 집에서 삶은 국산 햇팥과 직접 뽑아 온 떡만 사용하는 팥빙수 등 어느 하나 허투루 만드는 법이 결코 없다. 춘천에 가면 커피를 맛있게 요리하는 비버씨를 찾아가자. 친절한 비버씨와 그가 만드는 맛있는 커피가 행복한 시간을 선사할 것이다.

음료 주문 시 맛있는 아메리카노 한 잔씩 리필해줘요~

When 춘천에서 '스페셜티 커피'를 맛보고 싶을 때

Address 춘천시 동내면 거두리 1111-6 Where 거두주공0-파트 앞 Tel 033-264-7744 Cost 일반 커피 3000~5500원, 핸드드립 커피 4500~8500원 Time 11:00~23:00(금·토요일은 ~00:00, 매주 일요일 휴무) Parking 가능

커피 레시피

당신의 커피 레시피는?

내 어머니의 커피 레시피는
항상
커피 두 스푼,
프림 두 스푼,
설탕 한 스푼
이었다.
심플하지만 맛 좋은
내 어머니만의 커피 레시피.
요리만큼
커피에도
레시피가 필요하다 사실.
좋은 생두를 골라
생두의 캐릭터를 살려
잘 볶아내고
어우러진 맛이 나도록 블렌딩한다.
섬세한
그 카페만의 레시피.
많고 많은 카페 중에서
그 카페를 골라 가는 건
그곳만의 커피 레시피 때문이다.

탁 트인 공간, 높은 천장, 답답한 벽면 대신 자리한 시원스러운 창에서 동적인 분위기가 느껴진다. 잔잔히 내려앉은 햇살, 편안한 음악, 은은한 커피 향은 정적인 분위기를 풍긴다. 커피의 매력과 공간의 매력이 함께하는 이곳에서는 핸드드립을 전공한 사장과 에스프레소를 전공한 매니저가 커피와 로스팅에 대한 조의를 멈추지 않는다. 주기적으로 블렌딩에 변화를 주면서 손님들에게 '새로운 커피', '더 맛있는 커피'를 선보이고자 한다. 그 때문에 커피 레시피란 이름이 참 잘 어울린다. 아무 생각 없이 마시는 커피 한잔에 로스터와 바리스타의 섬세한 손길이 미치는 과정을 인지하고 나면, 커피에도 레시피가 있다는 걸 알게 된다. 아메리카노의 맛은 원두 블렌딩에 따라 달라지고 라테는 커피에 섞는 우유 맛에 따라 달라진다. 이곳은 원두만큼 우유도 깐깐하게 선택해서 카페라테가 유난히 맛있다. 커피와 함께 매일 매장에서 직접 구워내는 사이드 메뉴도 맛볼 수 있다. 바나나를 통째로 넣은 바나나 머핀이나 촉촉한 치즈 케이크, 진한 브라우니 등이 인기. 최고의 커피 맛뿐 아니라 동네 사랑방처럼 누구나 마음 편히 쉬어 갈 수 있는 공간을 추구해 따뜻하고 다정한 분위기가 친숙한 느낌을 준다.

'못생겨도 맛은 좋다'는 커피 레시피의 사이드 메뉴들. 핸드메이드의 정성이 고스란히 담겨져 있다.

When 탁 트인 공간에서 커피 한잔의 여유를 누리고 싶을 때

<u>Address</u> 춘천시 동내면 거두리 1098-1 <u>Where</u> 거두리 은빛유치원 근처 <u>Tel</u> 033-261-0636 <u>Cost</u> 커피 3500~6000원, 조각 케이크 4500원, 머핀 2500원 <u>Time</u> 11:00~00:00(명절 당일, 7월 4일 휴무) <u>Parking</u> 가능

Café Roasting Hill

카페 로스팅 힐

커피라는
이름으로…

무뚝뚝하지만 속내 깊은
아메리카노.
고상하고 인내심 강한
핸드드립.
부드러움 속에 숨어 있는 강인함,
외유내강형 에스프레소 콘파냐.
도도하고 스타일리시한
차가운 매력의 샤케라토.
이성을 무디게, 감성을 뜨겁게
요리하는 19금의 카페 콘비라.
커피라는 같은 이름,
커피라는 다른 이름.

'커피콩 볶는 언덕'에 사람들이 옹기종기 모여 앉아 커피를 홀짝홀짝 마시며 수다를 떤다. 어느 카페에서나 볼 수 있는 모습이지만, 유독 로스팅 힐의 그것에 시각적으로 매료되는 건 오묘한 외관과 인테리어의 조화 때문일까. 규격과 반듯함에서 벗어난 카페 구조가 먼저 눈길을 끈다. 한쪽 공간은 단층, 다른 한쪽은 복층 구조로 이루어져 절묘한 공간의 조화가 매력적으로 다가온다. 이렇게 재미있는 구조가 탄생한 것은 바로 김성회 사장의 감각 덕분이다. 본인의 설계대로 구조를 만들고 인테리어 하나하나에까지 섬세한 터치를 가했다. 사진작가 출신의 바리스타인 사장은 유명한 강릉 커피 보헤미안의 대표이자 커피 마스터 박이추 선생과 그 제자에게 커피를 배웠다. 정성스럽게 원두를 볶고 커피 한 잔 한 잔에 심혈을 기울이는 한편, 커피의 시각적인 모습에도 공을 들인다. 담는 컵 하나, 차림새, 사이드 메뉴와의 조화 등 섬세한 부분까지 신경 쓴다. 로스팅 힐 영수증 끝에 적혀 있는 문구에서 커피에 대한 애정과 자신감이 묻어난다.

'죄송하지만 당신보다 커피를 먼저 생각합니다.'

샤케라토 에스프레소를 얼음과 함께 셰이킹해 급속 냉각시킨 아이스 에스프레소로, 에스프레소 고유의 맛과 향이 그대로 담겨 있다. 4500원.

카페 콘비라 커피에 맥주를 넣은 메뉴로, 에스프레소 2샷과 맥주를 섞어 만든다. 술이 들어간 만큼 성인만 주문 가능. 6000원.

When 아늑한 분위기에서 제대로 뽑아낸 커피 한잔 맛보고 싶은 날

Address 춘천시 동내면 거두리 1062-1 Where 거두리 호반베르디움아파트 맞은편 Tel 033-252-5623 Cost 아메리카노 3800원, 핸드드립 커피 5000~6000원 Time 11:30~23:30 Parking 가능

Maple
메이플

캐나다의
가을을
닮은 곳

붉은 단풍이 가득 물든 어느 가을,
캐나다 몬트리올의 몽루아얄 공원을 걸었어.
세상에서 가장 화려한 붉은 물결을 만났지.
캐나다 퀘벡에서 달콤한 메이플 시럽이
들어간 커피 한잔을 마셨어.
깊이 있는 달콤함에 빠져들었지.
캐나다 프린세스 에드워드 아일랜드에서
한 땀 한 땀 손수 만든
귀여운 빨간 머리 앤 인형을 만났어.
앤은 고향에 있어 더욱 편안해 보였어.
그런 캐나다의 가을 잔상이 그리운 날,
춘천에 있는 작은 캐나다로 찾아가지.

블라블라 인형과 테디베어 인형을 직접 만들 수 있는 공방과 편안
하게 커피와 차를 마실 수 있는 카페를 결합한 공방 카페다. 이곳에
들어서면 1년 내내 변치 않는 단풍나무와 다정한 테디베어, 수줍은
블라블라 인형이 반겨준다. 전문적이어야 할 것 같아 다가가기 어
려운 공방이 아니라, 편안하게 쉬면서 원하면 인형을 직접 만들어
볼 수 있는 카페 형태라 더 좋다. 단풍나무 아래 앉아서 서툰 바느
질 솜씨로 한 땀 한 땀 인형을 만들어가는 사람들의 풍경이 마치 외
국의 어느 여유로운 공원에 온 듯한 느낌을 준다. 인형 만들기 전문
가인 주인아주머니가 일대일로 가르쳐주기 대문에 초보도 쉽게 나
만의 인형 만들기에 도전할 수 있다. 전시된 인형을 꺼내 만져보고
갖고 놀 수 있다는 점도 매력적이다. 쉬어 가는 동시에 무언가를 할
수 있는 작지만 특별한 이곳은, 아이들은 물론 동심을 간직한 어른
들에게도 좋은 놀이터가 된다. 가게 이름에 걸맞게 캐나다산 메이플
시럽을 넣은 메이플 라테도 준비되어 있다. 인형 만들기는 수강료,
재료비 포함 1만5000원부터.

When 잠시 쉬면서 직접 인형을 만들어 보고 싶을 때

<u>Address</u> 춘천시 동내면 거두리 1020-12 <u>Where</u> 춘천거두리성당 인근
<u>Tel</u> 033-262-2873 <u>Cost</u> 커피 3000~5500, 메이플 라테 5000원 <u>Time</u>
11:30~22:30(매주 월요일 휴무) <u>Parking</u> 가능

Café Baobab
카페 바오밥

아낌없이
주는 나무

《아낌없이 주는 나무》 속 주인공 나무가
사과나무라는 걸 알면서도
바오밥나무를 떠올린 적이 있다.

"이젠 내게 필요한 건 별로 없어.
앉아 쉬고 싶어.
앉아서 쉴 조용한 곳이나 있었으면 좋겠어."
"자, 앉아서 쉬기에는 늙은 나무 밑동이
그만이야. 이리로 와서 쉬도록 해."
나무는 오랜 친구가 찾아오는 것만으로도
매일매일 행복했답니다.

그렇게 쉬어 갈 수 있는
아낌없이 주는 나무,
바오밥나무를 닮은 카페가 여기 있다.

바오밥만의 특별한 수제 케이크, 촉촉하고 맛있어요!

이렇게 고요한 시골, 오래된 한옥에 카페가 있다는 사실 자체가 동화 속 이야기처럼 느껴진다. 어린 왕자에서 따왔든, 아프리카에서 자라는 신성한 바오밥나무에서 따왔든 정말 이름 한번 잘 지었다. 이 카페에 이보다 더 잘 어울리는 이름은 분명코 없다. 반듯함과 규격을 무시하고 제멋대로 기울어진 고집스러운 한옥은 모든 틀에서 벗어나 편안하게 쉴 수 있는 안식처같이 느껴진다. 따뜻한 한옥, 친절한 주인, 잔잔한 음악, 향기로운 커피. 행복한 휴식의 요소를 두루 갖춘 이곳이 자랑하는 또 하나의 매력 포인트는 수제 케이크. 파리의 유명 레스토랑에서 파티시에로 일했던 주인이 다양한 케이크를 매일 2~4종씩 구워낸다. 조미료를 일체 사용하지 않는 푸짐한 연어스테이크와 한우스테이크도 이곳의 자랑. 올해로 9년째 바오밥을 지키고 있는 주인 부부는 "이 공간에 이끌려 연을 맺게 됐지만 이렇게 오래 머무르게 될 줄은 몰랐다"라고 말한다. 따뜻하고 편안하며 달콤한 이 카페가 오래오래 그 자리에 남아주길.

When 일상에서 벗어나 진정한 마음의 휴식을 취하고 싶을 때

<u>Address</u> 춘천시 신동로 69-4 <u>Where</u> 36번 버스 '올미' 종점 <u>Tel</u> 033-244-6612 <u>Cost</u> 커피 3000~4000원, 조각 케이크 3500원, 연어스테이크 1만 6000원 <u>Time</u> 12:00~22:00(매주 수요일 휴무) <u>Parking</u> 가능

피스 오브 마인드

Salon de
心平和

한두 마디 단어로
설명 불가.
직접 가보기 전에는
상상 금물.
수많은 책과 맛있는 음식으로 가득 찬
지상 낙원.
세상에 하나뿐인
그 남자의 서재,
그 여자의 부엌,
우리들의 살롱.
이곳에서
피스 오브 마인드(心平和) 찾기는
피스 오브 케이크(a piece of cake)!

북 카페, 베이커리 & 북 카페, 북 카페 & 경양식집, 전통 찻집 같은 북 카페…. '피스 오브 마인드' 앞에는 여러 가지 수식어가 붙는다. 하지만 어느 것 하나 딱 떨어지는 것이 없다. 피스 오브 마인드의 명함에는 '클래식 북 카페 & 패밀리 레스토랑'이라고 적혀 있는데, 이 역시 '피스 오브 마인드'를 모두 담아내지 못한다. 담고 있는 게 너무 많아 한두 단어로는 정의 내릴 수 없다. 그래도 굳이 정체성을 따지자면 북 카페가 맞긴 하지만, 대신 그동안 알고 있던 북 카페에 대한 개념에서 완전히 탈피한 곳이다. 전 비비안 CEO 김종헌 씨와 한국 최초의 제과제빵학교 여교사로 활동했던 부인 이형숙 씨가 함께 운영하는 '피스 오브 마인드'는 단지 춘천이 아니라 대한민국의 명소다. 단언컨대 이런 북 카페는 우리나라에서 유일하다. 일반 책, 고서는 물론, 음반, 서예 작품 등 2만 점이 넘는 개인 컬렉션을 소장한 이곳은 가히 박물관 같은 분위기를 풍긴다. 좋은 책만 가지고는 좋은 북 카페가 될 수 없다. 이곳에는 최고의 실력을 자랑하는 이형숙 씨가 만들어내는 제대로 된 빵과 요리가 있고, 친한 사람 집에 놀러 온 듯한 '대접받는 편안함'이 있다. 카페에서 단순히 내 집 같은 편안함만 느끼는 건 옳지 않다. 어쨌든 손님으로 간 이상 편안함 속에서도 대접을 받는 느낌이 있어야 한다. 큰 기업에서 사장님 소리를 듣던 남편도, 외부에서 교수님이란 칭호를 듣는 부인도 겸손한 태도로 가게를 찾은 손님들을 하나같이 진심으로 대하며 기분 좋게 대접한다. 덕분에 어떤 마음으로 들어오든 반드시 마음의 평화를 얻고 가게 문을 나서게 되는 특별한 마력을 지닌 카페다.

긴 막대 모양의 이탈리아 빵 그리시니는 피스 오브 마인드에서 꼭 맛봐야 할 추천 메뉴. 기다란 모양과 담백, 짭조름한 맛이 매력적이다. 1개 2000원.

When 누군가의 아름다운 서재에서 근사한 식사를 하고 싶을 때 or 마음의 평화를 찾고 싶을 때

<u>Address</u> 춘천시 석사동 114-12 <u>Where</u> 춘천 로데오 인근 석사천 산책로 앞 <u>Tel</u> 033-262-7864 <u>Cost</u> 파스타 1만3000~1만5000원대. 런치 스페셜 세트 1만9000원/2만6000원. 디너 스페셜 세트 1만9000원/3만3000원 <u>Time</u> 11:00~22:00 <u>Parking</u> 가능

San
차 마실 산

텅 비어
꼭 차다

산.
차(茶).
쉼.
숨.
품.
혼.
한 글자 단어의
텅 비어 꼭 찬 느낌.

그게,
차 마실 산.

동네가 고와서 걷고 싶은 길, 걷다가 우연히 마주한 담담한 찻집. 자연이 주는 맛과 멋이 넘쳐흘러 자꾸만 차 마시러 가고 싶어지는 '차 마실 산'이다. 산이 이 공간을 따스하게 품어주듯, 이 공간은 찾아오는 나그네들을 따뜻하게 보듬어준다. 서울 토박이인 주인은 유포리에 사과를 사러 왔다가 오래된 한옥에 반해 눌러앉게 되었다. 기존 한옥의 틀을 최대한 그대로 살리고 꼭 필요한 부분만 손봤다. 바깥 풍경과 키를 맞춘 낮은 창, 목화솜을 가득 채워 손수 만든 푹신한 방석 등 하나하나가 어여쁘기만 하다. 도예가인 주인장의 솜씨가 묻어나는 다기와 갖가지 소품은 탐날 정도로 멋스럽다. 하동의 차 전문가에게 받아 쓰는 차 맛도 하나같이 깊이가 있다. 특히 녹차를 발효한 발효차와 주인이 자리에서 디슬로 직접 거품을 내주는 말차가 유명하다. 이 집의 말차는 솔잎가루를 첨가해 씁쓸한 맛이 덜하다. 달지 않은 수제 양갱과 함께 먹으며 환상의 조화를 이룬다. 단팥과 호두, 녹차와 해바라기 씨, 백련초로 직접 만든 양갱은 쫀득하면서 담박하다. 수제 양갱, 연잎밥, 단팥죽, 호박죽 등의 재료는 모두 동네에서 재배한 농산물을 주로 이용해 만들기 때문에 믿을 수 있다.

When 시골길을 걷다가 누군가의 집에 들어가 편히 쉬어 가고 싶을 때

Where 춘천시 신북읍 유포리 178-4 Where 유포리 과수단지 내, 유포리 막국수 인근 Tel 033-241-6200 Cost 차 5000원, 말차 + 양갱 세트 1만원 Time 10:30~20:00 Parking 가능

Namuhyanggi

나무향기 찻집

부조화의
조화

농익은 배숙과 쫀득한 브라우니.
달콤 쌉싸래한 대추생강차와 폭신한 머핀.
시원 알싸한 석류수정과와 바삭한 쿠키.
고풍스러운 한옥과 클래식한 핸드드립 커피.
손때 묻은 고가구와 모던한 더치커피.
예스러운 한옥 분위기와 멜랑콜리한 재즈 선율.
서로 어울리지 않을 듯한 요소들이
만들어내는
가장 매력적인 하모니.

멋스러운 한옥이 인상적인 춘천의 명소 '나무향기 한증막' 내에 위치한 찻집. 운치 있는 분위기와 맛있는 마실거리를 제공하는 고혹적인 공간인데, 아직 모르는 사람들이 많다. 나무향기 한증막 안에 있다 보니 한증막을 찾았던 사람들만 아는 정도. 찻집은 별채처럼 따로 되어 있어 한증막과 별도로 이용 가능하다. 이곳은 깊은 산속의 다원이나 고궁 속에 들어와 있는 듯한 기분을 느끼게 한다. 볕이 좋은 계절에는 양쪽 문을 열어 맞바람이 불어 좋고, 추운 계절에는 뜨끈뜨끈한 아랫목에서 따뜻한 휴식을 취할 수 있어 좋다. 찻집과 어울리는 대추생강차, 배숙, 수정과 등의 메뉴와 함께 현대인들이 좋아하는 핸드드립 커피, 더치커피 등도 즐길 수 있다. 한방차도 모두 직접 만들고 커피콩도 직접 로스팅해서 사용한다. 역시 직접 구워서 판매하는 브라우니, 머핀, 쿠키도 맛나다. 때때로 간단한 공연을 열기도 한다. 한증막을 이용하지 않더라도 꼭 한번 가볼 만한 감성 충만한 찻집이다. 단, 조용한 분위기를 위해 어린이(중학생 미만) 동반 출입을 금한다는 점을 참고하자.

When 고즈넉한 공간에서 심신을 안정시키며 차 한잔 하고 싶을 때

<u>Address</u> 춘천시 삼천동 37-1(스포츠타운길 433변길 8) <u>Where</u> 나무향기 한증막 내 <u>Tel</u> 033-241-9877 <u>Cost</u> 핸드드립 5000원, 대추생강차 6000원 <u>Time</u> 12:00~20:00(주말은 10:00~) <u>Parking</u> 가능

748 Coffee & Co.
748 커피앤코

Time For Espresso

데미타세 잔에 담긴
에스프레소.
이별의 아픔만큼
쓴맛이라고 기억하고 있었다.
그래서 멀리하고 싶었는데
첫 모금
입술에 와 닿은 크레마
첫 키스처럼
부드러운 풍미가 묻어난다.

차가운 생크림이 어우러진
에스프레소 콘파냐.
깊어진 사랑만큼
달콤 쌉싸래한 맛이 우러난다.
그만
에스프레소에
마음을 허락하고 만다.

유럽처럼 748이라는 번지수를 간판으로 삼은 카페. 갤러리 같은 분위기와 웨어하우스(창고)풍 인테리어가 절묘하게 조화를 이룬다. 2011년 11월 문을 연 신생 카페로, 앞으로 에스프레소 전문 바로 자리 잡을 계획이다. 기본적인 에스프레소는 물론, 에스프레소를 응용한 캐러멜 컵, 모카 컵, 푸딩 컵, 마르치노 등 다양한 메뉴를 맛볼 수 있다. 에스프레소 싱글 샷에 스트로베리 시럽, 화이트 초콜릿 소스를 넣은 '스트로베리 샷' 같은 신선한 에스프레소 응용 메뉴도 선보인다. 이탈리아 교황청에도 설치됐을 정도로 유명한 이탈리아 에스프레소 머신 페이마(Faema)를 사용한다는 점도 주목할 만하다. 파이프로 만든 입구 손잡이, 파이프 형태의 책꽂이 등 재미있는 인테리어 요소가 볼거리를 제공한다. 세련된 분위기 속에서 진한 에스프레소 한잔 즐기고 싶을 때 찾아가보자.

748 커피앤코의 인기 메뉴인
스트로베리 샷
진한 에스프레소와 달콤한 딸기
향이 제법 잘 어울린다.

When 웨어하우스+갤러리 분위기에서 맛있는
에스프레소 한잔 마시고 싶을 때

<u>Address</u> 춘천시 석사동 748-13 <u>Where</u> 우석초등학교 인근 <u>Tel</u> 070-4408-0748 <u>Cost</u> 커피 3000~5000원 <u>Time</u> 11:00~23:00(일요일은 14:00~) <u>Parking</u> 가능(인근 여유 공간 활용)

Café Largo
카페 라르고

삶, 커피
그리고 템포

비바체.
빠르고 경쾌하게
인생을 즐겨라, 비바!

모데라토.
지나치게 느리지도 지나치게 빠르지도
않은 적당한 속도를 유지하며
삶의 중도를 놓치지 말기.

안단테.
가끔은 느리게 산책하는 기분으로
인생을 쉬어 가기.

아다지오.
템포를 늦춰 느리고 침착하게
삶을 바라보는 여유.

라르고.
느리고 폭넓게 풍부하게
인생을, 커피를 즐기는 도에 이르기.
라르고, 라르고~
삶에서 커피에서
놓치지 말아야 할 템포.

아는 사람만 누릴 수 있는 커피 한잔의 특권. 라르고는 지금처럼 번잡해지기 전 삼청동의 모습을 닮은, 어느 소도시에나 남아 있을 법한, 언덕 위 골목길의 정감 있는 동네에 자리 잡고 있다. 이곳에서는 춘천의 자연 풍광이 아니라 사람 사는 아름다운 풍경을 내다보며 여유로운 시간을 보낼 수 있다. 라르고는 음악 용어로 '아주 느리게' 혹은 '표정을 풍부하게'라는 뜻을 담고 있다. 나무 계단을 오르면 작은 마당을 낀 가정집 같은 카페가 반갑게 맞아준다. 손때 묻은 피아노, 세월의 흔적을 담은 오래된 대형 '탄노이' 스피커와 LP 플레이어, 연륜이 느껴지는 중후한 바리스타. 이곳에서는 음악도, 커피도 '라르고'로 '느리고 풍부하게' 즐겨야 한다. 핸드드립 커피를 위주로 판매하며 하루에 7~8가지 원두를 준비한다. 질 좋은 생두를 찾아 그 캐릭터에 맞게 볶아내고 손님의 취향에 맞게 커피를 제공하고자 한다. 손님들이 커피 맛에 만족하고 함께 커피에 대해 얘기를 나눌 때 가장 행복하다는 사장이자 바리스타인 선우봉석 씨. 커피를 통해 젊은 세대와 소통하며 젊게 살고 있단다. 직접 볶은 고소한 아몬드를 커피와 함께 내놓는데, 그 맛 또한 일품이다.

커피콩을 볶는 로스터에서 볶아내 더욱 바삭하고 풍미 깊은 아몬드. 커피와 견과류가 묘하게 조화를 이룬다.

When 예쁜 골목길에 숨어든 따뜻한 아지트를 찾아내고 싶을 때

Address 춘천시 봉의동 2–13 Where 강원도청 인근, 한림대학교 후문 초입 Tel 033–264–3511 Cost 핸드드립 커피 4000~6000원, 와플 3000원 Time 07:00~22:00 Parking 가능

대원당

단팥빵과
곰보빵

프랑스 바게트
독일 바움쿠헨
이탈리아 치아바타
뉴욕 베이글
영국 머핀
촉촉한 치즈 케이크
달달한 머랭 쿠키
동글동글 마카롱
진하게 달콤한 가토 쇼콜라
세계의 맛있는 빵이 넘쳐난다.

그래도 가끔은
달콤한 단팥빵
고소한 소보로빵
촌스러운 크림빵
쫀득한 찹쌀떡
귀여운 상투과자
옛날식 빵이 그리워진다.

서울에 태극당, 대전에 성심당, 마산에 그려당, 군산에 이성당이 있다면 춘천에는 대원당이 있다. 1968년에 문을 열었으니 그 역사에 대해서는 더 이상의 설명이 필요 없다. 드랜차이즈 빵집과 트렌디한 빵집이 많이 생겨나면서 오래된 개인 빵집이 점점 사라지고 있지만, 춘천의 자존심처럼 꿋꿋하게 남아 있는 대표 빵집이다. 2대째 운영하고 있으며 창업주인 아버지가 아직도 현장에서 직접 빵을 만들고 있다. 단팥빵, 소보로빵은 기본, 햄버거, 야채빵, 롤케이크 등 빵 종류도 다양하다. 옛날 스타일의 생과자가 인기 품목 중 하나이며, 찹쌀떡과 팥빙수도 많이 찾는다. 특히 1년 -내내 판매하는 팥빙수는 매장에서 직접 삶은 팥과 떡으로 만들어 깊은 맛이 난다. 여기저기 넘쳐나는 프랜차이즈 빵집의 획일화된 맛이 아니라 개성 있는 맛을 원하는 사람들에게 적극 추천한다.

When 프랜차이즈 빵집의 규격화된 맛이 아니라
제대로 된 옛날식 빵 맛을 느껴보고 싶을 때

Address 춘천시 효자1동 679-16 Where 춘천 남부사거리 인근 Tel 033-255-0008 Cost 팥빵 800원, 소보로빵 800원, 케이크 1만5000원~, 생과자 100g 1800원, 팥빙수 5500원 Time 07:00~23:00 Parking 불가능

MISTA PEO
미스타페오

Hey,
Mista Peo!

나스카피 인디언들은
인간의 영혼을
미스타페오라고 부른다.
'나의 친구', '위대한 사람'이란 뜻의
미스타페오는
심장 속에 사는 불멸의 존재로서
내적 동반자로 인식된다.
나스카피 인디언들은
미스타페오가 죽음의 순간이나 그 직전에
개인을 떠나서 다른 존재 속에 재생된다고
믿는다.
그들은 미스타페오와 진실되고
깊은 관계를 맺길 원해서
자신들의 꿈에 주의를 기울이고
그 의미를 이해하려 애쓴다.
미스타페오는
그렇게 애쓰는 사람들을 좋아해서
더 많이 더 좋은 꿈을 그들에게 보내준다.

– 카를 구스타프 융 《인간과 무의식의 상징》 중

내 심장 속 내적 동반자 '미스타페오'와
마주할 수 있을 것만 같은 공간을 발견하다.

MI STAPE○
나스카의 인어공룡
실작중... 사고있어
블럭의 내밀동반자니
인간과 열로운
나의친구 ○해제생식
위한 북반
미스타제○러 술대.

- 가 ·응

문을 연 지 15년째. 세월의 흔적이 묻어난다. 세월의 흐름에 따라 다소 낡기도 했지만, 갓 생겨난 공간에서는 느낄 수 없는 깊이와 중후함이 있다. 이곳은 아름다운 자연이 있기에 굳이 꾸미지 않아도 자연스러운 멋이 우러나는 공간이다. 잔잔한 의암호와 창가 자리를 따스하게 데우는 햇살, 풍요로운 잔디밭, 우직한 느티나무는 변함이 없다. 사람들은 끊임없이 들고나지만 미스타페오는 오래된 느티나무를 벗 삼아 우직하게 그 자리를 지키고 있다. 멀리서 찾아온 손님들이 혹시라도 그냥 돌아가게 될까 봐 하루도 문을 닫지 못한다. 이른 아침 문득 물안개가 자욱하게 낀 의암호를 바라보며 커피 한잔이 마시고 싶을 때 문을 두드리면 열어주는 카페. 여름에는 느티나무 아래 자리를 잡고 앉아 커피 한잔 마셔도 좋고, 겨울에는 빛나는 상고대를 감상해도 좋다. 핸드드립 커피로 유명하지만 한의사의 처방하에 제조해 온 쌍화차와 겨울철(11~2월)에만 직접 우려내 판매하는 대추차도 인기.

When '내가 춘천에서 커피를 마시고 있구나'라는 느낌을 얻고 싶을 때

Address 춘천시 서면 신매리 72 Where 강원경찰충혼탑 옆 Tel 033-243-3989 Cost 핸드드립 커피 · 토스트 각 5000원, 쌍화차 7000원 Time 10:00~22:00 Parking 가능

Cicillia
시실리아

세 가지 질문

커피 마시기에
가장 좋은 때는 언제인가?
時失
바로 지금.
가장 좋은 곳은 어디인가?
里
바로 이 장소.
가장 중요한 사람은 누구인가?
我
바로 나.
지금 내가 마시는 이 커피가
가장 행복한 커피임을
기억하기.
時失里我
나는 시간을 잃어버리고
이 마을에서 커피 한잔을 마신다.

시실리아는 로스터리 카페다. 요즘 부쩍 많아진 단순한 '커피 볶는 집'이 아니라, 손님 스스로 원두를 볶다 커피를 뽑아 마실 수 있는 카페라는 점이 특별하다. 커피 마스터 박이추, 허형만 씨와 함께 우리나라 커피 1세대로 손꼽히는 이상덕 씨는 우리나라에 원두커피 문화가 자리 잡기 전인 1993년 서울 신림동에서 한국 최초의 자작 로스터리 카페로 영업을 시작했고, 2008년 12월 춘천으로 이전했다. 이곳은 다른 카페와는 확실히 다르다. 질 좋은 커피를 맛볼 수 있는 1차적 카페의 개념은 기본, 스스로 좋아하는 원두를 골라 직접 볶고, 커피를 내려서 마실 수 있는 2차적 카페 개념을 도입했다. 1층에서는 일반 카페처럼 커피와 와플 등을 주문해서 즐길 수 있고, 다양한 로스팅 장비와 커피 머신 등을 갖춘 2층에서는 커피를 제대로 체험하며 즐길 수 있다. 이상덕 사장은 커피가 맛있다 없다 불평하지 말고, 직접 커피를 만들어 마셔보라고 이야기한다. 한 잔의 커피가 완성되는 모든 과정을 체험하고 스스로 만든 커피를 맛보는 사이 자신이 원하는 커피를 찾을 수 있다. 커피의 매력과 맛에 제대로 빠져들기를 원한다면 이곳을 찾아보길 권한다.

When 생두를 고르고 볶아내 커피 한 잔을 완성하기까지의 전 과정을 직접 체험하며 내 입에 맞는 커피를 찾고 싶을 때

Address 춘천시 효자동 629-14 Where 강원대 후문 Tel 070-7768-9255 Cost 일반 커피 3000~5000원, 핸드드립, 커피 5000~6000원, 와플 6000~9000원, 셀프 코스(2인 기준) 1만5000~2만원 Time 10:00~22:00 Parking 가능

Jamaica Country Woman

자마이카촌뇬

촌뇬의 매력

정직하다.
순수하다.
따뜻하다.

정직한 재료
순수한 맛
따뜻한 마음.

촌뇬의 거부할 수 없는 매력.

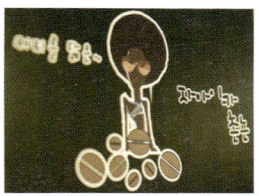

커피를 닮은 자마이카촌뇬. 한번 들으면 절대 잊어버리지 않을 독특한 이름처럼 깍쟁이 도시녀의 마음이 아니라, 순수한 촌녀의 마음이 담긴 따뜻한 카페다. 맛있는 커피를 만들기 위해 때로는 원두의 반 이상을 버리기도 하는 바보 같은 카페이기도 하다. 커피뿐 아니라 이곳의 모든 메뉴는 정직하다. 단팥라테, 블루베리라테, 녹차라테 등의 메뉴도 파우더로만 쉽게 맛을 내지 않는다. 단팥라테는 직접 삶은 국산 팥을, 블루베리라테는 진짜 블루베리를, 고구마라테는 진짜 고구마를 넣어 만든다. 녹차라테도 처음에는 파우더를 사용하지 않고 녹차가루만 넣어 만들었는데, 씁쓸한 맛을 싫어하는 손님들의 입맛을 고려해 파우더를 약간 가미한다. 음료뿐 아니라 모든 사이드 메뉴도 매장에서 직접 만든다. 허니버터 브레드는 100% 우유버터를 사용해 직접 구운 식빵에 하겐다즈 아이스크림을 얹어 만든다. 여름철에 판매하는 팥빙수도 직접 삶은 팥과 떡집에서 뽑아 온 찹쌀떡을 사용해 만든다. 이렇게 모든 메뉴를 정직한 재료로 만들기 때문에 맛도 정직하다.

직접 구운 식빵으로 만드는
허니버터 브레드를 꼭 먹어보자.

When 파우더로 맛을 내지 않은 담백한 음료와
매장에서 직접 구워낸 빵이 먹고 싶을 때

Address 춘천시 석사동 733-17 Where 국립춘천박물관 후문 인근, 애막골 먹자골목 Tel 070-7570-9509 Cost 커피 2500원~, 블루베리라테 4500원, 허니버터 브레드 4500원, 머핀 2000원 Time 11:00~23:00(매주 일요일 휴무) Parking 가능

Eleven and Nineteen
11:19

Extraordinary

'주인장이 낯가려서 미안하다'라는 안내 글이
입구에 버젓이 붙어 있는 특이한 카페.
밤 11시 19분에 애국가가 울리면
손님들을 집으로 돌려보내는 웃기는 카페.
남들 다 하는 쿠폰제가 싫어
'추억의 뽑기'로 대체했다는 기발한 카페.
대형 프랜차이즈 커피 전문점들을
결사반대한다고 곳곳에 써 붙인 당당한 카페.
예쁜 손 글씨 대신 그다지 예쁘지도 않은
자필로 속내를 전하는 못 말리는 카페.
카페는 어차피 자릿세라며
테이크아웃은 과감히 50% 할인해주는
정직한 카페.
하루 종일 고집스럽게 11시 19분을 가리키는
고장 난 시계처럼
엉뚱하고 고집스럽지만
이상한 매력이 있는 카페.

세상 모든 것이 똑같을 필요는 없다고 온몸으로 이야기하는 듯한 특별한 카페가 있다. '11:19'라는 간판부터 독특하다. 일일구, 11시 19분, 열한 시 십구 분, eleven and nineteen…. 저마다 읽는 방법도 다르다. 그렇게 여러 개의 이름으로 불리는 이곳은 단순히 예쁜 카페가 아니라 개성이 존중받는 공간이다. 틀에 맞춘 예쁜 손 글씨 대신 삐뚤빼뚤 주인이 써놓은 개성 강한 글씨체와 문구가 가게 안을 도배하고 있다. 메뉴판도 박재강 사장 본인이 그리고, 썼다. 2009년 6월 문을 열었을 때는 오전 11시 19분에 문을 열고, 오후 11시 19분에 문을 닫았다. 그러나 지금은 오전에 커피 강의를 다수 진행하기 때문에 오후 1시가 되어야 문을 연다. 카페 곳곳에 적어둔 '박재강'이라는 이름을 보면 자신의 명예를 걸고 최선을 다한다는 운영 원칙을 짐작할 수 있다. 많은 곳에 커피 강의를 다닐 만큼 실력 있는 바리스타라 커피 맛은 보장된다. "이제 손님들은 커피 맛은 당연한 거고 시각적인 것을 추구한다"라고 말하는 그는 더욱 보기 좋은 커피와 칵테일을 선보이기 위해 노력한다. 음료에도 최근 트렌드인 분자요리 방식을 도입해 환상적인 스타일링을 선보인다. 그런데 여기에도 박재강 사장만의 스타일이 담겨 있다. "핑크 레모네이드는 항상 이렇게 분자 스타일로 나오나요?" 하고 물으니 "아니요. 저희 가게에서는 모든 게 랜덤입니다. 그렇게 나올 때도 있고 아닐 때도 있지요. 그러니 오늘은 왜 지난번처럼 안 해주냐고 항의하지 마십시오. 늘 똑같을 필요는 없잖아요"라고 대답한다.

가게가 상당히 아담해 보이는데, 나름 지하와 2층까지, 3개 층으로 이루어져 있다. 좌식으로 된 지하는 손님들이 가장 좋아하는 아지트 같은 공간. 2층은 옛날 교실 스타일로 꾸몄고, 인근 만화 가게가 문을 닫을 때 사들인 만화책이 600권 정도 비치되어 있다. 단, 옥탑이라 여름은 너무 덥고 겨울은 너무 추워 이용하기 힘들 듯. 주인이 커피만큼 칵테일에도 전문가인 만큼 저녁때 이곳에 들른다면 칵테일 한잔을 마시길 권한다.

When 그저 예쁘기만 한 카페에서 벗어나고 싶을 때

Address 춘천시 효자동 615-14   Where 강원대학교 후문   Tel 033-911-1119
Cost 커피 4000~5500원, 칵테일 6000~6500원   Time 13:00~23:19(매주 토요일 휴무)   Parking 가능(인근 여유 공간 활용)

커피안

벨벳 & 언더그라운드 카페

강렬한 붉은색 벨벳 소파가 있는
언더그라운드 카페에서

벨벳 언더그라운드의
'페일 블루 아이즈(Pale Blue Eyes)'를
신청한다.

Sometimes I feel so happy.
Sometimes I feel so sad.

행복할 때도
슬플 때도
찾고 싶어지는

언더그라운드
로스터리
뮤직 카페.

'I love coffee, I love tea, I love the Java Jive and it loves me'. '커피를 즐기는 사람들'이란 뜻을 담고 있는 커피안으로 들어서는 문에는 맨해튼 트랜스퍼의 '자바 자이브(Java Jive)' 가사가 적혀 있다. 누구의 아이디어인지 훌륭하다. 핸드드립 커피와 DJ 뮤직박스가 특징인 카페의 색깔을 이보다 더 잘 드러내주는 것은 없을 테니 말이다. 1970~80년대를 풍미했던 DJ가 있는 음악다방 문화와 2010년대의 트렌드가 된 로스터리 카페 문화를 결합한 이곳에는 추억하고 싶은 과거와 취(取)하고 싶은 현대 문화가 재미있게 어우러져 있다. 커피안의 대표는 춘천의 유명한 커피 마스터인 강경훈 씨로, 전문 커피 아카데미까지 운영할 정도로 인정받는 로스터리 카페다. 그런데 DJ 뮤직박스와 독특한 가게 분위기가 일반 로스터리 카페와는 차별화된다. 2층처럼 높은 곳에 DJ 박스가 있고, 새장처럼 생긴 통에 사연과 신청곡을 적어 넣어두면 DJ가 새장을 올려 신청곡을 틀어주는 시스템도 독특하다. DJ가 함께하는 '지하파 방송'은 밤 9시부터 11시까지만 진행한다. 이외수 작가도 자주 찾는 곳으로 알려져 있으며 드물게 흡연이 가능한 로스터리 카페다. 2층(금연)에는 좀 더 저렴한 가격으로 커피를 즐길 수 있는 모던한 분위기의 커피안 매장을 별도로 운영하고 있다.

When 나를 행복하게 해주는 음악과 커피 한잔이 필요한 날

<u>Address</u> 춘천시 효자3동 622-4 <u>Where</u> 강원대학고병원 앞 <u>Tel</u> 033-242-8589 <u>Cost</u> 커피 3000~5000원 선 치즈 케이크 4C00원 <u>Time</u> 10:00~13:00 <u>Parking</u> 가능(인근 여유 공간 활용)

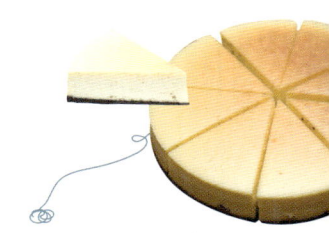

커피안에서 직접 만들어 판매하는
치즈 케이크는 언제나 사랑받는 메뉴.

켄즈 카페

로봇과
버스커

Don't judge it by the color.

조금 튀고
조금 개성이 있을 뿐인데
왜 내게 쉽게 다가오지 못하지?

난
알고 보면 속이 참 따뜻한 로봇이야.

개성 넘치는 외관,
로봇과 버스커들이 쉬어 가는 공간.

알고 보면 참 소박하고 순수한 카페.

춘천에서 유일하게 정기적으로 밴드 공연을 개최하는 카페. 서울 홍대 앞에도 인디 가수들이 노래할 만한 공간이 덥어지는 추세라 이런 카페가 더욱 소중하게 느껴진다. 테이블이 몇 개 없는 아담한 이곳은 원래 공연 카페가 아니었다. 어느 순간 춘천의 아마추어·인디 뮤지션들이 아지트로 삼으면서 점차 뮤지션들이 공연할 수 있는 카페로 자리매김했다. 좁은 카페 한편에 신시사이저와 기타를 비롯한 악기가 놓여 있고, 카페에서 종종 기타를 치거나 악기를 연주하는 사람들도 볼 수 있다. 카페 외관이 독특하고 뮤지션들이 삼삼오오 모여 있어 처음엔 쉽게 들어서지 못할지도 모르지만, 일단 가게 안으로 들어서면 생각보다 편안하고 재미있는 분위기에 매료된다. 로봇을 테마로 한 카페라 다양한 로봇 아이템을 구경하는 재미도 쏠쏠하다. 대학가라는 위치적 특성상 메뉴 가격도 저렴한 편이다. 가장 인기 있는 메뉴는 단연 대용량의 맛있는 모히토. 나초 안주를 곁들인 생맥주(2500원)도 인기. 공연은 매달 마지막 토요일 오후 6시 30분부터 1시간 30분 정도 진행된다.

When 춘천에서 아마추어·인디 밴드 문화를 즐기고 싶을 때

Address 춘천시 효자동 615-6   Where 강원대 후문   Tel 033-251-5805   Cost 커피 2500~4500원, 모히토 5000원, 토스트 세트 5500원   Time 13:00~00:00(매주 일요일 휴무)   Parking 가능(인근 여유 공간 활용)

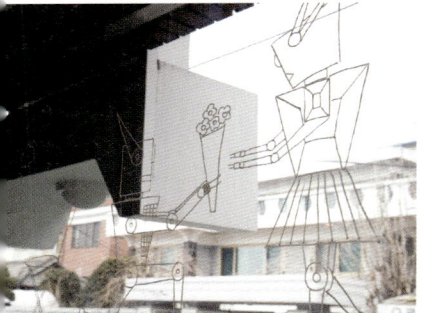

Luz
루스

그럴 때가 있다

가끔은
그럴 때가 있다.

커피 담는 잔 하나에도
신경 쓰게 되는 때.

어여쁜 공간에서
귀한 사람이 된 듯한
기분으로

여왕이나 귀부인처럼
커피 한잔 즐기고 싶을 때.

여자는
가끔
그럴 때가 있다.

카페 루스는 스페인 어로 '빛'이라는 의미를 지닌, 이름처럼 하루 종일 빛을 즐길 수 있는 공간이다. 낮에는 따스한 햇살이 제집처럼 들어와 쉬어 가고, 밤에는 달빛과 함께 소양2교의 아름다운 불빛이 스며든다. 닮은꼴 모녀가 반갑게 맞아주는데, 딸과 어머니가 모두 바리스타라는 점이 인상적이다. 1층은 아기자기한 프로방스 스타일의 인테리어가 볼거리라면, 2층은 커다란 창과 테라스를 통해 감상하는 시원한 전망이 매력적이다. 여자들만 입장할 수 있는 3층은 '여우들의 다락방'이라는 이름처럼 아담하고 편안한 좌식 공간이다. 1~3층을 오르락내리락하려면 주인 모녀는 참 힘들겠지만 손님 입장에서는 스타일과 그날의 기분에 따라 골라서 자리를 선택할 수 있어 좋다. 모녀가 함께 커피를 만들다 보니 그만큼 공감대가 생겨 좋단다. 함께 커피콩을 볶고 커피 맛을 보며 그에 대한 이야기를 하는 모습이 예쁘다. 엄마가 만든 커피, 딸이 만든 커피. 그 느낌은 어떻게 다를까?

When 유럽의 예쁜 성 같은 카페에서 아름다운 전망을 감상하며 커피를 마시고 싶을 때
Address 춘천시 우두동 1052-16 **Where** 소양2교 북단 **Tel** 033-254-5252 **Cost** 일반 커피 4000~5000원, 핸드드립 커피 5000~6000원 **Time** 11:00~00:00(일요일은 14:00~00:00, 셋째 주 수요일 휴무) **Parking** 가능

Road to Bonguisan
봉의산 가는 길

지독히
아날로그적인…

변화가 미덕이라 여겨지는 세상에서
변하지 않고 버티고 있는 건
아름다운 걸까.
미련한 걸까.
누군가에게는 너무나도 편안하고
누군가에게는 지독히도 불편한…
변화의 편의를 즐기고
나조차 변하고
그래서 변하지 않은 공간이
다소 불편하고
진부해 보이지만
이따금 그런 공간의 위로가 필요할
누군가와 나를 위해,
변화의 속도가 두려워져
숨을 공간이 필요할 때를 위해,
그 자리에
그대로 남아주길 바란다면…
이곳에서
시간은 느리지만 따뜻하게 흘러준다.

춘천 사람들도 잘 모른다. 늘 차를 타고 달리는 그 자리에 이런 카페가 있다는 사실을. 주위 환경과 철저히 어우러져 눈에 잘 띄지도 않는다. 담담하게 쓰여 있는 '봉의산 가는 길'. 그 이름과 담담한 간판이 예뻐서 자꾸 쳐다보게 된 곳. 하지만 선뜻 가보게 되지는 않던 곳. 한번 그 존재를 발견하고 나면 오갈 때마다 늘 그 글자가 눈에 들어온다.

서울 생활이 싫어져 춘천에 내려와 1994년부터 카페를 운영하기 시작했다는 노정균 사장. 춘천에서 네 번이나 장소를 옮겨가며 카페를 계속 운영했다. 지금의 이 자리가 너무 탐나 집주인을 오랫동안 설득한 끝에 드디어 2009년 이곳에 다시 간판을 걸게 되었다고. 오래된 가옥의 틀을 그대로 살리고 카페로 개조했기 때문에 구조가 특이하다. 이 집의 가장 큰 매력은 단연 창가로 훤히 내다보이는 소양강변 풍경. 그 때문에 창을 더 크게 내고 싶었지만 오래된 집이라 붕괴할 위험이 있어 그럴 수가 없었다고 한다. 남루한 소파, 퀴퀴한 담배 냄새 때문에 첫인상이 실망스러울 수도 있겠지만, 이런 공간 특유의 감성적인 매력이 물씬 배어난다. 이곳에서만은 3초 너로 결정된다는 첫인상에 의존하지 말고 최소 1시간은 찬찬히 음미하는 마음의 여유를 가져보자. 보면 볼수록 은근히 매력적인 곳이라는 사실을 알게 될 것이다. 노정균 사장은 "비가 왕창 내리거나 눈이 펑펑 내리는 날, 불을 끄고 촛불을 켠 채 창가에 앉아 바깥 풍광을 감상할 때가 이곳의 매력이 가장 크게 다가오는 순간"이라고 말한다. 제대로 된 메뉴판이 없는 대신 그만큼 자유가 있다. 정해진 가격이 아니라 그 사람의 상황에 따라 대충 돈을 받고, 요리해줄 마음이 없으면 대충 바깥 음식을 주문해주기도 한다. 그래서 메뉴도 서로 알아서 대충 주문하고 받으며 자유롭게 머물고 즐기다 간다. 정해진 틀에 맞춰 살아가는 방법만 배워온 젊은 세대들에게는 그래서 낯설고 불편할 수 있지만, 자꾸 접하다 보면 아직도 이런 곳이 존재한다는 사실에 감사하게 될 것이다.

When 아날로그 감성에 제대로 젖어들고 싶은 날 or 눈이 펑펑 내리거나
비가 세차게 내리는 날

Address 춘천시 소양로1가 90-10   Where 소양2교(남단)와 소양1교 사이   Tel 010-6351-2269   Cost 주인 마음   Time 09:00~다음 날 02:00   Parking 가능

파인베이

소나무를 닮은 그곳

지나가는 나그네에게
쉬어 갈 자리를 내어드리리라.

날아가는 새들에게
안식할 집을 내어드리리라.

머물지 못하는 바람에게
머물다 갈 자리를 내어드리리라.

기꺼이 내어드리리라.

무거운 짐 내려놓고
잠시 쉬어 가소서.

소나무가 우거진 낮은 언덕, 양지바른 곳에 들어선 예쁜 집. 누구나 한 번쯤 '저런 집에서 살아보고 싶다'라는 생각을 할 만하다. 고맙게도 1층에 카페가 있어 잠시나마 내 집인 양 기분을 내볼 수 있다. 주거용 주택을 지으려던 주인 부부는 이곳의 풍광이 너무 아름다워 많은 사람들과 나누고 싶다는 생각에 1층을 카페 공간으로 꾸몄다고 한다. 2011년 9월 문을 연 이후 그림 같은 풍경 덕분에 입소문이 나기 시작했다. 카페 인테리어는 자연 풍광을 감상하는 데 방해가 되지 않도록 최대한 단순화했다. 소나무 우거진 자연환경 자체가 파인베이의 베스트 인테리어 포인트. 봄부터 가을까지는 나무 데크로 꾸민 야외 테라스에서 산림욕을 즐기며 쉬어 가면 좋다. 겨울에는 고풍스러운 난로에서 타닥타닥 나무 타는 소리를 들으며 휴식을 취해도 좋다. 커피와 함께 식사류도 인기가 많은데, 부부가 직접 인근 농장에서 유기농으로 재배하는 식자재를 부분적으로 활용해 건강하기까지 하다. 파인베이라는 이름은 영어 '파인(pine)'과 '베이(bay)'의 합성어이기도 하지만 '베이'에는 '금베이'라는 이 동네 이름이 담겨 있다는 사실을 알면 더욱 정감이 간다.

When 커피 한잔과 함께 피톤치드를 듬뿍 마시고 싶은 날

<u>Address</u> 춘천시 동면 만천리 163-52 <u>Where</u> 그봉산전망대 방향 금대울사거리에서 우회전한 후 좌회전 <u>Tel</u> 033-253-7898 <u>Cost</u> 허니브레드 5000원, 수제 돈가스 1만원 <u>Time</u> 10:00~22:00(설·추석 당일 휴무) <u>Parking</u> 가능

Da In

다인

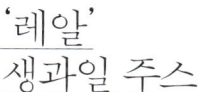

'레알'
생과일 주스

다인 多人
사람들이 모여 드는 곳.

다과 多果
풍성한 과일.

다미 多味
철 따라 구미를 자극하는 다양한 맛.

NO!
과일＋과일 향 시럽 주스.

YES!
100% 레알 생과일 주스.

집에서 만들어 먹는 것도 아닌데 밖에서 이런 정직한 생과일 주스를 맛본다는 사실 자체가 놀랍다. 이곳에서는 정말 100% 제철 생과일을 이용해 주스를 만든다. 윤활유 역할로 소량의 물을 넣는 키위 주스와 풍미를 더하기 위해 우유를 가미하는 바나나주스를 제외하고 대부분의 주스에 물조차 넣지 않는다(시원함을 위해 약간의 얼음을 넣기도 하지만). 재료라고는 오로지 제철 생과일이 전부다. 거기에 단맛을 위해 소량의 황설탕을 사용하지만 이 또한 원치 않으면 빼고 주문 할 수 있다. 천연 과일의 맛만 즐기겠다면 설탕을 아예 넣지 말라고 주문하거나 약간만 넣어달라고 요청하면 된다. 한림대 주변에서 생과일 주스로 워낙 유명한 곳인데, 후미진 뒷골목에 위치해 지나가다 우연히 발견하기는 어렵다. 외관은 전통 찻집 분위기. 그도 그럴 것이 1991년 전통 찻집으로 시작했다가 생과일 주스가 인기를 끌면서 유명해졌다. 2월부터 딸기주스, 초여름부터는 복숭아 · 수박 · 살구 · 자두주스, 늦여름부터는 포도주스, 가을부터는 알밤주스, 홍시주스 등이 제철 따라 바통을 이어받는다. 특히 전국 어디서도 맛보기 힘든 알밤주스는 다인각의 자랑거리. 공주 알밤을 삶은 후 일일이 껍질을 까서 갈아 만든 주스라, 워낙 손이 많이 가기 때문에 많은 양을 판매하지 못한다. 달콤 우직한 그 맛을 잊지 못해 알밤주스를 판매하기만 기다리는 마니아들도 많다. 사시사철 주스 메뉴가 바뀌기 때문에 계절마다 들러봐야 한다. 토마토 · 바나나 · 키위 · 사과주스는 연중 판매한다. 생과일만 듬뿍 넣어 만들면서도 가격은 3000원이라 더욱 사랑스럽다. 생과일과 견과류가 듬뿍 들어가는 팥빙수와 생과일빙수도 인기. 격시 4000원이라는 착한 가격에 맛볼 수 있다.

다인의 메인 메뉴는 아니지만,
상그리아도 준비되어 있다. 와인에
생과일을 넣어 직접 담근 '다인표'
상그리아는 1잔에 5000원.

When 싱싱, 생생한 진짜 생과일 주스의 활력이
필요한 순간

Address 춘천시 후평1동 854-7 Where 한림대학교 주변 후평1차현대아파트 맞은편 뒷골목 Tel 033-251-2935 Cost 생과일 주스 3000원, 빙수 4000원 Time 11:00∼23:00(한림대 방학 기간에는 ∼22:00, 명절 휴무) Parking 가능 (주차 공간 협소)

Coffee Mari's
커피 마리스

담담하고
덤덤하게

No Stress Café.

담담하고 덤덤한
그 한마디가
지친 마음을 어루만져준다.

가게 이름보다 더 크게 붙어 있는 'No Stress Café'라는 문구. 그 때문에 이 카페의 이름을 '마리스'가 아니라 '노 스트레스 카페'라고 알고 있는 사람들도 있다. 주인이 스트레스 없이 살고 싶어 춘천에 내려와 카페를 시작하게 되었고, 그런 배경 때문에 'No Stress Café'라는 문구를 넣었다. 커피 맛도 좋지만, 과일 에이드 등 다른 음료도 인기가 많다. 커피와 음료 모두 원재료 맛을 살리기 위해 시럽이나 파우더 등 첨가 재료의 사용을 최소화한다. 과일 에이드는 파우더를 넣는 대신 과일즙을 직접 짜서 만든다. 그만큼 시간과 노력이 배로 들지만 건강하고 맛있는 메뉴로 손님들에게 만족을 주고자 한다. 스트레스 없는 편안한 공간에서 정성 가득 담아 만들어주는 커피나 음료 한잔과 함께 여유를 즐길 수 있다.

When 과일즙이 그대로 살아 있는 자몽에이드 한잔으로 스트레스를 날리고 싶은 날

Address 춘천시 석사동 750-11 Where 국립춘천박물관 인근 애막골 먹자골목 Tel 070-4312-3878 Cost 커피 3500~5500원, 에이드 5500원, 와플 4000원 Time 11:00~23:30 Parking 가능

커피 마리스에서 꼭 맛봐야 할 추천 메뉴, 자몽에이드!

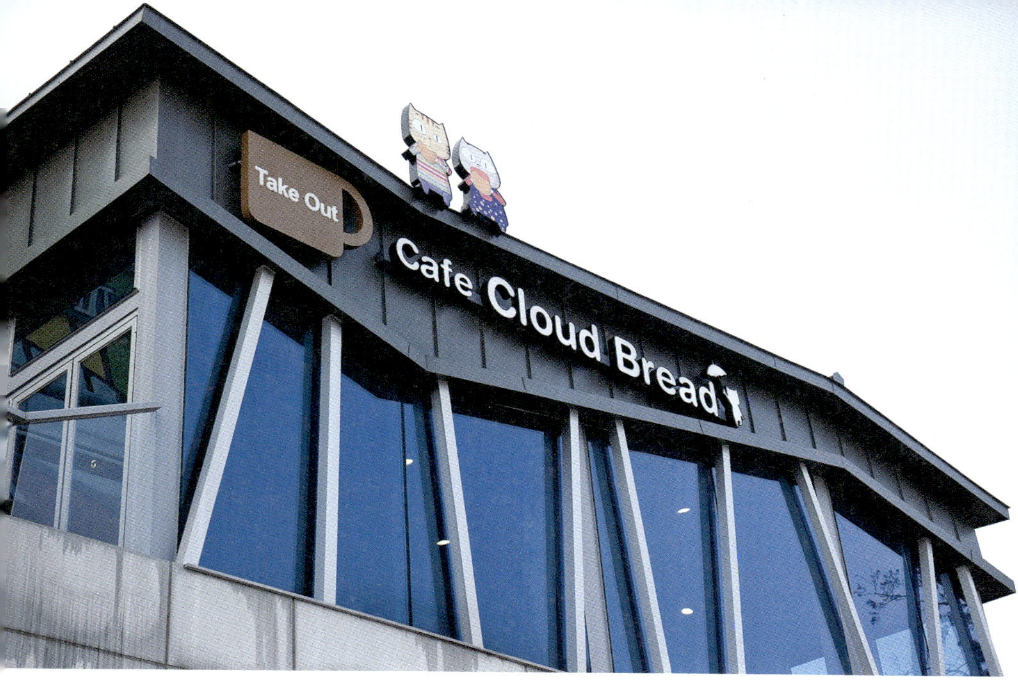

Café Cloud Bread

카페 구름빵

유쾌한 상상

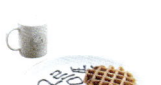

조각구름을 살포시 안아 와
구름과 밀가루를 섞어 빵을 만든다.

그렇게 만들어낸
구름빵을 먹으면
구름처럼 두둥실
하늘을 날아다닌다.

동화 속 홍비, 홍시처럼

나도
카페 구름빵에서
'카페라테와 구름빵 한 개' 시켜 먹고
하늘을 달린다.

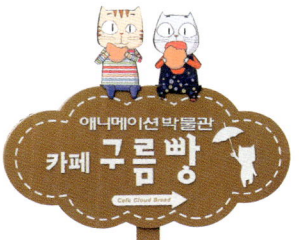

애니메이션박물관 2층에 위치한 카페. 통유리창으로 내다보이는 그림 같은 전망이 매력적이다. 2011년 문을 연 이곳은 원작 동화를 애니메이션으로 만든 〈구름빵〉을 모티브로 해 '카페 구름빵'이라는 이름을 붙였다. 인테리어는 화려하지 않지만 너른 잔디밭과 의암호가 내다보이는 시원한 풍경 자체가 최고의 인테리어 포인트다. 아름다운 전망 때문에 한번 와본 사람들은 카페만 이용하러 다시 오기도 한다. 전문 바리스타가 커피를 만들어주며, 애니메이션박물관 입장과 관계없이 카페만 따로 이용 가능하다. 따듯한 계절에는 야외 테라스 자리가 인기가 많고, 테이크아웃해서 잔디밭 벤치에 앉아 커피를 즐기는 사람들도 많다. 분위기 때문인지 이름 때문인지 왠지 구름빵을 먹고 하늘을 나는 듯한 즐거운 상상으로 잠시 행복해지는 곳이다.

When 유쾌한 상상, 아름다운 전망, 커피 한잔이
모두 필요한 날

<u>Address</u> 춘천시 서면 현암리 367 <u>Where</u> 애니메이션박물관 2층 <u>Tel</u> 033–245–6470 <u>Cost</u> 커피 3500~5000원, 와플 3000원 <u>Time</u> 11:00~19:00
<u>Parking</u> 가능

군침 도는 춘천 산책

맛집을 따라 걷는 산책은 행복하다. 맛집을 찾아가는 산책은, 맛있는 상상이
동행하기에 즐겁고, 맛집을 떠나오는 산책은, 행복한 포만감이 동반하기에 흐뭇하다.
춘천에 왔으니 닭갈비와 막국수 맛집을 당연히 찾아다니겠지만, 때로는 소박한 감성에 젖어
분식집으로 향하거나 로맨틱한 분위기를 찾아 레스토랑으로 향해보자.
또 때로는 노스탤지어에 젖어 경양식집이나 중국집을 찾아가거나 현지인들이 즐겨 찾는
평범한 맛집에 들러봐도 좋다. 춘천을 여행하는 그날의 기분에 맞는
콘셉트의 메뉴와 음식점을 잘 선정한다면 여행의 즐거움이 배가되지 않겠는가. 한 가지
꼭 당부하고 싶은 말은, 목표로 삼은 맛집만을 향해 돌진하지 말고, 그 주변을
어슬렁어슬렁 거닐어보라는 것. 훌륭한 애피타이저와 디저트가 메인 식사의 만족도를
높여주듯 식전 또는 식후에 즐기는 산책의 여유는 한 끼 식사의 행복감을,
여행의 즐거움을 더욱 높여줄 테니 말이다.

유포리막국수 | 샘밭막국수 | 남부막국수 | 부안막국수
별당막국수 | 남촌막국수 | 삼교리동치미막국수 | 만천막국수
1.5닭갈비 | 구우미닭갈비 | 우성닭갈비 | 통나무집닭갈비
원조숯불닭불고기집 | 상호네닭갈비 | 쌈쌈 맥반석 숯불닭갈비
둥근닭갈비 | 룡림닭발 | 함지레스토랑 | 바우하우스 | 모비딕
소호 | 마드레 | 진아익,집 | 팬더하우스 | 왕짱구 |
떡순이 | 미화네 떡볶이 | 산모롱이 | 채식사랑
점봉산산채 · 오리 | 유천식당 | 성산두부촌 | 홍골솔밭집
철인반점 | 회영루 | 대호·관 | 옥미관 | 가보자순대국
꿀벌식당 | 담터 | 약수터붕어찜 | 평양냉면

명동 & 강원도청 일대

춘천 맛집 산책에 명동 일대가 빠질 수 없다. 하지만 명동닭갈비 골목 때문만은 아니다. 여행자로 춘천을 찾으면 한 번쯤은 이곳에 들르게 되겠지만 진짜 맛집 산책은 명동닭갈비 골목을 벗어나서 시작된다. 춘천 명동 인근에는 관공서와 기업, 학교가 많아 오래된 맛집이 즐비하다. 중·고생부터 명동 극장 나들이에 나선 대학생, 직장인까지 연령대가 다양하다 보니 맛집의 스펙트럼도 넓다. 분식집, 밥집, 중국집, 이탤리언 레스토랑 등 다양한 식당이 밀집해 웬만한 메뉴는 모두 맛나게 즐길 수 있다.

춘천낭만시장에서 구수한 순댓국밥집이 옹기종기 모여 있는 골목을 걷고 약사동 쪽으로 나온 뒤 별미당, 팬더하우스, 또또와 분식집이 쪼로록 붙어 있는 만두 거리에서 옛 정취에 젖어보아도 좋다. 골목을 빠져나오면 춘천 경양식집의 대부인 '함지레스토랑'이 보인다. 길을 건너 강원도청 방향으로 올라오면 항상 사람들이 줄을 서 있는 원조숯닭불고기집도 만나게 된다. 화상이 2대째 운영하는 회영루, 수제 치즈버거와 짬뽕라면이 환상의 궁합을 이루는 진아의집 등 춘천에서 내로라하는 맛집들이 속속 모습을 드러낸다.

발길을 이어 요선동으로 향하자. 한때 춘천에서 잘나가는 동네였다는 얘기가 거짓이 아님을 어렴풋이 느끼게 된다. 지금은 허름한 분위기이지만, 예전의 포스가 조금은 남아 있기 때문이다. 주말이나 주중 밤늦은 시간에 요선동을 찾으면 다소 을씨년스럽다고 느낄지 모르겠다. 하지만 평일 점심때만은 '잘나가던 시절'만큼 활기차다. 맛있는 밥집이 많아 인근 직장인들이 몰려들기 때문이다.

춘천의 젊음을 맛보고 싶다면, 명동과 브라운5번가로 향하자. 명동 거리 건물 2층을 올려다보면 맛집과 카페가 많고, 브라운5번가에도 춘천 대학생들이 좋아하는 맛집이 여럿 있다.

봉운장　●실비막국수　　강릉집

소양동주민센터　　●룡림닭발　　한국은행

진아의집

춘천고등학교　　　인성병원

회영루　　기업은행　　　춘천시청

우리은행　중앙로터리　　함흥냉면옥

춘천 명동　　　　조부자매운순대가

조운동주민센터

나인테이블　　　중앙로1번가　명동 호텔
춘천지하상가

대화관　　M백화점　　커피 첼리
바스키아 빵집

명동　　아르노
명동떡볶이　　　　카페 mm
키친　브라운5번가
춘천낭만시장

●금손식당

●팬더하우스

●함지레스토랑

산책 코스 1　춘천낭만시장 ⋯› 별미당, 팬더하우스, 또또와 ⋯› 함지레스토랑 ⋯› 원조숯불닭불
고기 ⋯› 회영루 ⋯› 진아의집 ⋯› 춘천고등학교

산책 코스 2　춘천 명동 ⋯› 브라운5번가 ⋯› 요선동 (룡림닭발, 강릉집, 춘천커피 등)

맛있는 음식이 함께하는 소소한 산책
만천리 주변

만천리는 춘천 사람들의 소소한 일상이 펼쳐지는 동네다. 별다를 것 없
는 소도시의 풍경에서 사람 냄새가 물씬 풍긴다. 일상을 행복한 순간으
로 만들어주는 맛있는 밥 냄새가 더불어 흘러나온다. 북한강에서 빠져
나온 물줄기 한 자락이 작은 개천이 되어 동네 속으로 파고든다. 그 개천
덕분에 동네 풍경이 더욱 인정 넘친다.

만천리 일대에는 맛집이 많다. 그럴싸한 한정식집부터 평범하기 그지없
는 밥집, 칼국숫집, 만둣국집 등 그 종류도 다양하다. 이렇다 할 근사한
풍경은 없지만 어린 시절의 추억 하나쯤 떠올리게 할 만한 흑백사진 같
은 동네 모습이 정겹다. 그 때문에 자꾸 걷고 싶어진다. 낯선 골목길로 들
어서면 갑자기 1970~80년대 정취가 펼쳐지기도 한다. 그게 이 동네의
매력이다. 작은 개천이 흐르고 그 뒤로 산자락이 보이는데, 한쪽으로는
아파트 단지가 들어서 있어 정취를 흔들어놓는 듯싶기도 하나, 이 또한
인정해야 할 지금 이 동네의 모습이다.

무언가 보겠다는 욕심이나 기대를 버리고 그저 심상한 일상 속을 걷고
싶을 때, 만천리 일대로 가보자. 따뜻한 정취와 함께 맛있는 음식이 산책
에 소소한 재미를 얹어준다.

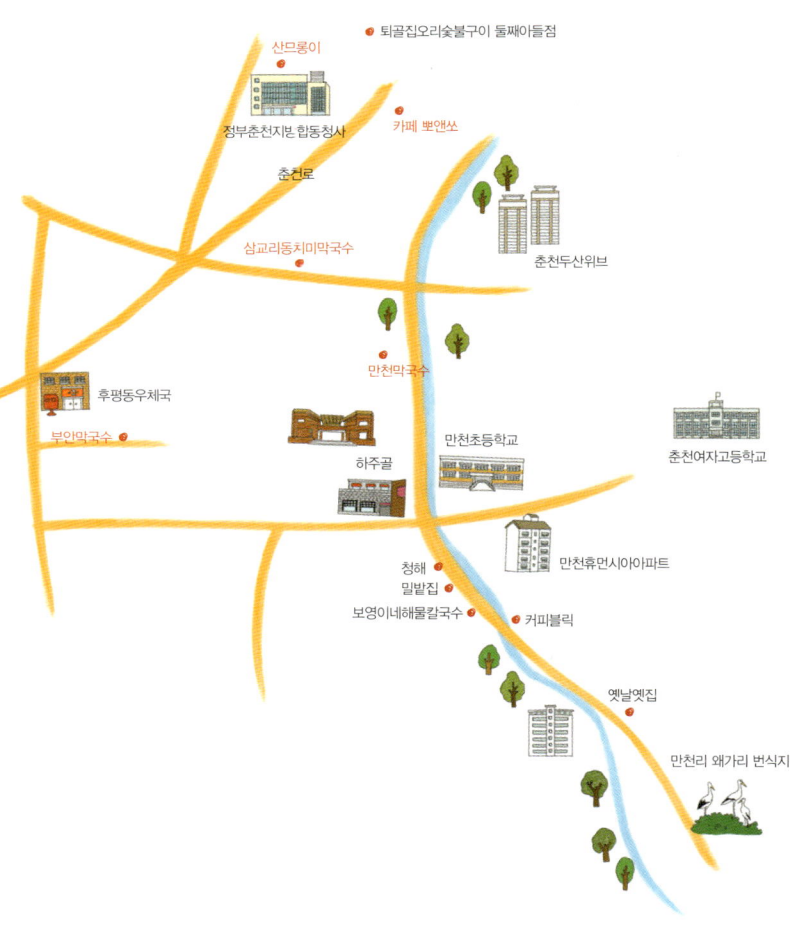

퇴골집오리숯불구이 둘째아들점

산므롱이

정부춘천지방 합동청사

카페 뽀앤쏘

춘천로

삼교리동치미막국수

춘천두산위브

만천막국수

후평동우체국

만천초등학교

부안막국수

춘천여자고등학교

하주골

만천휴먼시아아파트

청해
밀밭집

보영이네해물칼국수

커피블릭

옛날옛집

만천리 왜가리 번식지

산책 코스 만천로 입구 ⋯▸ 만천막국수 ⋯▸ 하주골 ⋯▸ 청해 ⋯▸ 커피블릭 ⋯▸ 옛날옛집 ⋯▸ 만천 리 왜가리 번식지

훈훈한 시골 풍경, 풍성한 시골 맛
신북읍

사람들이 흔히 춘천 3대 막국숫집으로 손꼽는 세 곳 중 두 곳(유포리막국수와 샘밭막국수)이 모두 신북읍에 자리하고 있다. 동네에서 허름하고 작은 가게로 시작했다가 이제는 외지 사람들도 바글바글 찾아드는 유명한 음식점이 된 곳. 신북읍에는 이렇게 전통 깊은 맛집이 많다.

먼저 신북읍내로 간다. 읍사무소가 있는 아담한 동네에서는 4일과 9일에 샘밭장터가 열린다. 장이 서지 않는 날에도 산책을 즐기기 좋다. 작은 동네지만 제법 깔끔하다. 골목을 따라 걷다 보면 요즈음 도시에서는 보기 힘들어진 정겨운 시골 가게들이 군데군데 들어앉아 볼거리를 더한다. 동네 끝에 자리한 다리도 '사랑교'라는 이름이 붙어 왠지 예쁘게 느껴진다. 골목길에서 마주하는 운동장 넓은 초등학교도 반갑다. 널찍한 운동장에서 뛰노는 아이들을 보면 괜히 동심에 젖어든다.

바로 인근에는 순댓국만큼 인상이 강한 '가보자순대국'이 있다. TV에 나오기만 하면 죄다 대문짝만 하게 가게 앞에 걸어놓고 홍보하는 요즈음 같은 세상에, 언론 매체에 소개되는 일에는 일절 관심조차 없고 그다지 내켜 하지도 않는 집. 그래도 맛 하나로 언제나 사람들의 발길을 붙잡는다. 그 밖에도 두부북어찜으로 유명한 '성산두부촌'과 송어회 무한 리필로 유명한 '우리송어양식장횟집' 등이 인근에 자리하고 있다.

신북읍에서 차를 달려 소양강댐으로 향하는 길, 닭갈빗집이 즐비하게 늘어선 모습이 눈에 띄기 시작한다. '쌈쌈닭갈비'에서 조금 걸어 올라가면 세월교가 나타난다. 세월교를 걸어보는 코스는 소양강댐의 숨은 '머스트두(must do)' 코스. 세월교 위에 늘 등장하는 이동식 커피 전문점에서 커피 한잔을 사서 즐겨보자. 이만한 야외 카페가 없다. 다시 소양강댐 쪽으로 걸어가다 '명가막국수'가 있는 골목 쪽으로 꺾어 들어가면 고요한 시골 동네 모습이 나타난다. 그 안에는 청국장을 파는 '풀내음'이라는 토속적인 음식점이 둥지를 틀고 있다. 오후 3시까지만 문을 열고 느긋하게 살아가는 모습이 동네 풍경과 잘 어울린다.

통나무집닭갈비

풀내음

샘쌈 맥반석 숯불닭갈비

토담숯불닭갈비

신북막국수 닭갈비 거리 세월교

샘밭막국수

2.4km

소양6교

춘성중학교

모비딕

소양강

샘밭장터

가보자순대국

강원경찰박물관

성산두부촌

소양5교

신샘밭로

웅문교

우리송어 양식장횟집

신북교

산책 코스 1 강원경찰박물관 ⋯▶ 샘밭장터 장터길 ⋯▶ 사랑교 ⋯▶ 천전초등학교 ⋯▶ 가보자순대국 ⋯▶ 성산두부촌 ⋯▶ 우리송어양식장횟집

산책 코스 2 신북막국수닭갈비 거리 ⋯▶ 세월교 ⋯▶ 신샘밭로 ⋯▶ 명가막국수 골목 ⋯▶ 풀내음 인근 ⋯▶ 소양강댐 방향 산책(통나무집닭갈비)

춘천막국수

막국수는
풍미가 소박하고 단순하다.

하지만 아이러니하게도
알기 쉬운 맛은 아니다.

첫입에
맛있다는 감탄사가 뿜어져 나오거나

한번에
막국수의 맛에 중독되지는 않는다.

두 입, 세 입…
먹을수록
그 맛을 음미하게 되고

두 번, 세 번…
먹을수록
자꾸 생각나는 맛.

먹을수록
막국수는
풍미가 오묘하고 복잡하다.

4 5 6 7

모든 사람들이 공감하는 막국수 맛집. 유포리막국수[1] 시원한 동치미를 곁들인 담백한 맛이 매력 포인트.

기본을 지키는 정직한 샘밭막국수[2] 소박한 막국수 본연의 맛을 보여준다.

막국수와 보쌈이 맛있는 부안막국수[3] 마당 있는 한옥의 정취가 입맛을 돋운다.

전통적인 맛을 고집하는 별당막국수[4] 아직도 돼지고기 한 점을 고명으로 얹어주는 전통을 지킨다.

살얼음 동동 동치미를 부어 먹는 삼교리동치미막국수[5] 깔끔하고 시원한 맛을 선사한다.

다진 돼지고기가 고명으로 들어가는 특색 있는 남촌막국수[6] 마니아를 다수 확보하고 있다.

별다른 고명 없이 양념으로 맛을 내는 남부막국수[7] 시골스러운 맛과 모양새가 매력적이다.

막국숫집의 일탈 막국수보다 만둣국과 파전으로 더 유명한 만천막국수. 상호명은 만천막국수지만 메인 메뉴는 만둣국이다. 엄청난 크기의 파전도 유명하다.

유포리막국수

과수밭만 가득한 시골에 자리 잡은 유포리막국수.
오로지 그 막국수를 먹기 위해 사람들이 구석진 곳까지
찾아든다. 시원한 동치미에 말아 먹는 유포리막국수는
뚜렷한 자기만의 색을 가지고 있다.
처음 이곳을 찾은 사람들은 어떻게 먹어야 할지 몰라
어리둥절해한다. 플라스틱 물통에 가득 담겨 나오는
동치미가 포인트인데, 아삭하게 잘 익은 동치미를
메밀국수에 넣어 먹으면 된다.
40여 년 전, 이북 출신인 시어머니가 고향에서 먹던
동치미 넣은 막국수를 만들어 판 것이 시초였다.
가난한 시절 시골구석 작은 가게에서 팔기 시작했던 막국수가
입소문이 나면서 강원도 3대 막국숫집으로 손꼽히게 되었다.
동치미에 말아 먹는 막국수는 사실 겨울 음식으로,
영업 초기에는 여름에는 아예 문을 열지 않았지만
지금은 오히려 여름에 가장 손님이 많다.
유포리막국수의 핵심인 동치미는 직접 재배한 무로
1년에 두 번, 봄과 가을에 담근다.

▷ When?
동치미막국수의 진수를
맛보고 싶을 때

Address 춘천시 신북읍 유포리 62-2 Where 유포리 과수단지 Tel 033-242-
5168 Cost 막국수 6000원, 편육 1만2000원, 감자부침 · 녹두부침 각 5000원
Time 11:30~19:30 Parking 가능

Taste Point

유포리막국수
맛있게 먹는 법!

❶ 따뜻한 면수를 마신다.

❷ 동치미를 막국수에 붓는다. 취향에 따라 물막국수
처럼 먹고 싶다면 동치미를 넉넉하게 넣고, 비빔막국
수 스타일로 먹고 싶다면 면이 잘 비벼질 정도로만 넣
는다.

❸ 식초를 한 바퀴나 두 바퀴 정도 돌려 붓는다.

❹ 설탕을 적당량 넣는다.

❺ 겨자를 살짝 넣는다.

❻ 비빔막국수 스타일로 먹고 싶다면 상에 준비되어
있는 양념장을 더 넣는다.

❼ 맛있게 비벼서 먹는다.

❽ 녹두부침과 감자부침을 곁들여 먹으면 더욱 맛있다.

샘밭막국수

멋 부리지 않은 담박한 맛에서 할머니의 손맛이 느껴지는 곳.
'3대가 이어온 춘천의 맛'이라는 문구가 무색하지 않다.
허름한 작은 가게에서 시작해 지금은 단아하고 깔끔한
가게로 변모했다. 40년이 넘는 세월 동안 가게 모습은
변했어도 그 맛에는 변함이 없다.
올해 78세가 되었다는 최명희 할머니가 아직도 아침마다
직접 육수를 준비하며 관리하기 때문이다.
실내 분위기도 화려하지 않고 단출한 것이
샘밭막국수와 딱 어울린다. 추운 날에는
따끈한 온돌방을 이용하면 좋고
햇빛이 따사로운 날에는
야외 테라스처럼 마련된 자리를 이용하면 좋다.
담백한 감자전과 녹두전, 편육 모두 맛있으며 국산 콩으로
만드는 모두부는 맛도 좋고 가격도 착하다.
잘 뽑은 메밀 면발, 새콤달콤한 양념장, 깊은 맛의 육수 등이
어우러진 막국수에 한번 맛들이면
두 번, 세 번 자꾸 찾게 된다.

▷ When?
호불호가 크게 갈리지 않고
많은 춘천 사람들이
막국수 맛집으로 인정하는
곳을 찾고 있을 때

Address 춘천시 신북읍 천전리 118-23   Where 신북막국수닭갈비 거리   Tel 033-
242-1712   Cost 막국수 6000원, 편육 1만2000원, 모두부 4000원, 감자전 · 녹두전
각 5000원   Time 10:00~21:00   Parking 가능

Taste Point

❸ 인원수가 적어 감자전과 녹두전을 놓고 고민이 될 때는 '섞어서'를 주문하면 된다. 감자전과 녹두전이 기본 2장씩 나오기 때문에 1장씩 섞어서 주문할 수 있다.

❶ 특별한 고명을 올리지 않는 심플함이 매력. 양념장과 육수만으로 막국수 본연의 맛을 제대로 즐길 수 있다. 설탕을 약간 뿌려 내오기 때문에 우선 식초와 겨자를 넣고 설탕은 맛을 본 후 추가하자.

❷ 샘밭막국수의 옛 풍경이 궁금하다면 창가 맨 안쪽 창에 있는 블라인드를 내려보자. 샘밭막국수 옛 가게 앞에서 찍은 가족사진이 담긴 블라인드가 인상적이다.

❹ 테라스 느낌으로 꾸민 야외 자리도 인기가 많다. 답답한 실내가 싫다면 야외 자리에서 자연을 느끼며 막국수를 먹어보자.

❺ 출입구 옆에 '샘밭 농산물 판매장'이 있다. 샘밭막국수 측에서 동네 주민들의 직거래를 위해 마련해준 자리. 믿을 수 있는 농산물을 저렴한 가격에 구입할 수 있다.

남부막국수

춘천에서 몇 손가락 안에 꼽히는 막국수 맛집.
가정집을 개조한 식당 건물이 독특한데,
좁다란 통로를 통과하면 주방을 거쳐 자리에 앉게 되어 있는
점이 재미있다. 개방형 주방 너머로 한쪽에서는 메밀 반죽,
다른 한쪽에서는 메밀국수 눌러내는 과정을 볼 수 있다.
주문과 동시에 면을 뽑아내기 때문에
항상 메밀국수 누르는 모습을 구경할 수 있다.
이 집 막국수는 양념보다 면발 자체로 높은 평가를 받고 있다.
별다른 고명도 없고 고춧가루를 팍팍 넣어 투박한 모양새다.
양념장 맛에 길든 사람들은 다소 심심하다고 느낄 수도 있다.
하지만 남부막국수 마니아들은 양념 맛이 아니라
메밀 면발을 제대로 음미해보라고 입을 모은다.
한번 먹고 바로 빠져드는 맛은 아니지만
두 번, 세 번 먹을수록 진가를 느끼게 되는 은은한 맛이
매력이라는 고수들의 조언을 기억해두자.

▷ When?
고춧가루 팍팍~
투박하지만 정감 넘치는
막국수 맛이 그리울 때

Address 춘천시 효자동 679-37   Where 남부사거리 대원당 옆   Tel 033-254-
7859   Cost 막국수 5000원   Time 11:00~20:30   Parking 가능

Taste Point

❶ 많은 양의 고춧가루를 넣은 남부막국수는 확실한 자기만의 색깔을 갖고 있다. 심플함이 막국수의 매력이라지만 이 집 막국수는 정말 심플하다. 설탕이 기본으로 들어가 있기 때문에 육수를 넣고 식초와 겨자만 추가하면 된다. 똑똑 끊어지는 면발이 메밀국수의 특성을 잘 보여준다. 춘천에서 드물게 가격을 올리지 않고 아직 5000원을 유지하고 있는 착한 막국숫집이기도 하다.

❷ '예쁘게'가 아니라 '먹음직스럽게'를 충족하는 모양새. 잘 삶은 고기를 도톰하게 잘라 푸짐하게 담은 겹육이 참 먹음직스러워 보인다. 비계와 살코기가 적절히 섞인 편육은 남부막국수의 또 다른 인기 메뉴. 1단 2000원.

❸ 홀 한쪽에서 커다란 철판에 빈대떡을 굽는다. 빈대떡 굽는 냄새에 군침이 돈다. 두툼한 빈대떡 2장에 5000원.

❹ 다른 곳에서는 쉽게 접하기 힘든, 메밀 면 누르는 모습을 직접 볼 수 있어 재미있다. 메밀 반죽을 넣고 눌러 국수가 나오고 삶아지는 과정이 생생하게 공개된다.

부안막국수

▷ When?
춘천 시내에서 운치 있는
막국수 맛집을 찾을 때

'조리는 그날그날, 전통은 오래오래'.
1983년 문을 연 부안막국수 창업주의 경영 철학이다.
시어머니의 손맛을 이어가고 있는 홍인숙 사장도
늘 이 문구를 가슴에 품고 부안막국수를 운영한다.
막국수 양념장도 그날그날 만들어 사용하며,
믿을 수 있는 순메밀을 사용하기 위해 자체 제분소를
운영한다. 송송 썬 김치와 달걀지단 등을 고명으로 올린
막국수와 진하고 시원한 육수가 만나 조화로운
맛이 탄생한다. 막국수만큼 인기 있는 메뉴가 바로 보쌈.
품질 좋은 국내산 돼지고기를 맛있게 삶아내
보쌈김치, 무김치와 함께 담아낸다.
배추와 돼지고기 등으로 속을 채워 만든 총떡도 맛있다.
춘천 시내에 자리하지만 교외 분위기가 느껴지는
운치 있는 한옥 분위기가 인상적.
연못과 울창한 나무가 어우러진 마당이 입맛을 돋운다.
야외석은 봄부터 가을까지만 운영하니 참고하자.

__Address__ 춘천시 후평동 429-17 __Where__ 후평동 로터리 인근 __Tel__ 033-254-0654
__Cost__ 막국수 · 총떡 각 6000원, 보쌈 3만원 __Time__ 11:00~21:00 __Parking__ 가능

Taste Point

❶ 그날그날 만들어 사용하는 양념장과 감칠맛 나는 김치, 달걀지단, 무 등을 깔끔하게 얹어 나온다.

❷ 육수 양을 조절해 물막국수 혹은 비빔막국수 스타일로 취향에 맞게 만들어 먹을 수 있다.

❸ 잘 삶은 돼지고기와 맛있게 담근 보쌈김치, 각종 채소로 구성된 보쌈은 막국수만큼 인기 있다.

❹ 만두처럼 속이 꽉 찬 총떡도 별미.

❺ 야외 평상 자리야말로 부안막국수의 맛을 제대로 즐길 수 있는 명당이다.

별당막국수

맷돌로 빻은 메밀가루로 막국수를 만들고,
맷돌로 녹두를 갈아 녹두전을 만들고,
강판에 감자를 갈아 감자전을 만든다.
번거롭고 수고스럽지만 옛 맛을 고수하기 위해서다.
믹서에 갈면 훨씬 쉽게 음식을 만들 수 있지만 맷돌과 강판에
가는 것보다 맛이 떨어지기 때문에 힘들어도 옛 방식을
지켜가고 있다. 이 집 막국수에는 지금도 여전히 고명으로
돼지고기 한 점을 올린다. 별당막국수 사장은 "예부터 메밀국
수에는 돼지고기를 올렸지요. 원가를 절감하기 위해 돼지고기
를 뺄 수도 있겠지만 옛사람들의 지혜가 담긴 음식 궁합이기에
지금까지 돼지고기를 고명으로 사용합니다"라고 말한다.
진한 고추장 양념을 넣은 투박한 맛이 별당막국수의 매력.
TV 〈생활의 달인〉에 나왔을 정도로 얇게 잘 부쳐내는
메밀전병(총떡)과 국내산 돼지고기를 삶지 않고
덩어리째 쪄서 만들어내는 편육도 추천 메뉴.
쟁반막국수를 먹기 편하게 1인분씩 나눠서 판매하는
비빔막국수도 별미. 고인이 된 노무현 전 대통령을 비롯해
춘천을 방문한 많은 유명 인사들이 찾는 곳이자 25년째
현지인들의 사랑을 받고 있는 춘천의 인정받는 맛집이다.

▷ When?
막국수와 함께
다양한 메뉴를 맛있게
곁들이고 싶을 때

Address 춘천시 효자1동 490-7 Where 운교사거리에서 금강로 방향으로 약
250m Tel 033-254-9603 Cost 막국수 6000원, 메밀전병(총떡) 5000원, 편육
1만원 Time 11:00~22:00 Parking 가능

Taste Point

❶ 메밀국수의 옛 전통을 지키기 위해 편육 한 점을 기꺼이 올려주는 마음 씀씀이. 기본을 가장 중요하게 여기는 별당막국수의 철학이 느껴진다.

❷ 돼지고기를 삶는 대신 쪄서 만들어내는 편육. 다른 곳에서 먹는 편육과는 맛이 다르다.

❸ 담백한 메밀과 매콤한 소가 조화를 이루는 메밀전병. 맛도 맛이지만 보기에도 참 예쁘다.

❹ 벽면 한쪽을 가득 채운 유명 인사들의 사인. 어떤 사람들이 다녀갔는지 살펴보는 재미도 쏠쏠하다.

❺ 옛 한옥 건물에 마련한 가게의 특징을 살려 각 방을 건넌방, 사랑방, 골방 등으로 부른다. 가족 혹은 연인끼리 오붓하게 식사하고 싶다면 단독 테이블이 놓인 골방을 이용하자.

남촌막국수

▷ When?
다진 돼지고기 고명과
메밀막국수, 그 맛의 조화가
궁금할 때

두터운 마니아층을 거느린 막국숫집.
20년이 넘는 전통에 2대가 함께 운영하고 있다.
오래된 동네 풍경에서 그 역사가 느껴진다.
남촌막국수의 가장 큰 특징은 다진 돼지고기 고명이
들어간다는 점. 요즈음 돼지고기 고명이 나오는 막국숫집이
거의 없는 데다, 편육 형태가 아닌 다진 돼지고기를
곁들인다는 점이 독특하다. 예전에는 다진 돼지고기 고명을
넣은 막국수를 간간이 볼 수 있었지만 지금은 드물다.
이 집만의 독특한 맛과 스타일 때문에 단골손님을 대기
확보하고 있다. 쫄깃한 맛이 일품인 편육과
시원한 쟁반막국수도 인기가 많다.
아들이 손맛을 이어받아 주방장을 맡고 부모님과
며느리, 딸 등이 손님을 맞이하는 등 종업원이 아닌
가족이 함께 일해 더욱 따뜻하고 정감 있다.

Address 춘천시 근화동 26-25   Where 근화초등학교 인근   Tel 033-253-6003
Cost 막국수 5000원, 편육 1만5000원   Time 11:00~21:00   Parking 가능

Taste Point

❶ 남촌막국수의 독특한 점은 돼지고기 고명과 고추장 · 간장 양념이 들어가는데도 맛이 자극적이지 않다는 것. 오히려 맛이 심심하다고 평가하는 사람들도 많다. 돼지고기 맛이 거슬리지 않고 면이나 양념과 잘 어울린다. 참기름도 듬뿍 들어가는 편인데 역시 닷을 거스르지 않는다. 자칫하면 느끼할 수도 있는 돼지고기나 참기름을 적절하게 이용해 맛을 낸다.

❷ 탱글탱글한 육질이 돋보이는 편육. 쫄깃하면서도 부드러운 식감이 매력적이다. 편육 자체로도 맛있고 막국수에 얹어 먹어도 맛있다.

❸ 남촌막국수는 막국수만큼 열무김치가 유명하다. 시원하고 깔끔한 맛이 입맛을 사로잡는데, 겨울에는 열무김치 대신 백김치가 나온다. 백김치 역시 시원하고 맛있다. 추운 겨울날, 무가 듬뿍 들어간 동치미와 함께 막국수를 맛보자. 겨울에 먹는 막국수의 참맛을 알게 될 것.

❹ 메뉴판 역시 정감 있다. 반듯반듯 획일화된 메뉴판 대신 예스러운 정취가 남아 있는 메뉴판을 고수하고 있다. 메뉴판 하나에서도 남촌막국수의 색깔이 살아난다.

삼교리동치미막국수

시원한 동치미막국수로 춘천 사람들의 입맛을 사로잡은 집.
강릉에 본점을 둔 삼교리막국수의 분점이지만.
일반 체인점이 아니다. 기본 틀은 삼교리막국수에서 전수받지만
메밀가루만 제공받을 뿐 모든 음식은 이곳에서 주인이
자신만의 손맛으로 직접 만든다. 모든 식자재를 받아서 쓰기
때문에 맛이 천편일률적인 일반 체인점과는 차원이 다르다.
덕분에 막국수에 관한 한 기준이 까다로운 춘천 사람들의
입맛을 만족시키며 막국수 맛집으로 떠올랐다.
최근 내부 공사를 통해 가게 분위기가 더욱 산뜻해졌다.
시원한 동치미 맛이 일품이며, 편육과 메밀전도 담백하다.
양념을 절제하고 동치미로 맛을 내기 때문에 깔끔하고 시원한
맛이 특징. 살얼음 동동 뛰운 동치미에 구수한 메밀국수를
더한 시원한 동치미막국수의 맛은 은근히 중독적이다.

▷ When?
시원, 깔끔한 맛의
막국수를 찾을 때

Address 춘천시 후평동 741-11 Where 정부춘천지방합동청사 인근 Tel 033–
242-9988 Cost 막국수 6000원, 메밀전 5000원 Time 11:00~20:30(설 · 추석 이
틀씩 휴무) Parking 가능

Taste Point

❶ 돌돌 말린 메밀국수에 양념장, 김가루, 깨, 콩가루 등을 얹어 나온다. 동치미막국수와 비빔막국수로 만들어 먹을 수 있는데, 대부분 동치미막국수 스타일로 즐긴다. 테이블 메뉴판마다 막국수를 맛있게 먹는 기본 레시피가 적혀 있는데, 참고는 하되 본인 입맛을 고려해 기본양념을 가감하면 된다. 설탕 등 양념을 추가하지 않고 순수한 동치미 맛을 즐기는 사람들도 있다.

❷ 삼교리동치미막국수의 포인트는 바로 동치미와 양념장. 살얼음 둥둥 띄운 동치미는 그냥 먹어도 갓있다. 양념장은 춘천의 다른 막국숫집과는 확연히 차이가 나는데, 양파 등을 넣고 숙성한 간장 양념장이다. 장아찌 느낌의 맛과 질감이 독특한 양념장이 동치미와 어우러져 깔끔한 맛을 낸다.

❸ 막국수와 함께 꼭 맛봐야 할 메뉴가 바로 메밀전. 메밀과 김치, 실파가 어우러져 담백하면서도 감칠맛이 난다. 메밀전은 비슷한 듯하지만 가게마다 미묘한 맛의 차이가 느껴지는데, 이 집에서 메밀전은 막국수만큼 사랑받는 메뉴.

❹ 편육도 맛깔스럽다. 고기를 잘 삶아 잡냄새가 나지 않고 고소한 맛이 난다. 시원한 동치미를 곁들여 편육이 부드럽게 넘어간다. 중 1만8000원, 소 1만원.

❺ 맑은 빛깔에 깨끗한 뒷맛이 조화로운 강릉동동주. 잔술(1000원)도 판매하니 편육이나 메밀전을 먹을 때 한 잔 정도 맛봐도 좋다. 한 되 6000원.

만천막국수

춘천 사람들이 아끼는 맛집. 막국숫집이긴 한데.
현지인들의 추천 메뉴는 단연 만둣국이다.
춘천의 유명 막국숫집 중에도 계절 메뉴로 만둣국을
선보이는 곳이 있긴 하지만, 이 집은 만둣국이 메인이다.
메뉴판에도 막국수가 아니라 떡만둣국이 1등석을 차지하고
있다. 애초에는 막국수를 전문으로 했지만,
만둣국이 인기를 끌면서 막국수는 뒷전으로 밀려나고
떡만둣국이 터줏대감으로 자리 잡았다. 허름한 한옥에서
18년이 넘는 가게 역사가 느껴진다. 손수 만든 만두가 알차게
들어간 만둣국은 양이 푸짐해서 더욱 사랑받는다.
'방석 파전'이라는 별명이 붙은 파전 역시 유명한데,
방석만큼 크다고 해서 이런 별명을 얻게 됐다.
밀가루 반죽에 채소를 조금 넣은 파전이 아니라,
파전이라는 이름에 걸맞게 밀가루가 아니라 파와 해물이
주를 이룬다. 밀가루를 적게 넣어 눅눅한 질감 대신
바삭한 질감이 느껴지는 것이 인상적이다.

▷ When?
따끈한 만둣국과 바삭한
파전이 생각날 때

Address 춘천시 동면 만천리 792   Where 강원유아교육진흥원 인근   Tel 033–
241–6714   Cost 떡만둣국 7000원, 막국수 6000원   Time 11:00~20:30(명절 휴무)
Parking 가능

❶

❷

❸

❶ 깊은 육수 맛과 담백한 만두 맛이 환상적인 조화를 이루는 떡만둣국. 1인분 양이 꽤나 푸짐하다. 쇠고기 고명도 푸짐하게 올라간다. 국물 맛도, 만두 맛도 일품이며 직접 만들어 내놓는 깍두기가 만둣국과 잘 어울린다.

❷ 만두 크기는 아담한 편. 두부, 숙주 등을 넣어 깔끔하다. 만두피가 얇고 소도 기름지지 않아 만두 자체가 담백한 맛을 낸다.

❸ 튀김처럼 바삭하게 구워 나오는 대형 파전. 밀가루는 약간, 다른 재료가 듬뿍 들어가 더욱 맛깔스럽다. 워낙 두툼하고 커서 성인 4명 정도가 나눠 먹으면 알맞다. 파전은 맛보고 싶은데 양 때문에 엄두를 내지 못하는 사람들을 위해 크기가 작은 파전도 메뉴에 추가했다. 작은 파전 역시 다른 식당의 파전에 비하면 결코 작지 않다. 주메뉴와 곁들이면 성인 2~3명이 나눠 먹어도 될 정도. 파와 해물이 듬뿍 들어 있고, 바삭한 맛이 일품이다. 대 2만원, 소 1만2000원.

춘천닭갈비

아삭아삭한 양배추가
부들부들 맛있게 익어간다.

단단한 고구마는
포실포실 맛있게 익어간다.

꾸덕꾸덕한 떡은
쫄깃쫄깃 맛있게 익어간다.

양념을 입은 닭고기는
쫀득쫀득 맛있게 익어간다.

저마다 맛을 자랑하는 친구들이
한데 어우러져 닭갈비라는 빛나는 음식이 된다.

닭갈비 양념 본연의 맛을 살리기 위해 깻잎도 놓지 않는 1.5닭갈비[1] 닭갈비 양념에 카레를 넣기 시작한 원조집이다. 옛날 스타일대로 고기를 통째로 가져와 손님상에서 직접 잘라준다. 심플하고 담백한 맛이 인기 비결.

원조 춘천닭갈비의 맛을 즐길 수 있는 구우미닭갈비[2] 춘천닭갈비 탄생 초기에 명동에서 영업을 시작한 원조집 중 하나다. 지금은 아들이 대를 이어 '춘천닭갈비 대한명인'인 어머니의 손맛을 전하고 있다.

닭갈비 양념을 2차로 나눠서 해주는 우성닭갈비[3] 양념 맛과 채소의 싱싱함을 살리기 위한 나름의 노하우라고. 이곳 역시 여전히 손님상에서 고기를 직접 잘라준다.

소양강댐 인근이라 아름다운 자연환경이 입맛을 돋우는 통나무집닭갈비[4] 춘천 사람들과 관광객들로 언제나 붐빈다. 진득한 양념 맛이 특징이고 양배추가 듬뿍 들어간다. 자리에서 직접 조물조물 비벼주는 쟁반막국수도 인기.

1961년부터 영업을 시작한, 오랜 전통을 자랑하는 원조숯불닭불고기집[5] 지방을 일일이 제거해 고기 맛이 담백하다. 양념이 잘 밴 고기를 숯불에 구워 부추와 채소에 싸 먹는 맛이 일품.

춘천 사람들이 즐겨 찾는 숯불구이집 상호네닭갈비[6] 닭갈비와 돼지갈비가 인기다. 1인분 400g으로 다른 닭갈빗집(일반적으로 1인분 300g)보다 양이 많다. 고기를 다 먹은 후 나오는 된장국수도 인기 메뉴.

맥반석 숯불닭갈비 원조집 쌈쌈닭갈비[7] 숯불로 달군 맥반석 위에 닭갈비를 구워 먹는다는 점이 이색적이다. 맥반석에 구워 맛이 담백하다.

닭갈비 천국 춘천의 다른 닭 요리 닭보쌈이라는 개성 만점 요리를 선보이는 둥근닭갈비. 오랫동안 닭갈빗집을 운영한 주인이 아이들과 함께 먹을 수 있는 건강한 닭 요리를 고민하다 개발한 메뉴이다. 특제 소스로 양념한 담백한 닭을 각종 채소와 함께 싸 먹는다. 매콤한 닭발 요리에 중독된 단골손님이 많은 룡림닭발. 양념이 잘 밴 닭발의 뼈를 쏙 발라 먹는 재미가 있다. 닭똥집과 함께 섞어 먹어도 맛있다. 매운맛을 중화하는 주먹밥을 함께 제공한다.

1.5닭갈비

1.5닭갈비의 특징은 카레가루를 사용한 양념장과 하얀 국물의
동치미 대신 국물이 빨간 동치미를 준다는 점. 카레가루가
초기 이 집의 양념장 비법 중 하나였는데 카레 향이 워낙 강해
많은 사람들에게 알려지는 바람에 지금은 춘천에서 닭갈비
양념장에 카레가루를 사용하는 곳이 많다. 1989년 지금의
후평동 닭갈비 골목에 문을 열었는데, 당시 명동이 아닌
다른 지역에 자리 잡은 닭갈빗집은 1.5닭갈비가 처음이었다.
1.5라는 상호가 독특한데 '맛도 1.5배, 양도 1.5배로
1.5배의 만족도를 드리겠다'라는 뜻이 담겨 있단다.
2배라고 하는 것보다 검손해 보이면서 신뢰를 주는 느낌이다.
2대째 가게를 운영하는 김태우 사장은 지금도 가게와 떨어진
별도 작업장에서 혼자 양념장을 만든다. 양념 비법을
지켜내겠다는 의지가 분명하다. 1.5닭갈비의 양념 비법은 이미
널리 알려진 카레가루 외에 결코 알려줄 수 없는 두 가지가 더
있다. 춘천은 물론 전국 곳곳에서 1.5닭갈비 유사 간판을 볼 수
있는데, 체인점은 없고 1.5닭갈비는 오로지 이곳뿐이란다.
1세대 부모님의 양념장을 현대 사람들의 입맛에 맞게 변화·
발전시켜나가고 있는데, 부모님 때보다 조미료 양을
확 줄이고 천연 재료로 대체했다.

▷ When?
춘천 사람들이 잘 가는
닭갈비 맛집을 찾고 있을 때

Address 춘천시 후평3동 801-13   Where 후평동 인공 폭포 앞   Tel 033-
253-8635   Cost 닭갈비 1인분 1만원, 닭내장 1인분 1만원   Time 11:00~23:00
Parking 불가능(인근 동사무소나 골목 이용)

Taste Point

❶ 닭갈비 기본 채소에 깻잎을 제외한 것이 특징. 깻잎은 향이 진해서 닭갈비 양념 본연의 맛을 광해하기 때문에 넣지 않는다.

❷ 신선한 생닭의 넓적다리 살을 비법 양념장에 잘 재워뒀다 손님상에 내놓는다. 1인분에는 고기 3대가 들어간다.

❸ 양념장에 재워둔 고기를 통째로 내와 그 자리에서 즉석으로 잘라준다. 고기를 통으로 내서 잘라주는 닭갈빗집은 춘천에서도 이제 점점 사라져간다.

❹ 닭갈비에만 정성을 들이는 게 아니라 김치와 채소에도 정성을 다한다. 김태우 사장은 "정말 정직하게 만드는데 손님들이 김치를 남기고 갈 때 안타깝습니다. 깨끗하고 믿을 만한 재료로 만들었으니 김치까지 맛있게 드세요"라고 말한다.

❺ 다른 집과 차별화하기 위해 맑은 동치미 대신 고춧가루를 넣은 동치미를 내놓는다. 칼칼하고 깔끔한 맛이 닭갈비와 잘 어울린다.

구우미닭갈비

▷ When?
원조 춘천닭갈비의 맛이
궁금할 때

'우미'라는 상호를 단 닭갈빗집이 참 많다.
그중 진짜 원조는 여러 가지 사유로 현재 '우미'라는
이름 대신 '구우미'라는 상호를 달고 있는 구우미닭갈비.
닭갈비 명인으로 인정받은 정옥순 씨의 막내아들이 어머니의
양념장 비법을 그대로 이어가고 있다. 그 때문에 춘천 사람들은
지금의 구우미닭갈비를 원조 우미닭갈비로 인정한다.
외지인들의 입맛에 맞춰 닭갈비 맛도 변화한 요즈음.
드물게 옛 춘천닭갈비 맛을 그대로 간직한 곳이다.
예전 고추장 양념으로 맛을 내던 춘천닭갈비 스타일을
반영하듯 다른 곳보다 유난히 빨간 양념이 인상적.
1.5닭갈비가 카레가루를 사용한 이후 춘천의 많은 닭갈빗집이
양념장에 카레를 사용하는 것과는 달리 구우미닭갈비는
옛 양념장을 고수한다. 그에 걸맞게 지금은 거의 사라진
뼈 있는 닭갈비도 맛볼 수 있다. 단, 뼈 있는 닭갈비는 하루 전
예약 필수. 초기 춘천닭갈비 맛을 경험해보고 싶다면
구우미닭갈비로 가보자.

Address 춘천시 후평1동 847-3 **Where** 한림대 인근 **Tel** 033-244-2614 **Cost** 닭갈비 1만원, 옛날우미닭갈비(뼈 있는 닭갈비) 반 마리 2만원, 한 마리 4만원 **Time** 11:00~23:00(명절 전, 당일 이틀씩 휴무) **Parking** 불가능(별도 주차장은 없으나 주변 지역에 알아서 주차 가능)

❶ 전통을 느낄 수 있는 오래된 주물 철판. 구우미닭갈비에서는 요즈음 보기 드문 사이즈와 빛깔을 자랑하는 역사 깊은 닭갈비 철판을 찾아볼 수 있다.

❷ 춘천닭갈비 탄생 초기의 맛을 경험할 수 있는 곳 겉모습에서도 차이가 난다. 걸쭉하고 진한 느낌이 둗어난다고나 할까. 고추장 양념을 기본으로 하는 매콤달콤한 맛이 인상적. 오리지널 춘천닭갈비를 맛보고 싶다면 꼭 들러봐야 한다.

❸ 닭갈비를 다 먹은 후 볶아 먹는 밥이 유난히 맛있다. 닭갈비 맛이 다 다르듯 볶음밥 맛도 차이가 있다. 구우미닭갈비에서는 볶음밥을 꼭 먹어볼 것!

❹ 춘천의 많은 닭갈빗집 중 당당히 춘천닭갈비 대한 명인 인증을 달고 있는 집. 명동닭갈비 골목, 후평동 닭갈비 골목도 아닌, 다소 외진 곳에 있지만 춘천 사람들이 찾아가는 것은 바로 구우미닭갈비만의 맛 때문.

우성닭갈비

오랜 전통을 자랑하는 우성닭갈비도 춘천의 대표적인
닭갈빗집. 춘천에 총 4개 매장이 있는데 모두 브모님의
가업을 이어받은 삼형제가 운영한다. 후평동에 위치한 본점은
마지막까지 남아 부모님과 함께 일해온 막내아들이
맡았다. 본점은 역사가 오래된 만큼 가게가 낡아
리모델링 공사를 거쳐 2011년 12월 1일 다시 오픈했다.
깨끗한 외관 때문에 '여기가 본점인가' 하는 의아심을
품게 되기도 한다. 우성닭갈비는 식용유를 쓰지 않아
담백하면서도 매콤한 맛이 일품인데, 고춧가루는 화천에서
계약 재배해 사용한다. 양념을 두 번에 나눠서 하는 것도
우성닭갈비의 특징. 음식이 익는 속도를 고려해 음식 고유의
향을 살리고 닭갈비에도 양념장이 고루 배도록 하기 위해서다.
양념 비법은 역시 삼형제만 알고 있고 별도 장소에 모여
양념장을 함께 만든다. 하지만 매장별로 맛이나 메뉴에
약간의 차이가 있다.

▷ When?
춘천 대표 먹자골목마다
위치한. 춘천에서 이름난
닭갈빗집이 궁금하다면

Address 춘천시 후평3동 801-11　Where 후평동 인공 폭포 앞　Tel 033-254-
0053(본점)　Cost 닭갈비·닭내장 각 1만원, 볶음밥 2000원　Time 10:30~23:00
Parking 불가능(별도 주차장은 없으나 인근 주차 공간 이용 가능)

우성닭갈비 만드는 순서!

① 우성닭갈비 역시 여전히 고기를 통째로 가져와 손 님상에서 직접 잘라준다.

② 처음에는 양념장 약간에 닭고기와 양배추, 떡, 고 구마가 나온다.

③ 어느 정도 익어가는데 왠지 비어 있는 듯 허전한 느낌.

④ 우성닭갈비의 특징인 2차 양념 등장! 깻잎과 양파, 양념장이 2차 양념으로 준비된다.

⑤ 2차 양념을 넣고 다시 볶으면서 닭갈비의 때깔이 더욱 고와진다. 드디어 완성된 우성닭갈비.

통나무집닭갈비

춘천 명소인 소양강댐 인근에 닭갈빗집이 많은데
그중 언제나 가장 붐비는 곳은 통나무집이다.
관광지 근처의 식당이지만 관광객들뿐 아니라 춘천 사람들도
즐겨 찾는 맛집. 최근에 별관을 지어 확장을 했지만 여전히
주말에는 대기표를 받고 기다려야 한다.
20여 년째 닭갈비를 만들어온 주인 부부가 여전히 양념장을
직접 만들어 사용한다. 양파즙과 배즙 등으로 닭고기에
밑간을 해두는 것도 맛의 비결이다. 닭갈비 자체도 맛있지만
번잡한 시내를 벗어나 여유로운 자연환경 속에서
먹으니 더욱 맛이 살아난다.
춘천 시내 유명 닭갈비 맛집들과 차이점은 관광지의 특성상
현지인들이 즐겨 찾는 닭 내장 메뉴는 없고,
쟁반막국수, 빙어튀김 등 관광객을 배려한 메뉴가
주를 이룬다는 것.

Address 춘천시 신북읍 천전리 38-26 **Where** 소양강댐 가는 길목 **Tel** 033-241-
5999 **Cost** 닭갈비 · 쟁반막국수 각 1만원 **Time** 10:00~22:00(입장은 ~21:00,
설 · 추석 당일 휴무) **Parking** 가능

▷ When?
소양강댐 여행 중 닭갈비
맛집을 찾고 있을 때

Taste Point

❶ 다른 닭갈빗집에 비해 양이 푸짐해 보인다. 닭고기 양은 비슷하지만 양배추를 듬뿍 넣기 때문이다 단순히 푸짐해 보이기 위한 방편이 아니라 닭고기 맛을 살리기 위한 이 집만의 특징이다. 고기는 워낙 손님이 많다 보니 일일이 상에서 잘라줄 수 없어 주방에서 아예 잘라서 나온다.

❷ 이곳의 또 다른 인기 메뉴는 바로 쟁반막국수. 닭갈비 전문점에서 먹는 막국수는 맛이 별로라는 인상이 강한데, 이 집은 처음부터 닭갈비와 함께 쟁반막국수를 해왔기 때문에 막국수 역사 또한 깊다. 직접 반죽해서 뽑아낸 면을 이용하며 종업원이 상에서 직접

비닐 장갑을 끼고 손으로 무쳐주기 때문에 채소와 면발이 살아 있고 양념이 적절히 잘 밴다. 최근에는 물막국수 스타일의 양푼막국수도 메뉴에 추가되었다. 쟁반막국수는 새콤달콤한 맛을 제대로 맛보려면 닭갈비를 먹기 전에, 양푼막국수는 닭갈비를 먹은 후에 시원한 입가심용으로 먹으면 좋다. 3인 기준 닭갈비 2인분에 쟁반막국수 하나를 주문해 먹으면 알맞다.

❸ 동치미 대신 나박김치가 나온다. 일반 닭갈빗집에서 나오는 동치미보다 손이 많이 가지만 손님들에게 더 좋은 음식을 제공하기 위해 나박김치를 내놓는다.

원조숯불닭불고기집

닭갈비라고 하면 철판에 닭고기와 채소를 넣고 볶아 먹는
철판닭갈비가 먼저 떠오르는데, 숯불에 구워 먹는 스타일도
있다. 숯불닭갈비로 춘천에서 가장 인기 있는 집이 바로
원조숯불닭불고기집이다. 1961년부터 영업을 시작했다니
그 역사도 참 대단하다. 드럼통 위 숯불에 철판을 깔고
잘 숙성된 양념 닭갈비를 올려서 굽는데, 냄새만 맡아도
침이 꼴딱꼴딱 넘어간다.

야들야들한 고기 한 점을 입에 넣으면 몇 번 씹지 않아도
그냥 넘어간다. 닭고기 넓적다리 살을 이용하며, 일일이
살 부분과 껍질 사이에 붙어 있는 지방을 떼어낸 후
양념하기에 이 집 닭갈비는 더욱 담백하다.
지방을 제거한 고기를 숯불에 구워서 먹기 때문에
느끼하지도 않다. 대체로 뼈 없는 닭갈비를 많이들 먹지만
오도독뼈 닭갈비나 닭 내장도 별미다.

▷ When?
지방 쏙 뺀 담백한
숯불닭갈비가 먹고 싶은 날

Address 춘천시 중앙로2가 70 Where 명동 건너편, 춘천중앙초등학교 인근 Tel
033-257-5326 Cost 뼈 없는 닭갈비 1만원, 뼈 있는 닭갈비 · 닭 내장 각 9000원
Time 11:00~22:00 Parking 가능(식당 앞 주차 공간이 협소하므로 인근 공영주차
장 이용)

Taste Point

❶ 양념한 고기를 숯불에 구워 먹기 때문에 자주 뒤집는 것이 포인트. 화력이 세므로 잠시 방심하면 고기가 타기 일쑤다. 계속해서 자주 뒤집고 다 익은 고기는 가장자리 쪽으로 빼놓고 먹으면 된다.

❷ 부추겉절이 맛이 일품. 숯불닭갈비를 부추겉절이와 곁들여 먹으면 그 맛이 배가된다.

❸ 철판닭갈빗집처럼 볶음밥은 먹을 수 없지만 대신 맛있는 된장찌개가 있다. 숯불닭갈비를 다 먹은 후 된장찌개를 꼭 맛보자. 양은냄비에 담아 숯불 위에서 끓여 먹는 된장찌개는 1000원이란 가격이 믿기지 않을 만큼 푸짐하다.

상호네닭갈비

▷ When?
푸짐한 숯불닭갈비와
된장국수를 함께 맛보고
싶을 때

춘천 사람들 중 '상호네'를 모르는 사람이 거의 없을
정도로 입소문 난 숯불구이집. 춘천 시내에만도 여러 개의
체인점이 있다. 숯불닭갈비뿐만 아니라 숯불돼지갈비도
유명하다. 현지인 중에는 돼지갈비를 먹기 위해
상호네를 찾는 사람들도 많다.
양념 맛이 좋고 양도 많아 더욱 사랑받는다.
20년이 넘은 가게인지라 본점은 아주 허름하고 좁지만
음식 맛에는 그 세월만큼 깊이가 느껴진다.
2개의 작은 가게로 구성되어 있는데 한 곳은 테이블로,
다른 한 곳은 방 형태로 되어 있다.
부추무침과 함께 곁들여 먹으면 더욱 감칠맛이 난다.
춘천을 여행한다면 현지인들이 즐겨 찾는 상호네 본점을
꼭 한번 들러보길.
공지천에서 멀지 않아 걸어서도 갈 수 있다.

Address 춘천시 근화동 709-2 **Where** 춘천중학교 근처 **Tel** 033-251-1170 **Cost**
닭갈비 1인분 1만원, 된장국수 2000원 **Time** 12:00~23:00(넷째 주 월요일 휴무)
Parking 가능

Taste Point

❶

❷

❸

❶ 상호네는 다른 집들에 비해 양이 많은 편. 춘천의 많은 닭갈빗집의 1인분 기준 양이 300g인 데 반해 상호네 닭갈비는 1인분이 400g이다. 양도 많고 맛도 좋아 인기가 많다. 숯불구이라서 뒤집는 데 신경 써야 하는데, 조금 방심하면 타기 십상. 열심히 잘 뒤집고 다 익은 고기는 바깥쪽으로 빼야 한다.

❷ 상호네에서 꼭 맛봐야 하는 또 다른 메뉴는 된장국수. 된장 국물에 콩나물을 넣어 맛을 낸 된장국수는 깔끔하고 은근히 매력적이다. 오래된 그릇도 운치를 더한다. 닭갈비를 먹은 후 입가심으로 먹는 된장국수 한 그릇이 묘한 여운을 준다. 1인분에 2000원이라 가격도 착하다.

❸ 1988년부터 영업을 시작한 상호네는 닭갈비는 물론 돼지갈비로도 유명하다. 외지인들은 거의 닭갈비를 먹지만 춘천 사람 중에는 이 집 돼지갈비 맛을 사랑하는 이들도 많다. 기회가 된다면 돼지갈비도 맛보자.

쌈쌈 맥반석 숯불닭갈비

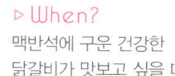

▷ When?
맥반석에 구운 건강한
닭갈비가 맛보고 싶을 때

맥반석에 구워 먹는 색다른 숯불닭갈비를 맛보자.
숯불 위에 맥반석이 깔린 불판을 얹고 그 위에 닭갈비를
구워 먹는다. 기름기 쏙 빠진 닭갈비가 담백하고 야들야들하다.
쌈쌈닭갈비 사장은 대형 식품 업체인 '농심'에서 30년 넘게
근무하다가 맥반석이라는 아이디어를 닭갈비에 접목해
장사를 시작했다. 10여 년 전 처음으로 맥반석 숯불닭갈비를
선보인 쌈쌈닭갈비는 입소문을 타고 춘천 사람들과 관광객의
입맛을 사로잡았다. 식품 업체에서 오랫동안 근무하며
쌓은 노하우가 닭갈비에 고스란히 묻어나 양념 맛부터 굽는
방식까지, 모든 게 예사롭지 않다. 최고급 식자재를 이용한
양념과 맥반석 구이라는 웰빙 요리법이 만나 특별한 맛이
탄생했다. '삼삼하다'는 단어에서 파생된 '쌈쌈'이라는
가게 이름처럼 삼삼한 닭갈비 맛이 매력적이다.
테라스 분위기의 자리에서 생맥주 한잔 마시며 즐기는
맥반석 숯불닭갈비는 춘천 여행의 또 다른 재미를 선사한다.

Address 춘천시 신북읍 천전4리 79-6 **Where** 소양강댐 가는 길목 **Tel** 033-241-2003 **Cost** 닭갈비 1인분 1만원, 막국수 5000원 **Time** 10:00~23:00 **Parking** 가능

Taste Point

❶ 주문을 하면 먼저 맥반석이 깔린다. 올망졸망 깎아 놓은 밤톨처럼 앙증맞은 맥반석이 보기에도 너무 예쁘다. 맥반석 위에 양념 잘 밴 닭갈비를 얹어 구워 먹으면 그 맛이 색다르다. 산소와 미네랄이 풍부하고 정화 효과도 있는 것으로 알려진 맥반석. 그 위에 구워 먹는 닭갈비라 더욱 맛있고 건강하게 느껴진다.

❷ 쌈쌈 맥반석 숯불닭갈비를 더욱 맛있게 먹는 방법이 있다. 먼저 고기가 타지 않도록 자주 뒤집어줘야 한다. 그리고 고기가 어느 정도 익어서 가위질을 할 때는 아직 양념이 남아 있는 고기 그릇에 다시 옮겨놓는다. 그렇게 하면 고기가 타는 것도 막고 2차 양념이 되기 때문에 더욱 맛있게 먹을 수 있다. 한 번 구워낸 고기를 고기 그릇에 담아 적당한 크기로 자른 후 양념을 다시 골고루 묻혀서 맥반석 위에 얹어 구워서 적어 보자. 그 맛이 배가된다.

❸ 일반 닭갈비집과 달리 반찬이 여러 가지 나온다. 그중 옥수수범벅이 독특한데, 옥수수와 팥을 섞어 달달하고 고소하다. 매콤한 닭갈비와 조화를 이룬다.

❹ 철판닭갈비집과 달리 볶아 먹는 밥이 없기 때문에 다른 메뉴들이 준비되어 있다. 된장찌개와 밥, 김치말이국수 등도 맛볼 수 있고 된장국수와 막국수도 준비되어 있다. 비빔 스타일로 나오는 막국수는 감칠맛 나는 양념이 포인트. 막국수 면은 메밀 함량이 높은 면을 전문 업체에서 받아서 사용하고 양념은 한우 등 최고의 재료를 사용해 고급스러운 맛을 추구한다. 1인분 5000원.

❺ 테라스 분위기의 좌석이 인기가 많다. 특히 생맥주를 판매한다는 점이 독특하다. 여름철 시원한 생맥주와 닭갈비를 함께 즐겨도 좋다.

둥근닭갈비

춘천에서 닭보쌈이라는 메뉴를 맛볼 수 있는 유일한 집이다.
닭보쌈이라는 메뉴를 개발한 원조집으로,
아이들도 함께 먹을 수 있는 닭갈비 요리를 고민하다가
닭보쌈을 개발하게 되었다. 춘천닭갈비와 마찬가지로
넓적다리 살을 이용하며 간장 양념을 베이스로 20여 가지
이상의 다양한 천연 재료를 조합한 양념으로 맛을 낸다.
닭보쌈은 담백한 닭고기를 다양한 채소와 함께 싸서 먹는
음식인데, 한국 전통적인 맛과 새로운 맛이 조화를 이룬다.
다른 집과 차별화하기 위해 언제나 연구한다는 사장은
막국수 맛에도 변화를 주었다. 전통 막국수 맛에서 벗어나
젊은 사람들의 입맛에 맞춘 막국수도 먹어볼 만하다.
이 집에서 또 하나 눈여겨볼 것은 가게 전체가
깔끔하게 정돈되어 있다는 점.
식사재는 물론 온갖 식기가 바구니별로 차곡차곡 분류되어
있다. 정돈과 위생, 체계성 면에서는 전국 최고로
손꼽아도 아깝지 않을 만하다.

Address 춘천시 사농동 217-257 Where 춘천인형극장 대각선 맞은편 Tel 033-
252-6366 Cost 닭보쌈 대 3만5000원, 소 2만5000원   Time 10:00~23:00
Parking 가능

Taste Point

오랜 연구 끝에 탄생한 닭보쌈용 고기. 특제 양념 소스로 간을 해 담백한 맛이 일품이다. 부드러운 육질. 자극적이지 않은 양념 맛 때문에 남녀노소 누구나 좋아한다. 일본식 데리야끼나 훈제 요리와는 또 다른 독특한 맛과 질감이 특징이다.

상큼 새콤한 무생채. 무는 닭고기와 음식 궁합이 잘 맞기 때문에 닭 요리에는 빠지지 않고 등장한다. 닭보쌈 요리에서는 무생채로 음식 궁합을 맞춘다. 간장으로 양념한 닭 요리와 고춧가루로 양념한 무생채가 잘 어울린다.

닭고기 양념에 사용하는 특제 간장 소스. 고추장이나 된장 대신 갖가지 재료로 맛을 낸 특제 소스가 나온다. 취향에 따라 고기를 소스에 찍어 먹으면 더 맛있게 즐길 수 있다.

입가심용 샐러드와 오이. 상큼한 샐러드와 오이로 중간중간 입가심을 한다.

고기쌈 요리에 빠질 수 없는 파절이. 닭고기 쌈에서도 감초 역할을 한다.

❶ 닭보쌈 요리이긴 하지만 처음에 한두 점은 쌈을 싸지 말고 고기 본연의 맛을 음미해보길. 특제 간장 양념으로 간을 해 잘 구워낸 닭고기 그 자체만으로도 충분히 맛있다.

❷ 채소 위에 소스를 묻힌 닭고기를 얹고 파절이와 무생채를 함께 곁들여 싸 먹으면 좋다. 된장이 나오긴 하지만 닭보쌈 자체의 맛을 즐기려면 된장 대신 특제 간장 소스를 활용하자.

❸ 닭보쌈 메뉴만큼 새로운 스타일의 막국수. 기존 춘천막국수와는 많이 다르다. 젊은 사람들의 입맛에 맞춘 퓨전 막국수라 할 수 있다. 냉면과 막국수의 중간쯤이라고 할까. 새콤한 맛이 고기를 먹은 후 입안을 깔끔하게 해준다.

룽림닭발

▷When?
매콤한 닭발에 소주
한잔이 필요한 날

수많은 춘천닭갈빗집 가운데서 닭발로 인기를 끌고 있는 집.
벽면을 가득 채운 낙서. 내부 한옥과 이어진 작은 가게가
옛 정취를 느끼게 한다. 잡내를 제거한 국내산 닭발을 매운
고추 양념에 오랜 시간 조려뒀다가 주문과 동시에 소량씩
다시 끓여 내준다. 국물이 흥건하지도 너무 졸아붙지도 않게
조리하는 주인아주머니의 솜씨가 훌륭하다.
매운 닭발이라는 이름처럼 기본적으로 매운데. 중수. 고수.
명인 중 매운 단계를 선택할 수 있다. 중수는 맛있게 매운맛.
고수는 얼큰하게 매운맛. 명인은 폭탄 맞은 매운맛이다. 보통
중수 정도에서 시작하면 된다. 물컹한 느낌이 드는 닭발
자체의 매력도 있지만 매운 양념 맛에 중독되어 단골이 되는
사람들이 많다. 그래서 어떤 손님들은 남은 양념마저 포장해
가기도 한다. 가게에 들어섰을 때 손님들만 있고 혹 주인이
보이지 않아도 당황하지 말고 제집처럼 자연스럽게
마당으로 이어지는 안쪽 주방으로 가서
"이모~" 하고 부르면 된다.
낮에는 영업을 하지 않고 오후 5시부터 문을 연다는 점을
참고하자.

Address 춘천시 요선동 11-7 **Where** 강원도청 인근 **Tel** 033-252-2939 **Cost** 뼈
있는 닭발·똥집 각 7000원 **Time** 17:00~다음 날 00:30 **Parking** 가능

Taste Point

①

②

③

④

① 주문을 하면 미역국과 함께 젓가락 대신 집게가 떡하니 나온다. 집게로 닭발을 들고 뜯어 먹으면 손에 묻히지 않고 편하게 먹을 수 있다. 뼈 없는 닭발도 판매하지만 대부분 뼈 있는 오리지널 닭발을 선호한다

② 매운 닭발을 더욱 맛있게 즐기려면 똥집을 함께 주문하면 좋다. 따로 주문해 닭발 양념에 찍어 먹어도 좋고, 아예 닭발 하나, 똥집 하나를 함께 양념해달라고 해서 먹어도 좋다. 2명이 가면 닭발 하나에 똥집 하나를 주문해서 먹는 게 룡림닭발을 가장 맛있게 즐길 수 있는 포인트.

③ 닭발을 주문하면 주먹밥이 기본으로 함께 나온다. 양념에 주먹밥을 찍어 먹으면 별미. 주먹밥 추가 2000원.

④ 닭발을 먹으면서 벽면을 가득 채운 낙서를 구경하는 재미도 쏠쏠하다.

경양식 & 이탤리언 레스토랑

One Fine Day

One Sweet Day

One Happy Day

.

.

.

.

.

.

춘천에서 꿈꾸는
어느 멋진 날.

1 2 3

4 5 6

+ 경양식

춘천에 살거나 춘천을 거쳐 간 많은 사람들의 추억이 묻혀 있는 *함지레스토랑*[1]
세월에 흔들리지 않고 분위기와 맛을 지켜가고 있는 몇 남지 않은 정통 경양식집이다.

정직한 재료로 만드는 정직한 음식을 제공하는 *바우하우스*[2] 모든 고기와 채소는 국내산을 사용한다.
허브소스로 맛을 낸 푸짐한 돈가스정식이 인기.

바닥이 수족관으로 되어 있는 독특한 인테리어가 특징인 *모비딕*[3] 발아래로 물고기들이 노니는 풍경을
감상하며 식사를 즐길 수 있다.

+ 이탤리언 레스토랑

고벽돌과 나무로 된 익스테리어와 심플한 인테리어가 돋보이는 *쇼쿠*[4] 도심 속이지만 일상에서 떠나온 듯한
분위기를 만끽하며 조용하게 음식을 즐길 수 있다.

따뜻하고 아늑한 분위기에서 맛있는 파스타를 맛볼 수 있는 트라토리아, *마드레*[5]
지나가다 살짝 머물고 싶어지는 곳이다.

북 카페 겸 레스토랑인 *피스 오브 마인드*[6] (p.156)는 제대로 된 이탈리아식 빵과 파스타를 선보인다.
운치 있는 분위기에서 행복한 식사를 즐겨보자.

함지레스토랑

춘천을 대표하는 경양식집. 춘천 사람들이라고
닭갈비랑 막국수만 먹고 살겠는가. 1980년 문을 연 이후
지금까지 춘천과 함께해온 전통 있는 곳이다.
함지레스토랑은 언제나 변함없는 곳으로도 유명하다.
음식 맛은 물론이고 주인아저씨도, 웨이터 아저씨들도,
주방장도 오랜 세월을 동고동락하며 한결같은 모습을
보여준다. 변화무쌍한 세상 속에서 시간이 멈춘 듯한
분위기와 음식 맛. 그 분위기와 맛을 잊지 못해 자꾸 찾게
된다. 이곳에 추억을 묻어놓은 손님들은 어느새
나이를 먹어 자녀와 손주를 데리고 온다.
부모님을 통해 이곳을 알게 된 젊은이들도
그 매력에 매료되어 또다시 찾아온다.
칠순이 넘었다는 주인아저씨는 그런 이유로
'이윤'이라는 비즈니스 마인드를 떠나 사람들의 추억을
지켜주기 위한 일종의 사명감으로 함지레스토랑을
지켜가고 있다. 지나간 추억을 위해서든,
미래의 추억을 위해서든 한 번쯤 꼭 들러볼 만한
낭만 레스토랑이다.

▷ When?
'비후까스'를 썰며 옛 추억
을 곱씹고 싶은 날

Address 춘천시 중앙로3가 60 Where 명동 인근 Tel 033-254-5221 Cost 함지
정식 2만원, 비프가스 1만4000, 돈가스 1만1000원 Time 11:00~21:00(첫째 주 일
요일 휴무) Parking 가능(바로 옆 공영주차장 이용)

Taste Point

❶ 비프가스(사실 '비후까스'라고 불러야 제맛디 난다). 그 단어 하나만으로도 경양식집을 떠올리게 된다. 함지레스토랑에 간다면 돈가스 대신 비프가스를 먹어보자. 쇠고기 100%로 만든 비프가스는 함지의 인기 메뉴 중 하나.

❷ 햄버그스테이크가 아니라 함박스테이크라고 불러야 한다. 경양식집에는 그게 어울린다. 노른자가 살아있는 예쁜 달걀 프라이를 얹은 함박스테이크. 부드러운 고기와 소스가 조화로운 맛을 낸다.

❸ 모든 식사 메뉴에 기본적으로 수프, 샐러드, 빵, 밥이 함께 나온다. 예전 스타일 그대로 야채수프와 크림수프를 맛볼 수 있다. 빵과 밥은 선택할 필요 없다. 2인 주문 시 빵 2개, 밥 1개 혹은 빵 1개, 밥 2개로 취향대로 주문 가능.

❹ 입구에 들어서면 골동품들이 전시되어 있다. 이 중 함지레스토랑의 이름을 뜻하는 '함지'도 볼 수 있다.

Tip. 함지레스토랑에 간다면 화장실에 꼭 한번 들러볼 것. 다른 곳에서는 볼 수 없는 특별함이 숨어 있다. 화장실 한 칸에 양변기와 재래식 변기가 나란히 놓여 있다. 좁은 공간을 이용해 손님들의 취향을 다양하게 배려하기 위한 주인의 마음이 탄생시킨 별난 풍경이다.

바우하우스

10여 년 전 춘천에 처음 바우하우스가 문을 열었을 때,
그 위풍당당한 건물 때문에 우선 주목을 받았다.
10여 년이란 세월이 흐르면서 건물은 자연스레 나이를
먹었다. 하지만 음식 맛만은 지금까지도 변하지 않았다.
원산지 표기가 굳이 필요 없을 정도로 모든 고기가 국내산이
다. 음식을 맛보면 최고의 식자재를 사용하고 있음을 느낄 수
있다. 고기도 채소도 모두 신선하다. 메인 메뉴는 무쇠 철판에
나오기 때문에 끝까지 따뜻하게 먹을 수 있어 좋다.
도톰한 돈가스, 두꺼운 마늘빵, 풍성한 샐러드 등
모든 음식이 푸짐하게 나온다. 주인이 손수 하나하나
만들어내는 정직하고 푸짐한 음식 덕분에 배가 든든해지고
마음은 행복해진다.

▷ When?
기교 대신 정성 가득 든
정직한 음식이 필요한 날

Address 춘천시 소양로2가 80-1 Where 강원도청 인근 Tel 033-243-3771 Cost
허브돈가스정식 1만원, 바닷가재정식 4만5000원 Time 점심 12:00~15:00, 저녁
17:00~22:00(둘째·넷째 주 일요일 휴무) Parking 가능

Taste Point

❶ 바우하우스에서 가장 사랑받는 허브돈가스정식. 국내산 돼지고기로 두툼하게 빚어낸 돈가스 두 덩어리가 나오고 직접 만든 허브소스를 가미해 맛이 깔끔하다. 크림수프, 샐러드, 마늘빵, 돈가스, 후식까지 나오는 정식 메뉴가 1만원. 착한 가격과 정성 가득현 맛 때문에 늘 사랑받는다.

❷ 메인 메뉴도 그렇지만 샐러드와 마늘빵도 양이 푸짐하다. 다른 곳과 달리 큰 접시에 샐러드를 풍성하게 내와 각자 접시에 덜어 먹을 수 있다. 크고 두툼한 마늘빵도 인기 요소로, 춘천의 유명 빵집인 대원당의 바게트를 사용해 직접 구워낸다.

❸ 바비큐 메뉴도 추천할 만하다. 바비큐 그릴에 맛있게 구워낸 고기와 새콤달콤한 소스가 만나 진득한 맛을 낸다. 돼지고기를 이용한 바비큐 스테이크도 인기. 역시 양이 푸짐하며 가격은 1만5000원.

❹ 세월이 흘러도 바우하우스 고유의 멋이 느껴지는 건 바로 독특한 인테리어 포인트 덕분이다.

모비딕

허먼 멜빌의 소설 제목이자 그 소설에 등장하는 거대한
흰 고래 '모비딕'을 콘셉트로 한 카페 겸 레스토랑.
그 특징을 살려 유선형의 하얀색 건물로 설계했다.
하지만 오래된 곳이라 외관에서부터 세월의 흔적이 느껴진다.
가게 안으로 들어가면 내부 역시 하얀색 유선형으로 되어
있고, 바닥은 수족관과 투명 창으로 꾸며져 있다.
발밑으로 유유자적 떠다니는 물고기들을 감상하며
식사를 즐길 수 있다는 점이 가장 큰 특징.
음식은 세련된 맛이라기보다는 예전 경양식집에서 즐기던
친근한 맛이다. 모든 메뉴는 좋은 고기와 재료를 사용하며
모비딕만의 개성을 담아낸다. 돈가스, 스테이크, 로스트,
스파게티 등 다양한 요리를 맛볼 수 있으며,
간단히 음료만 선택해도 된다. 오래된 곳이라 가게 내부가
낡고 남루하다는 점을 밝혀둔다.
세련되고 쾌적한 분위기는 기대하지 말 것.

▷ When?
아이들이 좋아할 만한
독특한 공간과 메뉴를
찾고 있을 때

Address 춘천시 신북읍 율문리 37-78 Where 소양강댐 가는 길, 강원경찰박물관
인근 Tel 033-242-6226 Cost 돈가스 9000원, 햄버그스테이크 1만3000원, 등갈
비구이 2만3000원 Time 11:00~23:00 Parking 가능

Taste Point

❶ 유선형으로 된 흰색 내부 역시 흰 고래 '모비딕'을 콘셉트로 한다. 고래 배 속에 들어와 있는 듯한 느낌을 주기 위해서란다. 그 의도대로 마치 피노키오처럼 고래 배 속에 자리 잡고 있는 것 같은 기분이 든다. 어린이를 동반한 가족 손님이 많을 때는 실내에서 어린이 이용 영화를 상영하기도 한다.

❷ 발아래로 향어, 잉어, 철갑상어 등 커다란 물고기들이 유유히 떠다닌다. 바닥 수족관을 청소하는 일이 주인의 가장 큰 업무 중 하나. 마당에 길고양이들을 위한 공간을 마련해둔 주인의 마음씨를 보면, 돌고기도 얼마나 정성을 다해 돌보는지 알 수 있다.

❸ 내부 풍경도 재미있지만 작은 창으로 바라보는 바깥 전망도 운치 있다. 소양강과 산세가 어우러진 풍경도 놓치지 말고 감상하자. 창 위를 장식하고 있는 작은 물고기 모양 조명도 앙증맞다. 가게 뒤쪽으로 돌아가 모비딕 건물과 소양강 풍경을 바라봐도 재미있다. 마치 소양강을 끼고 떠다니는 한 척의 배 같은 분위기가 느껴진다.

❹ 메뉴 선택에 고민이 된다면, 인기 메뉴인 돈가스와 등갈비구이를 함께 맛볼 수 있는 B콤보 메뉴를 추천한다. 질 좋은 고기와 특제 소스를 곁들여 맛깔스럽다. 수프, 샐러드, 빵 등이 함께 나오며 가격은 1만 5000원.

소호

요란하게 눈길을 사로잡는 매력이 있는가 하면
은은하게 자꾸 눈길이 가게 만드는 매력이 있다.
소호는 후자다. 튀지 않는 고벽돌로 이뤄진 고상한 외관은
자꾸 봐도 질리지 않는다. 디자인 요소를 최소화한
미니멀리즘 인테리어 감각이 느껴진다.
2007년 춘천 시내에 문을 연 소호는 '도심 속 이탤리언
레스토랑'이라는 콘셉트로, 그동안 춘천에서 보기 힘들던
새로운 스타일을 선보였다. 그리고 춘천이라는 도시가 풍기는
분위기와 참 잘 어울리는 레스토랑으로 자리 잡았다.
도심 속이지만 도심에서 벗어난 은밀한 아지트 같은
느낌이 들며 밖에서는 안을 함부로 들여다볼 수 없지만
안에서는 여유롭게 밖을 내다볼 수 있는 묘한 매력을
지닌 것이 특징이다. 물론 음식 또한 가격 대비 정직한 풍미를
선사한다. 분위기와 음식 맛 때문에 인기가 높아 예약하지
않으면 이용하기 어려울 정도.
얼마 떨어지지 않은 곳에 2호점이 있다.

▷ When?
춘천에서 잘나가는
이탤리언 레스토랑이
궁금하다면

Address 춘천시 석사동 772-8 **Where** 석사사거리에서 국립춘천박물관 방향 **Tel**
033-262-2040 **Cost** 파스타 · 피자 각 7000원 **Time** 11:30~00:00 **Parking** 가능

Taste Point

❶ 모든 메뉴가 고르게 인기가 많지만 그중 가장 인기가 높은 메뉴는 단호박 치킨 리소토. 커다란 단호박에 내용물이 알차게 들어 있어 양도 풍성하고 맛도 좋다. 취향에 따라 핑크·칠리·크림소스 중 선택 가능하다. 1만4000원.

❷ 늘 먹던 파스타 메뉴에서 벗어나 조금 색다른 시도를 해보고 싶다면, 텐더로인 할라피뇨 파스타를 추천. 육질이 부드러운 고기와 마늘, 갖가지 채소를 듬뿍 넣어 다양한 풍미가 느껴진다. 할라피뇨의 매콤함이 더해져 뒷맛은 깔끔하다. 고기가 들어가지만 의외로 매콤한 담백함이 매력적인 메뉴. 1만5000원.

❸ 파스타도 먹고 싶고 피자도 먹고 싶을 때 선택의 기로에 서게 된다. 하지만 소호에서는 그런 고민은 접어둬도 될 듯. 파스타를 먹으면서 간단히 피자를 곁들여 맛볼 수 있도록 한 미니 피자 덕분이다. 가격도 양도 부담스럽지 않다. 포테이토 베이컨 미니 피자가 인기가 많으며 가격은 7500원.

❹ 빵과 샐러드가 기본으로 제공되는데 샐러드 맛이 깔끔하고 신선하다. 기본으로 제공되는 만큼 양은 많지 않고, 추가하려면 500원을 지불해야 한다.

❺ 소호에서 눈에 띄는 인테리어 포인트. 초가 흘러내려 자연스럽게 만들어진 형상이 독특하다.

❻ 벽돌로 된 내부가 내추럴하면서 모던한 느낌을 준다. 직접 건축과 인테리어를 담당한 주인 부부는 '잠시나마 남의 시선을 신경 쓰지 않고 웃고 떠들 수 있는 작은 아지트'를 기본 콘셉트로 했다. 그들의 의도처럼 춘천의 작은 아지트로 삼아도 좋을 만하다.

Madre

마드레

마드레는 이탤리언 레스토랑이 아니라 '트라토리아
(trattoria)'다. 트라토리아는 이탈리아에서 '리스토란테'보다
규모가 작고 소박한 가정식 분위기의 레스토랑으로,
간단하게 식사할 수 있는 곳을 일컫는다.
우리나라로 치면 가정식 백반을 파는 편안한 밥집 정도.
마드레는 편안하고 따뜻하다. 테이블이 고작 5개,
메뉴도 단출하다. 그 흔한 피자 메뉴도 없다.
파스타 몇 종류와 스테이크가 메뉴의 전부이지만, 하나하나가
정성스럽고 맛있다. 젊은 부부가 운영하는데 언제나 손님들을
따뜻하게 맞아준다. 아내는 그릇 하나하나를 정성스럽게
내주며 손님들과 인사를 나누고, 셰프인 남편은 주방에서
맛있게 음식을 준비하고 중간중간 손님 테이블로 와서
음식에 대한 얘기를 해주고 맛을 확인한다.
아는 사람의 집에 초대받아 기분 좋게 식사를 하는 느낌
그대로다. 어머니의 마음으로 손님 맞을 채비를 하고 음식을
준비하는 마드레에서는 언제나 행복한 냄새가 흘러나온다.

▷ When?
혼자여도 마음 편하게
파스타 한 그릇 먹고
싶을 때

Address 춘천시 동내면 거두리 1022-4 Where 거두리 호반베르디움아파트 인근
Tel 033-263-1188 Cost 파스타 1만2000~1만5000원 선, 파스타 코스 1만8000원
Time 11:30~22:00 Parking 가능

Taste Point

❶ '오늘의 추천 파스타'는 매일 메뉴가 바뀐다. 일반적으로 접하는 파스타 메뉴가 아니라 새롭고 다양한 파스타를 접할 수 있어 좋다. 그동안 흔히 맛보지 못했던 다양한 파스타의 세계를 경험해보고 싶다면, 오늘의 추천 파스타를 주문해보자. 1만5000원.

❷ 파스타 코스 요리를 추천한다. 메인 메뉴에 있는 파스타 중 하나를 선택할 수 있고, 빵, 수프, 샐러드, 케이크, 차나 커피 등이 모두 제공된다. 빵부터 케이크까지 모두 직접 만들어 내놓는다. 입맛을 현혹하는 찰나의 맛이 아니라 오래도록 음미하게 하는 깊이 있는 맛이 담겨 있다. 수제 피클 역시 맛있다.

❸ 후식으로 나오는 당근 케이크와 애플 시나몬 티의 조화가 황홀한 풍미를 선사한다. 후식도 놓치지 말고 즐기자.

❹ 아담하고 편안한 분위기가 '트라토리아'라는 콘셉트와 잘 어울린다. 혼자 지나가다 따뜻한 식사 한 끼 먹으러 들어가도 전혀 어색하지 않다.

분식집

깊은 맛도 없다.
화려한 맛도 없다.

단순한 맛.
심플한 맛.

'은근한 중독성.'

분식을 끊지 못하는 가장 큰 이유.

1 2 3 4 5

수제 햄버거로 유명한 진아의집[1] 36년 넘게 한결같은 수제 햄버거 맛으로 인기를 모으고 있다.

멋 부리지 않은 소박한 수제 치즈버거는 옴팡진 맛을 품고 있다.

특히 치즈버거와 짬뽕라면을 함께 곁들여 먹으면 더 맛있다.

직접 만든 만두튀김과 즉석에서 요리해주는 떡볶이가 맛있는 팬더하우스[2]

만두튀김과 떡볶이의 화려한 궁합. 자꾸 생각나는 그 맛.

만두와 김밥만 전문으로 파는 왕짱구[3] 큼지막한 만두는 한 입 크게 베물고.

귀여운 김밥은 한입에 쏙 넣는다. 가장 기본적인 맛이 가장 오래 사랑받는다는 진리를 보여준다.

순대를 제외한 모든 메뉴를 주문과 동시에 즉석에서 만들어주는 떡순이[4]

바로바로 튀겨내는 튀김이 예술이다. 진정한 '즉석' 요리의 진수를 보여준다.

분식을 대표하는 메뉴들이 한데 어우러져 모둠 요리로 탄생한 미화네 떡볶이[5] 뚝배기에 끓여내는

모둠 메뉴는 한 끼 식사로 부족함이 없다. 뚝배기 메뉴는 선선한 날씨가 되면 더욱 생각난다.

▷ When?
학창 시절의 햄버거 맛이
그리울 때

진아의집

"어, 여기 맞아?" 수제 치즈버거 맛집이라는 정보만
가지고 이 집을 처음 찾는 사람들의 한결같은 반응이다.
진아의집만의 독특함은 구석구석에서 배어난다.
분식집인지 술집인지 모를 어둠침침한 실내, 낡고 오래된
테이블과 의자, 치즈버거부터 골뱅이무침까지 다양한 메뉴,
게다가 이름 모를 영어 메뉴판까지, 햄버거 하나 먹기 전에
참 많은 의문을 갖게 한다. 하지만 1976년, 미군 부대를
타깃으로 영업을 시작했다는 사실을 알고 나면 가게
분위기를 이해할 수 있다. '패티'보다는 '완자'라는 이름이
어울릴 듯한 소고기와 마요네즈에 버무린 양배추, 거기에
철판에서 구워낸 '달걀 프라이'와 노란색 치즈를 넣은
투박하고도 꾸밈없는 맛의 치즈버거, 패티는 주인아주머니가
손수 만들어낸다. 고급스러운 유명 체인점의 수제 햄버거와
비교하기를 거부할 만한 자존심이 느껴진다.
햄버거와 콜라 대신 치즈버거와 짬뽕라면이 환상의 궁합을
이루고, 그 묘한 어울림에 중독되어 자꾸 찾게 된다.

Address 춘천시 소양로3가 93-2 Where 춘천고등학교 인근 Tel 033-254-8995
Cost 햄버거 3500원, 치즈버거 4000원, 짬뽕라면 3500원 Time 24시간 Parking
불가능

Taste Point

빵

양배추

치즈

완자 같은
돼지고기 패티

달걀 프라이

빵

양파

❶   ❷   ❸   ❹

❶ 진아의집에서는 햄버거와 콜라 대신 햄버거와 짬뽕라면이 환상의 궁합을 이룬다.

❷ 얼큰한 짬뽕라면과 함께 먹으면 치즈버거를 더욱 맛있게 즐길 수 있다는 사실.

❸ 세월의 흔적이 느껴지는 메뉴판. 미군 부대 앞에서 시작한 가게인 만큼 부대찌개 맛도 일품이라고.

❹ 햄버거집 같지도, 분식집 같지도 않은 묘한 실내 분위기. 이 또한 진아의집만의 매력 포인트이다.

팬더하우스

▷ When?
튀김만두와 떡볶이,
환상의 조합을 맛보고
싶을 때

춘천 명동과 중앙시장을 지나 안쪽으로 들어가면 춘천의
옛 풍경이 남아 있는 시장 골목이 나타난다.
그리고 세월의 흔적이 엿보이는 분식집 세 곳이 조르륵 붙어
있는데 별미당, 팬더하우스, 또또와 순으로 자리하고 있다.
25여 년 전에는 이곳이 만두 골목으로 불리며 만두 가게가
10개 이상 있었는데 이제 남은 건 단 세 곳.
이 중 단연 인기 있는 곳은 팬더하우스다.
가게 앞에서 주문을 받는 즉시 바로바로 튀겨내는
튀김만두가 대표 메뉴. 주인아저씨가 하루에 손수 2000개
정도의 만두를 빚어낸다. 이 집의 떡볶이도 유명한데 주문을
하면 즉석에서 주인아주머니가 조리해준다.
쫄면 사리가 들어가 더욱 맛있고 마지막에 후춧가루를 듬뿍
뿌리는 것도 팬더하우스 떡볶이의 특징. 튀김만두와 떡볶이를
세트로 주문해 먹어야 한다. 한번 빠져들면 자꾸 생각나는
맛인데, 26년째 인기를 끌 수밖에 없는 비결은
오로지 그 맛에 있다.

Address 춘천시 죽림동 159-3 Where 중앙시장 안쪽 Tel 033-256-0920 Cost
튀김만두 2500원, 떡볶이 2500원, 쫄볶이 4000원 Time 10:00~21:00(포장은
~21:30) Parking 불가능(인근 주차장 이용)

Taste Point

❶ 팬더하우스의 대표 메뉴인 튀김만두. 2500원에 양까지 푸짐하다. 느끼하지 않은 바삭한 맛이 중독에 빠지게 만드는 비결.

❷ 튀김만두는 언제나 떡볶이와 함께. 쫄깃한 떡에 쫄면 사리를 곁들여 더욱 맛있다. 후춧가루의 칼칼함에 튀김만두를 끝까지 맛있게 즐길 수 있다.

❸ 한 번 쪄둔 만두를 주문과 함께 즉석에서 튀겨주는 것이 맛의 포인트.

❹ 26년 넘게 만두를 빚어온 장인의 손길이 느껴진다. 기계로 빚은 듯 일정한 크기의 만두들이 가지런히 놓여 있다.

❺ 소박한 실내. 사람들로 가득 차 줄을 서서 기다려야 할 때도 많다.

▷ When?
맛있는 김밥이나 만두를
싸서 야외 나들이 가고
싶을 때

왕짱구

메뉴판이 단출하다. 이 집에서 먹을 수 있는 건
만두와 김밥이 전부다. 1977년 문을 열어 2대째 운영하고
있는 춘천의 대표 분식집. 식당 내부도 메뉴만큼 심플하다.
돼지고기와 부추, 당면 등이 들어간 고기만두와
기본 속 재료만 들어간 손가락 크기의 꼬마김밥은
멋 부리지 않은 옛 맛 그대로다.
질리지 않는 본연의 맛이 바로 왕짱구의 매력.
간단한 메뉴에 비해 주방에서 일하는 아주머니들이 많은 것은
모든 음식을 손으로 만들기 때문이다. 대부분 10년 이상씩
이곳에서 일해왔기에 호흡도 척척 맞는다.
김밥이나 만두는 늘 최소량만 만들어놓고 나가는 분량에 따라
그때그때 만든다. 많이 만들어 쌓아놓고 시간이 흐르면
손님이 최상의 맛을 즐길 수 없기 때문이다.
미리 만들어놓은 소량의 김밥은 예전 어머니들이
따뜻한 아랫목에 밥을 보관했던 것처럼 작은 전기장판 위에
따뜻하게 보관한다.

Address 춘천시 효자동 641-3 **Where** 팔호광장 **Tel** 033-254-4862 **Cost** 만두
1인분(8개) 2500원, 김밥 1인분 2500원 **Time** 08:30~20:00 전후(그날 준비한 물
량이 다 팔리면 문 닫음, 매주 월요일 휴무) **Parking** 불가능

Taste Point

❶ 커다란 만두와 앙증맞은 꼬마김밥. 깔끔한 맛 덕분에 오랜 세월 사랑받아오고 있다.

❷ 만두소를 파헤치니 돼지고기, 부추, 당면 등이 보인다. 푸짐한 만두소가 맛의 포인트.

❸ 가지런히 줄 맞춰 서 있는 꼬마김밥. 베테랑 주방 아주머니들의 손길을 거쳐 크기가 고르다.

❹ 왕짱구 꼬마김밥을 더욱 맛있게 먹는 비법. 간장과 식초에 고춧가루를 다량 섞어 양념장을 만든다. 거기에 꼬마김밥을 살짝 찍어 먹는다. 매콤한 맛이 더해져 별미.

❺ 왕짱구를 찾는 손님 가운데는 김밥과 만두를 포장해 가는 사람들이 많다. 춘천에서 야외 나들이를 할 때 사 가면 좋다. 매장에 자리가 있어 먹고 갈 수도 있다.

떡순이

아이디어와 정성으로 짧은 시간에 춘천 대학가에서 인기를
얻은 분식집. 지금은 춘천 명동 중앙시장 쪽으로 이전했다.
순대를 제외한 모든 음식을 즉석에서 만들어주는데,
무엇보다 튀김을 재료만 준비했다가 주문과 동시에
바로 튀겨준다는 점이 인상적이다.
번거롭고 손이 많이 가지만 바로 튀겨 먹는 음식이 맛있다는
기본에 충실하기 위해서다. 신선한 부추를 넣은 속 꽉 찬
김밥도 맛이 일품이다. 완전 국처럼 나오는 국물떡볶이도 이
집의 이색 메뉴. 떡볶이 장이 맛없을 때는 과감히 문을 닫고
장사를 하지 않는 주인 부부의 소신 때문에 더욱 믿음 가는
분식집이다. 주인아저씨는 "맛집이라고 하기에는 부족한 점이
너무 많지만, 좋은 재료를 쓰고 정성을 다하면 손님들이
알아주리라는 믿음으로 일하고 있다"고 말한다.
주인아저씨는 한사코 맛집이라고 쓰지 말아달라고 했지만,
이 집의 튀김과 김밥은 정말 맛있다.

▷ When?
갓 튀겨낸 바삭한 튀김이
먹고 싶을 때

Address 춘천시 중앙로3가 60-3   Where 춘천중앙시장 인근   Tel 033-255-1043
Cost 떡순이 모둠(떡볶이+튀김 5개+순대+부추김밥) 9500원, 떡순이범벅(떡볶
이+순대+튀김) 7000원, 부추김밥 1700원   Time 11:00~21:00(매주 월요일 휴무)
Parking 불가능

Taste Point

❶ 즉석 튀김, 부추김밥, 떡볶이, 순대. 9500원에 이렇게 푸짐한 음식을 즐길 수 있다. 순대를 제외하고는 모두 주문과 동시에 즉석에서 만들어준다.

❷ 분식집에서 튀김을 즉석에서 바로 튀겨주는 집은 드물다. 그만큼 신선하고 맛있다. 튀김 기름도 자주 갈아서 아주 깨끗하다.

❸ 튀김 종류가 아홉 가지나 되니 주문 시 원하는 튀김을 체크해야 한다. 주문과 동시에 직접 만들어 가져다주기 때문에 다소 시간이 걸린다는 점은 이해하자.

❹ 떡볶이에 국물이 넉넉히 나오기 때문에 튀김이나 김밥 등을 찍어 먹기 좋다.

미화네 떡볶이

춘천 명동에서 유명한 떡볶이 노점이었던 미화네 떡볶이.
인기에 힘입어 이제는 강원대와 한림대 대학가에
번듯한 매장을 갖고 있다. 1997년 문을 연 강원대 매장은
주인아주머니가, 한림대 매장은 주인아저씨가 운영하고 있다.
처음 문을 열었을 때 떡볶이나 순대, 튀김이 유별나게 맛있는
건 아니지만 '떡, 순, 오, 계, 튀'란 이름으로 함께
버무려 먹는 메뉴가 인기를 끌었다.
당시의 인기를 반영하듯 지금도 미화네 떡볶이의 인기 메뉴는
바로 이렇게 섞어서 먹는 메뉴다. 단품 메뉴로 시켜 먹는
사람은 드물고, 대부분 스페셜이나 뚝배기 메뉴를 주문한다.
스페셜은 떡볶이, 순대, 어묵, 계란이 기본으로 섞어 나오고,
거기에 튀김이나 사리 등이 추가된다.
뚝배기 메뉴는 이름처럼 이 재료들을 뚝배기에 넣어 끓여
나오고 기본적으로 라면 사리가 들어간다. 일상의
분식 메뉴들이 혼합을 통해 새로운 맛을 탄생시켰다.

▷ When?
보글보글 뚝배기에 끓여낸
떡볶이 모둠을 맛보고
싶을 때

Address 춘천시 효자3동 627-6   Where 강원대학교 후문   Tel 전화 없음   Cost 스
페셜 4000~6500원, 뚝배기 5000~7500원, 떡볶이 2500원   Time 11:00~22:30
Parking 불가능

Taste Point

❶ 명동에서 장사할 때 학생들이 주 고객이라 여러 메뉴를 조금씩 섞어서 파는 메뉴가 있었으면 좋겠다는 요청이 많았다. 그래서 탄생한 것이 바로 '떡, 순, 오, 계, 튀'. 지금의 스페셜 II 메뉴이다. 다양한 메뉴를 한 번에 맛볼 수 있어 학생들이 좋아한다.

❷ 몇 년 전부터는 뚝배기 메뉴를 선보여 인기를 끌고 있다. 떡볶이, 튀김, 어묵 등을 전골 요리처럼 뚝배기에 넣고 보글보글 끓여 먹는 게 독특하다. 김밥이 추가되는 뚝배기 III는 든든한 한 끼 식사로 손색이 없다. 따뜻하게 먹을 수 있어 겨울철에 특히 인기가 높다.

❸ 뚝배기 I 에는 떡볶이, 순대, 어묵, 계란, 라면 사리가 들어간다. 재료에 양념 맛이 배어 맛있다. 뚝배기 II 에는 튀김, 뚝배기 III 에는 김밥이 추가된다.

❹ 길거리 포장마차에서 시작해 이제는 번듯한 매장을 갖고 있는 미화네 떡볶이. 대학가 분위기에 맞게 깔끔한 분위기다.

웰빙 요리

어디서나 맛보는 콩 요리와 나물 요리이지만
강원도의 콩 요리와 나물 요리는 더욱 구수하노니,

춘천도 강원도인 만큼
구수한 콩 요리와 나물 요리가 천지인지라

콩도 좋고
나물도 좋으니

즐거운 춘천 나들이,
눈만 호강하지 말고
입도 호강하세!

1 2 3

4 5 6

⁺나물 요리

구수한 곤드레나물밥이 입맛을 사로잡는 *산모롱이*[1] 시골 가정집 분위기에 맞게 음식도 딱 시골스럽고,
'집밥' 같다. 손수 만드는 도토리묵 등 모든 메뉴가 건강하고 맛깔스럽다.

육류는 물론, 유제품과 계란까지 배제한 건강한 채식 요리를 뷔페식으로 즐기는 *채식사랑*[2]
갖가지 나물을 비롯해 콩고기를 이용한 다양한 채식 전문 요리를 선보인다.

산채나물과 오리고기의 맛있는 궁합을 경험할 수 있는 *점봉산산채*[3] 이 집의 인기 메뉴는
단연 산채나물이 가득 들어간 오리전골이다.

⁺콩 요리

청국장백반 한 가지만 파는 *유천식당*[4] 깊은 맛의 청국장과 맛깔스러운 반찬이 한 상 가득 차려져 나온다.

두부와 북어의 절묘한 만남. *성산두부촌*[5] 칼칼한 두부북어찜만 있으면 밥 한 그릇 뚝딱!

두부 위에 콩나물을 듬뿍 얹어 자작하게 끓여내는 독특한 스타일의 두부전골을 선보이는 *홍골솥밥집*[6]
들기름에 구워 먹는 두부구이도 고소하다.

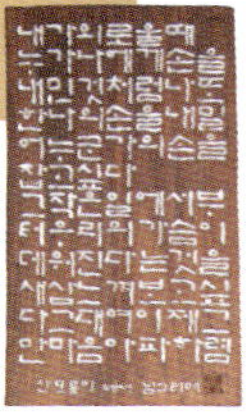

산모롱이

이름처럼 분위기도, 음식도 정감이 넘친다.
정갈하고 건강한 음식으로 춘천 사람들의 사랑을
듬뿍 받고 있다. 특히 곤드레나물밥이 유명한데,
주문과 함께 그 자리에서 바로바로 만들어내기 때문에
더욱 맛있다. 한옥 가정집을 식당으로 이용해
운치가 느껴진다. 빨간 우체통이 달린 나무 대문을 들어서면
식당이 아니라 시골 할머니 집에 놀러 온 듯한 기분이 든다.
음식에서도 시골스러운 정이 담뿍 담긴 손맛이 느껴진다.
마치 할머니가 지어주신 듯 따끈하게 금방 지어낸 밥에서는
김이 모락모락 피어오른다. 따뜻한 곤드레나물밥을 솔솔
비벼 한 숟가락 떠먹으면 그 심심하면서도 향긋한 맛에
행복해진다. 누룽지까지 박박 긁어서 내다주는 인심은
영락없이 시골 외할머니의 따뜻한 마음과 닮았다. 담담하고
담박하면서도 옹골진 맛이 산모롱이의 참 매력이다.

▷ When?
춘천에서 먹는 곤드레나물
밥의 참맛이 알고 싶을 때

Address 춘천시 후평1동 239-6 **Where** 정부춘천지방합동청사 앞 **Tel** 033-241-
5159 **Cost** 곤드레나물밥 8000원, 게장백반 1만5000원 **Time** 11:30∼15:00(저녁 식
사는 당일 15:00까지 예약한 손님에 한해 이용 가능. 매주 일요일 휴무) **Parking**
가능

Taste Point

❶ 산모롱이의 대표 메뉴는 곤드레나물밥. 집에서 먹는 듯 정갈한 반찬이 함께 나온다. 곤드레나물을 듬뿍 넣은 밥은 그냥 먹어도 맛있다. 심심한 맛을 싫어한다면 양념간장으로 살짝 간을 해서 먹는다. 주문과 동시에 밥을 짓기 때문에 시간이 걸린다는 점을 기억하자. 이곳에서만은 '빨리빨리'를 잊어야 한다. 맛있는 밥을 먹기 위해 이 정도의 기다림은 감내해야 한다. 가게 곳곳에 재미난 골동품들이 있으니 이것저것 구경하며 기다려도 좋다. 너무 배가 고프거나 시간이 없다면 식당에 가기 전에 예약을 하면 된다. 점심시간에만 운영하며 저녁 식사는 예약자에 한해 이용 가능하다.

❷ 곤드레나물밥을 짓고 남은 누룽지를 긁어주는데, 그 맛이 기가 막히다. 메인인 곤드레나물밥보다 디저트인 누룽지를 더 좋아하는 사람도 있을 정도. 곤드레나물이 군데군데 박힌 바삭한 누룽지는 가히 누룽지계의 지존이라 할 만하다.

❸ 다른 메뉴도 맛있는데 직접 쑨 도토리묵으로 만든 묵사발도 인기다. 여름철에는 시원하게, 겨울철에는 따뜻하게 먹을 수 있다. 탱탱하면서도 부드러운 도토리묵의 식감과 담백한 국물 맛이 매력적이다. 산모롱이 음식은 대체적으로 자극적이지 않고 삼삼하다.

❹ 장독이 놓인 마당 풍경이 정겹다. 날씨가 좋으면 식사를 한 후 마당에서 잠시 쉬어 가도 좋다. 점점 사라져가는 마당 있는 한옥 풍경이 목가적이다.

채식사랑

강원도 유일의 채식 뷔페.
일반 채식주의보다 엄격한 '비건(vegan)'에 맞춘 식단을
제공한다. 육류는 물론, 우유나 달걀도 사용하지 않는다.
유전자 변형 식품인 콩기름과 물엿을 사용하지 않고
해바라기 씨 기름과 조청을 사용한다. 뿐만 아니라 유기농
현미와 우리밀 등 건강에 좋은 재료만 선택한다.
돈벌이보다는 채식주의 보급을 목표로 춘천에 문을 연 지
약 10년. 김길중 사장은 채식을 시작한 지 12년이 됐다.
애초에는 살생을 줄이기 위해 채식을 시작했으나 지금은
지구를 살리는 일에도 관심을 기울이고 있다.
'채식은 사랑이다'라는 뜻의 채식사랑은 채식을 통해
내 몸과 지구를 사랑한다는 의미를 담고 있다.
이곳에서는 단순히 밥 한 끼를 먹는 게 아니라 먹을거리와
내 몸에 대해 많은 생각을 하게 한다. '단순한 삶이 장수의
비결입니다'라는 식당 안의 문구가 마음에 와 닿는다. 밖에서
사 먹는 음식이지만 마음 놓고 즐길 수 있는 정직한 식당.
단, 점심시간에만 운영하니, 참고하자.

▷ When?
이효리와 김제동도 동참한
채식주의에 관심이 간다면

Address 춘천시 동면 만천리 328-13 **Where** 구봉산전망대 카페 거리 **Tel**
033-252-2057 **Cost** 어른 9000원, 어린이 5000원, 6세 이하 무료 **Time**
12:00~15:00(매주 일요일 휴무) **Parking** 가능

Taste Point

❶ 채식 뷔페지만 삼겹살, 불고기, 탕수육 등 푸짐한 육류 메뉴가 등장한다. 단, 모두 진짜 육류가 아닌 콩으로 만든 고기를 사용한다. 비계 부위까지 제법 격식을 맞춘 콩고기삼겹살은 모양만 봐서는 영락없는 돼지고기다. 맛은 고기보다는 담백해서 자꾸 먹어도 질리지 않는다. 돼지고기, 쇠고기, 닭고기처럼 콩고기도 종류에 따라 질감과 맛과 모양이 조금씩 다르다.

❷ 다양한 콩고기 음식과 건강한 채소로 만든 채식 요리가 45가지 정도 준비된다. 가격 대비 정말 착한 밥상이다. 돈벌이보다는 채식 보급을 목표로 한다는 말이 진심으로 다가온다.

❸ 배불러도 디저트를 놓치지 말자. 주인 부부가 산에서 직접 채취한 취로 만든 취떡과 전남에서 공수해 온 우리밀로 만든 통밀빵은 꼭 맛봐야 한다. 입을 현혹하는 단맛이 아니라 씹을수록 구수한 깊은 맛이 있다.

❹ 채식사랑은 음식도 좋지만, 경관 또한 멋지다. 구봉산 자락에 위치해 춘천 시내를 조망하기 좋다. 푸른 자연에 둘러싸여 몸에 좋은 채식 식사를 즐기니 심신이 더욱 건강해지는 느낌이다.

❺ 취떡, 취장아찌 등에 사용하는 산나물은 주인 부부가 직접 산에서 채취한 것. 산을 좋아하는 부부는 산나물을 종종 채취해 온다. 귀한 산나물을 맛볼 수 있다는 점도 채식사랑의 장점.

❻ 채식사랑 명함에 보면 '대표 ○○○' 대신 '머슴 김길중'이라고 적혀 있다. 칠순이 넘은 나이에도 홀을 혼자 도맡아 관리한다. 채식을 시작한 지 1년 만에 12kg을 감량하고 건강해졌다는 김길중 사장은 아마추어 탁구대회에서 뛰어난 활약을 보이기도 한다. 채식의 장점을 몸소 체험했기에 많은 사람들에게 이를 알리고 싶었다고.

점봉산산채 · 오리

▷ When?
오리고기 요리의 새로운
장을 경험하고 싶을 때

산나물을 곁들인 특별한 오리전골을 맛볼 수 있는 곳.
처음에는 속초에 있는 점봉산산채식당의 체인점처럼 시작된
곳이나 지금은 독자적인 메뉴인 오리전골로 더욱 인기를
모으고 있다. 특히 저녁때 이 집을 찾는 손님은 모두
약속이라도 한 듯 오리전골만 찾는다.
산채비빔밥이나 정식 외 저녁 식사로 어울리는 메뉴를 찾다가
주인이 직접 개발한 요리. 몸에 좋은 산나물과 오리고기가
만나 최고의 웰빙식이 탄생했다. 얼큰하고 매콤한 오리전골이
아닌, 산나물이 들어가 맑고 깔끔한 오리전골을 선보인다.
식전과 식후에 내주는 솔잎차, 매실차, 오미자차 등도
주인이 직접 담근다.
반찬으로 나오는 목이버섯, 곰취장아찌까지.
이보다 건강한 밥상은 더 이상 없을 듯.
저녁때는 항상 손님이 많으므로 예약 후 이용하면 좋다.

Address 강원 춘천시 퇴계동 696-2   **Where** 남춘천역 뒤쪽으로 도보 10분
정도 **Tel** 033-252-5313   **Cost** 오리전골 소 3만2000원, 대 5만2000원   **Time**
11:00~23:00   **Parking** 가능

Taste Point

①   ②

③   ④

① 춘천에서만 맛볼 수 있는 특별한 오리전골. 각종 산나물이 들어간 전골 위에 훈제 오리고기를 얹어 끓여 먹는다. 담백한 산나물과 오리고기가 어우러져 느끼한 맛이 없다. 양도 푸짐한 편이라 큰 사이즈를 주문하면 4명이 충분히 먹을 만하다. 훈제 오리고기를 사용하기에 남녀노소 부담 없이 즐길 수 있다.

② 오리전골을 더욱 맛있게 즐기려면, 오리고기를 곰취장아찌에 싸서 먹는다. 오리고기를 찍어 먹는 소스는 두 가지가 나온다. 소스에 그냥 찍어 먹어보고, 곰

취장아찌에 싸서 먹고…. 다양한 맛을 즐겨보자. 고기 아래 깔려 있는 산나물과 함께 먹어도 맛나다.

③ 몸에 좋은 반찬이 곁들여 나오는데, 특히 데친 목이버섯과 곰취장아찌가 인기. 반찬이 모자라면 언제나 푸짐하게 리필해준다.

④ 오리전골을 어느 정도 먹었을 때 밥을 볶아 먹는다. 오리전골 맛이 약간 가미된 특별한 맛의 볶음밥이 탄생한다.

유천식당

맛있는 청국장백반 한 가지 메뉴로 사람들의 입맛을
사로잡은 곳이다. 유천식당이라는 본래 이름 대신
신토불이청국장이라는 이름으로 더 잘 알려져 있다.
대로 안쪽 오래된 한옥 건물에 자리하고 있는데.
알고 찾아가지 않는다면 우연히 발견하기는 어렵다.
거의 100년이 된 한옥집이라 골방 같은 작은 방들이 있어
색다른 재미를 준다. 메뉴는 오로지 청국장 하나.
메뉴판도 없고 사람 인원수만 얘기하면 된다.
생선조림, 두부조림, 각종 나물, 누룽지 숭늉까지 15가지에
이르는 음식이 한 상 가득 나오고 뚝배기에 푸짐하게
끓여낸 청국장이 나온다. 반찬 중에서 가장 인기 있는 녀석은
푸딩처럼 부드러운 계란찜. 주인아주머니는 늘 식당을
지키며 '음식만은 남한테 절대 맡기지 않는다'는 신조를
고집하고 있다. 이것이 15년 동안 한결같은 맛을 유지하는
비결이기도 하다. 당연히 청국장도 100% 국내산 콩을 이용해
주인아주머니가 직접 만든다.

▷ When?
구수한 청국장 곁들인
풍성한 밥상을 받고 싶을 때

Address 춘천시 동면 만천리 296 **Where** 금대울사거리 인근 **Tel** 033-252-7360
Cost 청국장백반정식 7000원 **Time** 10:00~20:30 **Parking** 가능

Taste Point

❶ 손님이 들어오면 인원수에 맞춰 금세 한 상 가득 차려 내온다. 구수한 청국장 맛도 일품이지만 다른 반찬도 맛있다. 제철 나물과 양배추쌈, 어리굴젓, 생선조림 등 어느 것 하나 빠지지 않는다. 숭늉까지 한 그릇 마시고 나면 세상 누구도 부럽지 않다.

❷ 보글보글 끓여 내오는 청국장. 양이 푸짐하다. 국물보다 청국장 콩, 두부, 버섯 등 내용물이 그득하다. 값비싼 100% 국산 콩을 이용하는데도 청국장 콩을 아낌없이 가득 넣는다.

❸ 푸딩처럼 부드러운 계란찜은 남녀노소 모두 좋아한다. 탱글탱글하면서도 말캉말캉한 질감이 예술이다. 한입 베어 물면 부드럽게 녹아내리는 맛이 마치 아이스크림 같다.

❹ 연인, 친구끼리 왔다면 한 단 높이 위치한 골방으로 들어가자. 아늑한 작은 방에서 한 상 가득 차려놓고 먹는 기분이 꽤 괜찮다. 거의 100년이 다 된 방에 들어가보는 것 자체만으로도 의미가 있다.

성산두부촌

오래된 한옥. 할머니가 두부를 직접 손으로 만들어
팔던 것에서 성산두부촌의 역사가 시작됐다.
20년이 넘은 지금은 손녀가 대를 이어가고 있다.
싹싹하고 젊은 여사장은 할머니의 손맛과 인심을 그대로
물려받았다. 음식 맛도, 가게 분위기도 크게 변하지 않았다.
세월이 한참 흐른 후 가게를 다시 찾은 손님들이 오히려
"이 자리에 그대로 남아 있어줘 고맙다"고 얘기한다.
식당이 시골에 있다 보니 인근에서 재배한 믿을 만한 콩으로
두부를 만들 수 있다. 두부와 북어가 만난 두부북어찜이
대표 메뉴. 다른 곳에서 볼 수 없는 독특한 음식 궁합이다.
맛깔스럽게 담근 보쌈김치도 인기.
특이한 점은 감자전을 6~8월 여름철에만 판매한다는 것이다.
다른 때에는 감자에서 수분이 빠져 맛이 떨어지기 때문에
최상의 맛을 즐길 수 있는 시기에만 감자전을 선보인다.
음식에 대한 주인장의 소신과 지조가 엿보이는 대목이다.
집밥처럼 따뜻하고 정성 가득한 식사 한 끼에 행복해진다.

▷ When?
두부북어찜이라는
낯설고도 익숙한 맛을
음미하고 싶을 때

Address 춘천시 신북면 율문리 553-39   Where 샘밭장터 인근   Tel 033-243-
4747   Cost 두부북어찜 2인분 2만원, 두부냉채정식(6~8월) 7000원   Time
10:00~21:00(매주 일요일 휴무)   Parking 가능

Taste Point

❶ 성산두부촌에서 개발한 두부북어찜. 오직 이 집에서만 선보이는 특별한 메뉴다. 고소한 손두부와 쫀득하게 살이 찬 북어가 잘 어울린다. 또 칼칼한 양념과 각종 채소가 더해져 깊은 맛을 낸다.

❷ 손두부 전문점이라 두부구이도 맛나다. 두툼하고 사이즈도 크다. 겉은 바삭하고 속은 부드러운 두부구이를 곁들여 먹어보자. 1접시 6000원.

❸ 소박하지만 알찬 반찬. 주인은 "반찬 가짓수가 많거나 특별할 것은 없지만 손님들이 집에서 먹는 밥맛을 느낄 수 있도록 준비하고 있다"고 말한다. 새콤한 피클이 특히 입맛을 돋운다.

❹ 방마다 이름이 붙어 있다. 사랑채, 기쁨, 행복한 방, 평안한 방 등의 이름이 특별한 느낌을 준다.

홍골솔밭집

홍골솔밭집은 조용한 시골 동네 깊은 곳 장절공 신숭겸 장군
묘역 앞에 위치해 고즈넉하게 한 끼 즐기기 좋은 식당이다.
어느덧 15년이 되었다는 홍골솔밭집은 두부 요리를 전문으로
한다. 주인아주머니가 직접 만든 두부를 사용하는 두부전골과
두부구이, 촌두부가 주메뉴다. 두부전골은 다른 곳에서
먹는 것과는 확연한 차이가 있다. 넉넉한 육수에 두부, 버섯,
고기 등을 넣고 끓여 먹는 일반 두부전골과는 다르다.
큼지막한 두부에 콩나물을 잔뜩 얹고 국물이 자작하게
졸아들 정도로 끓여서 먹는다. 칼칼한 국물과 콩나물을 밥과
함께 먹으면 더욱 맛있다. 주인아주머니가 우연히 콩나물을
넣고 끓여 먹다 시원한 맛이 마음에 들어 이런 스타일의
두부전골을 만들어 팔게 되었다고 한다.
모든 메뉴의 기본이 되는 두부가 맛있으니 두부전골도,
두부구이도 맛있을 수밖에 없다. 속정 깊은 주인아주머니와
속맛 깊은 두부전골. 주인과 음식이 비슷한 매력으로
손님들의 발길을 이끈다.

▷ When?
칼칼한 두부 요리가
생각나는 날

Address 춘천시 서면 방동리 819-3 **Where** 장절공 신숭겸 장군 묘역 앞 **Tel**
033-243-2309 **Cost** 두부전골 7000원, 두부구이 6000원 **Time** 10:00~21:00(매
주 월요일 휴무) **Parking** 가능

Taste Point

❶ 기존의 두부전골과는 다른 스타일. 처음 먹어보는 사람은 '이게 두부전골?'이라는 의문을 품을지도 모른다. 매콤한 육수에 촌두부를 듬뿍 넣고 그 위에 콩나물과 팽이버섯, 양파, 파, 다진 마늘을 얹어서 내놓는다. 끓이면서 중간중간 국자로 국물을 콩나물 위에 끼얹는다. 콩나물이 숨이 죽고 국물이 자작하게 졸아들면 맛있는 홍골솔밭집표 두부전골 완성! 두부는 맨 밑에 깔려 있는데 양념이 잘 배도록 하기 위함이다.

❷ 홍골솔밭집의 시골 풍경과 참 잘 어울리는 밥상. 두부전골과 시골 밥상에 어울리는 반찬을 곁들인다. 후박한 듯하면서도 깊이가 느껴지는 맛이 매력 포인트.

❸ 두부구이 또한 별미. 자리에서 직접 구워 먹을 수 있다. 무쇠 팬에 들기름을 두르고 두부를 구워 먹는다. 타지 않게 잘 구워내는 것이 핵심. 두부전골에 곁들여 먹거나 직접 구워 먹을 자신이 없다면 구워달라고 주문할 수도 있다. 두툼한 촌두부를 들기름에 구워 고소한 맛이 최고다.

중국집

누구나 그럴 것이다.
뜬금없이 짜장면이 먹고 싶어질 때가 있다.

배달해서 먹는,
푸드 코트에서 먹는,
패스트푸드 같은 중국 음식이 아니라

손수 면을 뽑아
달큰짭짤한 짜장소스를 신선하게 볶고
얼큰한 짬뽕 국물을 깊이 있게 끓여내는
슬로푸드 같은 중국 음식.

가끔
진짜 짜장면과 짬뽕이 먹고 싶을 때가 있다.

1

2 3

음식 맛도 맛이거니와 가게 콘셉트 자체가 참 독특하다. 철인28호와 중국집의 화려한 결합. *철인반점*[1] 콘셉트만 재미있는 게 아니라 수타짜장, 해물짬뽕 등 음식 맛도 제대로다.

화상이 2대에 걸쳐 운영하는 전통 있는 중국집, *회영루*[2] 중국 본토의 맛과 한국의 맛이 잘 어우러진 중국 음식을 맛볼 수 있다. 춘장으로 제대로 맛을 낸 간짜장, 시원한 중국식 냉면, 굴짬뽕 등이 인기.

매운 짜장면만 전문으로 판매하는 *대화관*[3] 0~100%까지 매운맛을 선택할 수 있다. 두 번, 세 번 먹다 보면 저절로 중독되는 맛.

수타옛날짜장면, 해물짬뽕, 탕수육. 기본 메뉴가 고루 맛있는 *옥미관*[4] 군더더기 없는 깔끔한 맛으로 오랜 시간 동안 한결같은 사랑을 받고 있다.

4

철인반점

노스탤지어를 자극하는 로봇과 짜장면이 공존하는 공간.
로봇과 짜장면의 조합이 어색할 것 같지만 사실 사람들의
추억과 향수를 불러일으킨다는 공통점을 갖고 있다.
누구든 만화영화 속에 등장했던 로봇이나 짜장면에 대한 추억
하나쯤은 갖고 있을 터다. 그래서인지 로봇과 짜장면이 있는
철인반점은 뭔지 모를 설렘이 가득해
음식을 먹기 전부터 괜히 유쾌해진다.
어설프게 한두 개가 아니라 철인 28호를 중심으로 한
귀한 로봇 컬렉션을 대거 보유하고 있다.
물론, 음식도 제대로다. 수타면을 기본으로, 좋은 재료를
이용해 솜씨 있는 주방장이 최고의 음식을
만들어낸다. 신선한 재료로 그때그때 볶아내는 짜장면,
매일 끓이는 육수와 신선한 해산물로 맛을 낸 짬뽕,
주문과 함께 즉석에서 튀겨내는 탕수육 등 어느 것 하나
나무랄 데가 없다. 쫄깃한 찹쌀탕수육과 식당에서 직접 빚는
수제 군만두도 인기 메뉴. 특히 수제 군만두는 일정량을
만들어 냉동하지 않고 바로 사용해 금세 떨어지는 일이 많다.

▷ When?
로봇에 둘러싸여 먹는
짜장면의 매력에 빠져들고
싶은 날

Address 춘천시 삼천동 211-2 **Where** 중도선착장 인근 **Tel** 033-253-0025 **Cost**
짜장면 5000원, 해물짬뽕 7000원, 점심 스페셜 코스 1만3000~2만원 **Time**
11:00~21:30(설·추석 명절 당일 휴무) **Parking** 가능

Taste Point

❶ 일반 짜장면도 거의 간짜장 수준으로 나온다. 장을 미리 끓여놓고 사용하지 않고 그때그때 소량씩 볶아서 사용하기 때문에 짜장면이 더욱 맛있다. 고춧가루 비율을 조절해 매운맛과 동시에 고소한 맛이 느껴지는 깔끔한 짬뽕도 인기다.

❷ 국내산 돼지고기 중에도 특별히 질 좋은 고기를 사용해 깨끗하게 튀겨내는 탕수육. 미리 튀겨놓은 고기를 다시 튀겨 사용하는 법이 절대 없다. 튀김옷에 달걀을 넣지 않아 바삭하고 맛도 깔끔하다. 양에 따라 1만2000원, 1만6000원, 2만4000원. 쫄깃한 질감의 찹쌀탕수육도 아이들이 좋아한다.

❸ 철인반점 곳곳에 전시되어 있는 로봇 컬렉션. 다른 중국집에서 경험할 수 없는 색다른 재미를 선사하는 만큼 반드시 가게 곳곳을 둘러보기를 권한다.

❹ 1층에 전시된 작품은 빙산의 일각이다. 지하와 2층에 엄청난 양의 컬렉션이 숨겨져 있다. 웬만한 박물관이 부럽지 않은 대단한 수준이다. 개방되어 있지는 않지만 요청하면 직원의 안내하에 구경할 수 있다. 진기한 소장품이 많으므로 한 번쯤 볼만하다.

❺ 2층은 연회를 열어도 좋을 만한 규모로, 색다른 분위기를 자랑한다.

회영루

1974년부터 영업을 시작한 춘천의 오래된 화상 중국집.
화교가 2대째 대를 이어 운영하고 있다. 화상 중국집답게
중국 본토의 맛이 느껴지는 특별한 요리를 선보이며,
고기튀김 등 특색 있는 메뉴도 맛볼 수 있다.
기본이 되는 짜장면은 물론 굴짬뽕과 삼선짬뽕 등
다양한 메뉴가 고루 사랑받는다.
여름철에만 맛볼 수 있는 중국식 냉면도 최고 인기 메뉴 중
하나. 볶음우동도 추천 메뉴인데, 원래는 ㅎ얀색 양념으로
만들어 볶음우동이라고 불렀으나 지금은 빨간 양념이 가미되어
볶음짬뽕에 가깝다. 한국인의 입맛에 맞추면서 변화한
메뉴 중 하나란다. 바삭하게 튀겨낸 고기투 김과
매운맛이 나는 삼선사천짜장도 인기.
오래된 가게라 허름한 분위기였는데 2011년 레노베이션
공사를 마친 후 깔끔하고 세련된 중식당으로 변모했다.

▷ When?
춘천에서 화상이 운영하는,
제대로 된 중국집을
찾고 있을 때

Address 춘천시 낙원동 14-2 **Where** 춘천인성병원 맞은편 **Tel** 033-254-3841 **Cost** 짜장면 4500원, 짬뽕 5000원, 냉면 6000원, 탕수육 1만5000원 **Time** 11:00~21:00 **Parking** 가능

❶ 회영루의 대표 메뉴 중 하나인 굴짬뽕. 굴이 듬뿍 들어가 시원한 맛이 일품이다. 지나치게 짜거나 느끼하지 않다. 알차게 들어간 굴과 얼큰하고 시원한 국물이 입맛을 돋운다. 국물이 맑은 '하얀 굴짬뽕'도 선택 가능. 굴짬뽕 7000원.

❷ 화상 중국집의 참맛을 제대로 맛볼 수 있는 간짜장. 녹말이 들어가지 않아 깔끔한 간짜장 소스와 쫄깃함이 살아 있는 면발이 조화롭다. 간짜장 소스는 달지 않고 춘장의 깊은 맛이 우러나며 각종 채소가 생생하게 살아 있다. 녹말을 넣어 걸쭉하게 끓여내는 일반 짜장 소스와는 차원이 다르다. 달기만 한 요즈음 짜장면 대신, 춘장 맛을 잘 살린 진짜 짜장면을 맛보고 싶다면, 꼭 한번 회영루에 들러보자. 간짜장 5000원.

❸ 예전에 회영루를 찾았던 사람이 최근 들어 방문하면 싹 달라진 가게 분위기 때문에 깜짝 놀랄 듯. 딱 오래된 중국집 분위기였던 회영루가 세련된 중식당으로 변신했다. 그런 변신은 1층보다 2층에서 뚜렷이 느껴진다. 붉은색과 등받이 높은 의자 등 중국식 인테리어의 특징이 잘 드러난다. 2층에는 테이블 좌석과 룸도 완비되어 있어 가족 단위나 단체 손님이 이용하기 편하다.

❹ 예전에 사용하던 오래된 회영루 나무 간판을 가게 안에 걸어두었다. 춘천에서 화교가 운영하는 중국집은 이제 거의 찾아보기 힘들다. 그런 전통과 특징 때문에 회영루를 찾는 손님들이 많다.

대화관

여행자들이 춘천닭갈비를 먹기 위해 몰려드는 명동 닭갈비
골목. 춘천 사람들이 이 골목에서 찾아가는 곳은 따로 있으니
바로 매운 짜장 전문점인 대화관이다.

닭갈비 골목에 자리한 중국집이라 외지인들에게는 어색해
보이겠지만 춘천 사람들은 대화관에 가기 위해 명동 닭갈비
골목을 찾는다. 대화관은 1998년 문을 열어 매운 짜장면
하나로 승부를 거는 집으로, 그 맛에 중독되어
찾아드는 단골손님이 많다.

▷ When?
수많은 단골을 보유한
매운 짜장면의 위력을 알아
보고 싶은 날

지금의 사장이 부모님과 함께 중국집을 운영하던 시절,
혼자서 짜장면에 고춧가루를 넣고 매운 스타일로 먹었는데
이를 본 손님이 자신도 만들어달라고 하면서
대화관 매운 짜장의 역사가 시작됐다. 화학조미료는 전혀
쓰지 않고 천연 재료만 이용해 매운 소스를 만든다.
짜장 소스도 옛날 방식대로 춘장으로만 간을 하기 때문에
지나치게 짜거나 달지 않다. 매운 짜장면은 짜장 소스와
매운 소스의 비율에 따라 0%, 30%, 50%, 70%, 100%
수준으로 선택할 수 있다. 일반적으로 50%를 많이 먹지만
매운 음식을 잘 먹지 못하는 사람이라면 30% 수준에서
시작해서 단계를 높이면 된다.

Address 춘천시 조양동 144-4 **Where** 명동 닭갈비 골목 내 **Tel** 033-242-8999
Cost 매운 짜장면 5000원, 군만두 4000원 **Time** 11:40~20:00(매주 일요일 휴무)
Parking 불가능(인근 브라운5번가 상가 유료 주차장 이용)

Taste Point

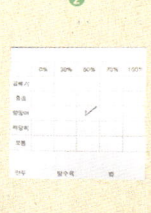

❶ 중독성 강한 대화관의 매운 짜장면. 잘 보면 검은 색 짜장 소스 위에 검붉은 매운 소스를 얹었다. 짜장 소스와 매운 소스의 비율에 따라 매운맛을 조절한다. 일반적으로는 0~100%까지 선택 가능하지만, 단골손님 중에는 120%, 150%, 200%까지 특별 주문해 먹는 고수들이 있다. 하지만 매운 짜장면의 고수인 대화관 주인 가족은 100%를 가장 선호한다.

❷ 점심시간에는 워낙 바빠서 종이에 주문 내역을 표기한다. 매운 정도와 양을 선택해 표시하면 된다. 보통부터 양많이까지는 5000원, 중곱과 곱빼기는 6000원이다. 주메뉴는 매운 짜장면이고 사이드 메뉴로 군만두와 탕수육이 있다. 대부분의 손님들이 매운 짜장면과 군만두를 세트 메뉴처럼 시켜 먹는다. 단, 점심시간에 탕수육을 먹으려면 예약해야 한다. 탕수육은 소 1만원, 중 1만5000원, 대 2만원.

❸ 매운 짜장면과 공깃밥을 함께 주문해 먹는 손님들이 많다. 이곳에서는 매운 짜장면을 먹은 후 남은 소스에 밥을 비벼 먹는 것이 지극히 자연스러운 풍경이다. 이 맛에 중독되어 소스만 따로 사 가고자 하는 사람들도 많은데 많은 양의 소스를 사 가져가 할 때는 반드시 예약해야 한다. 그날 판매할 양의 소스만 준비하므로 미리 주문해야 여분의 소스를 추가로 만들어준다.

❹ 대화관의 원칙 중 하나는 차와 냅킨만은 최고급을 고수한다는 점. 이곳에서 냅킨은 입을 닦기 위한 것이 아니라 땀을 닦는 데 쓰인다. 매운 음식 특성상 손님들이 땀을 많이 흘릴 수밖에 없기 때문에 땀을 닦은 후 냅킨이 얼굴에 덕지덕지 남는 일을 방지하기 위해 도톰하고 질 좋은 냅킨을 사용한다. 매운 만큼 물도 많이 마시므로 먹는 물도 고급 중식당에서 쓰는 재스민차를 내놓는다.

▷ When?
커다란 감자가 들어간
옛날식 수타 짜장면이
먹고 싶은 날

옥미관

춘천에서 꽤 입소문이 난 중국 음식점이다.
처음에는 중도 선착장 인근의 삼천동에서 짜장면과 탕수육만
파는 작은 가게로 시작했는데 입소문을 타고 인기를 끌면서
7년 전쯤 동면에 2층짜리 별관을 냈다. 현재는 삼천동 본관은
영업을 하지 않고 동면에 위치한 별관만 영업을 한다.
짜장면, 해물짬뽕, 탕수육이 모두 인기가 많다.
짜장면과 짬뽕은 수타면을 이용해 더욱 맛있다.
커다란 감자가 듬성듬성 들어간 옛날식 짜장면은 옥미관에
가면 반드시 먹어야 할 메뉴 중 하나.
일반 짬뽕은 없고 해물짬뽕만 판매하는데 압청나게 큰 그릇에
담겨 나온다. 짬뽕은 주문이 들어오는 대로 바로바로
끓여주기 때문에 국물은 시원하고 채소는 싱싱하다. 돼지고기
잡내가 나지 않는 탕수육도 인기. 김성안 사장은 지금도
여전히 주방을 총괄한다. 이것이 10여 년째 변치 않는 맛으로
사랑받는 비결이다.
1층은 방, 2층은 테이블 좌석으로 구성되어 있으며 곳곳에
초록 식물이 많이 놓여 있다는 점도 특징.

Address 춘천시 동면 지내리 407　**Where** 춘천 옥광산 인근　**Tel** 033-241-0202
Cost 옛날 짜장면 소 5000원, 중 6000원, 대 7000원 / 해물짬뽕 7000원 / 탕수육
소 1만5000원, 중 2만원, 대 2만5000원　**Time** 11:30~21:00(매주 월요일 휴무, 설 ·
추석 연휴 & 여름휴가 각 3일 휴무)　**Parking** 가능

Taste Point

❶ 옥미관의 대표 메뉴인 옛날 짜장면. 큼지막한 감자와 깊이가 느껴지는 춘장 맛이 일품이다. 요즈음 짜장면처럼 한입 먹었을 때 자극적인 느낌이 들기보다는 먹을수록 구수함이 느껴진다. 채를 썰어 올려놓은 오이도 짜장 맛을 살려준다. 일반(중)과 곱빼기 사이즈(대) 외에 적은 양(소)도 주문 가능하므로 다른 요리를 시켜 먹으면서 함께 곁들여 먹기에 부담이 없다. 플라스틱이 아닌 사기그릇에 나와서 더욱 맛깔스럽다.

❷ 짜장면과 함께 초기부터 옥미관을 지켜온 인기 메뉴는 탕수육. 고기 냄새가 나지 않고 바삭하게 잘 튀겨서 나온다.

❸ 해물짬뽕이 나오면 우선 그릇 크기에 놀란다. 커다란 그릇에 푸짐하게 담겨 나와 보기만 해도 흐뭇하다. 해물짬뽕 특성상 시원한 맛이 일품.

❹ 옥미관 별관이라고 표시되어 있지만 본관은 더 이상 영업을 하지 않기 때문에 춘천에서 옥미관은 이제 이곳 단 한 군데뿐이다.

현지인 맛집

춘천 사람들이라고
닭갈비와 막국수만 먹는 건 분명 아니다.

춘천닭갈비와 춘천막국수처럼
한 도시의 지명을 단 음식이 어디 그리 많겠는가.

그토록 유명한 춘천닭갈비와 춘천막국수를 탄생시킨 데는
춘천 사람들의 까다로운 미각도 한몫했으리라.
그런 춘천 사람들이 좋아하는 맛집은 어떤 곳일까.

때로는 여행자에서 벗어나 현지인처럼
그들의 맛집 속으로 살포시 들어가고 싶다.

1 2

3

후미진 곳으로 사람들이 꾸역꾸역 모여드는 것은 바로 *가보자순대국*[1] 때문이다. '아저씨 맛' 제대로 나는 순댓국이라는 평을 얻고 있는 이 집 순댓국의 포인트는 깊이 우려낸 육수와 푸짐한 내장.

순댓국 하나로 몇십 년 동안 사랑받아온 *꿀벌식당*[2] 그 인기에 힘입어 '조부자 매운순대국'이라는 체인점이 춘천 곳곳에 생겼다. 춘천 사람들 사이에서 유명한 조부자 매운순대국의 원조가 바로 꿀벌식당이다.

춘천 사람들의 추억이 묻어 있는 *담터땡밥*[3] 춘천어서 학창 시절을 보낸 사람들과 지금의 젊은 청춘들이 즐겨 찾는다. '둘이 먹다 하나 죽어도 모를' 특별한 맛보다는 재미와 추억 때문에 찾게 되는 집이다.

신선하고 맛있는 민물 생선 요리를 맛볼 수 있는 *약수터붕어찜*[4] 깨끗한 민물에서 갓 잡아올린 싱싱한 생선으로 요리하니 어찌 맛있지 않을 수 있겠는가.

밋밋한듯 하면서도 구수한 육수 맛이 일품인 *평양냉면*[5] 막국숫집이 많다 보니 상대적으로 냉면집이 적은 춘천에서 단연 현지인들의 사랑을 독차지하고 있다.

4 5

가보자순대국

시골 동네 한쪽에 아직도 이런 식당이 남아 있다는 게
신기하다. 허름한 식당 간판과 외관에서 세월의 흔적이
고스란히 묻어나고, 사람들의 발길이 끊이질 않는 걸 보면
맛집의 포스가 제대로 느껴진다.

마당 같은 주방에서 하루 종일 진득하게 고아내는 육수에서
구수한 향이 번져간다. 냄새만 맡았을 뿐인데 벌써 미뢰가
자극된다. 이 집 순댓국밥에는 순대보다 내장이 훨씬 많이
들어 있다. 어느 부위인지 일일이 이름을 댈 수는 없지만,
질감과 맛이 모두 다르다. 쫀쫀하기도 하고, 꾸덕꾸덕하기도
하고, 부드럽기도 하다. 국밥 하나로 입안에서 다양한 질감을
즐길 수 있다. 담백한 맛 그대로 즐겨도 좋지만,
단골손님 중에는 양념장을 넣어 얼큰하게 즐기는 사람들이
많다. 더 매운맛을 원한다면 준비된 고추기름을 넣어서
먹으면 된다. '가보자순대국'이라는 이름만 들어도 육수에서
풍기는 냄새가 떠올라 자연스럽게 군침이 돈다.

▷ When?
아가씨도 좋아하는
아저씨 스타일 순댓국이
생각나는 날

Address 춘천시 신북읍 율문리 909-3 **Where** 신북읍 천전초등학교 앞 **Tel** 033-
253-5025 **Cost** 순댓국밥 6000원, 특순댓국밥 7000원 **Time** 07:00~21:00(둘
째 · 넷째 주 일요일 휴무) **Parking** 가능

❶

❷   ❸

❶ 상차림도 참 간소하다. 순댓국밥, 깍두기, 새우젓, 양념장이 전부. 순댓국밥이 맛있기 때문에 사실 다른 반찬이 필요가 없다. 깍두기 하나면 순댓국밥 한 그릇을 비우기에 부족함이 없다. 속풀이용으로 먹을 때는 양념장과 고추기름으로 맵게 간을 해서 즐겨도 좋다.

❷ 다른 곳과 비교가 되지 않을 정도로 양이 푸짐하다. 순대보다 돼지 내장이 많이 들어가 있어, 어떻게 보면 돼지국밥과 비슷하기도 하다. 육수 맛이 진하기 때문에 순댓국밥 초보자보다 마니아들이 좋아한다. 한번 빠져들면 쉽사리 헤어나지 못하는 중독적인 맛이다.

❸ 간판이나 외관만 봐도 이 집의 역사를 알 수 있다. 시골 동네에 숨어 있지만 늘 사람들의 발길이 끊이지 않는, 춘천의 숨은 맛집이다.

꿀벌식당

춘천 동부시장 지하에는 가마솥을 놓고 국물을 끓여대는
순댓국밥집이 모여 있다. 주차장과 식당이 삼삼오오
모여 있는 지하 풍경은 낯설면서도 은근히 정감이 간다.
30년 전통을 자랑하는 춘천의 순댓국밥 맛집 꿀벌식당도
이곳에 자리 잡고 있다. 커다란 솥에서는 연신 국물이 끓고
있고, 뚝배기에는 먹음직스러운 돼지고기가 담겨 있다.
주문을 하면 순대와 고기를 듬뿍 넣은 뚝배기에 긴 시간 푹푹
끓여낸 육수를 가득 부어낸다. 그리고 양념장을 넣고
다시 한 번 팔팔 끓이면 구수한 순댓국밥이 완성된다.
꿀벌식당의 순댓국밥은 아예 양념장이 들어가 있는 일명 매운
순댓국이다. 구수한 육수 맛과 매콤한 양념장 맛이 어우러져
칼칼하고 시원하다. 고기 잡냄새가 나지 않고 안에 들어 있는
고기도 하나같이 부드럽고 고소하다.
춘천을 비롯해 강원도 곳곳에서 많이 볼 수 있는 '조부자
매운순대'라는 체인점의 모체가 바로 꿀벌식당이다.
체인점의 맛이 아니라 정통 순댓국밥의 맛과 순댓국밥집의
분위기를 느끼고 싶다면 꼭 한번 꿀벌식당을 찾아보자.

▷ When?
매콤한 순댓국이
당기는 날

Address 춘천시 운교동 183 동부시장 65호 **Where** 춘천동부시장 지하 **Tel** 033-
253-1530 **Cost** 순댓국밥 6000원 **Time** 10:00~21:30 **Parking** 가능

Taste Point

❶ 두 가지가 다른 메뉴 같지만 같은 메뉴. 단지 양념장이 풀었을 때와 아직 풀지 않았을 때의 차이다. 꿀벌식당의 순댓국은 양념장을 넣어 얼큰하게 끓여낸다. 직접 솥에서 고아낸 국물에 특제 양념장을 넣어 만들어 칼칼하고 구수한 국물 맛이 일품이다.

❷ 꿀벌식당 순댓국은 국물도 맛있지만 고기가 하나같이 맛있다. 순대, 머릿고기, 내장, 각종 부산물 등이 들어가는데 자체 작업장을 갖추고 직접 순대를 만들어 쓰기 때문에 더욱 맛나다. 국물도 그렇지만 고기에서 잡냄새가 나지 않아 누구나 부담 없이 먹을 수 있다.

❸ 꿀벌식당의 체인점인 '조부자 매운순대가'에 가면 깔끔한 분위기 속에서 순댓국을 맛볼 수 있다. 그런데도 굳이 사람들이 지하에 자리한 허름한 이 집을 찾아오는 건 원조집에서 느낄 수 있는 진국 같은 맛과 분위기를 잊지 못하기 때문이다.

❹ 순댓국밥이지만 밥을 말아서 나오지 않고 순댓국과 밥이 따로 나온다. 기본 간이 되어 나오기 때문에 맛을 본 후 새우젓으로 간을 하는 게 좋다. 직접 만들어 내놓는 김치와 깍두기도 맛깔스럽다.

담터

▷ When?
도대체 '땡밥'이 뭔지
정체가 궁금하다면

'이야기의 장'이라는 뜻을 담은
'담터'라는 가게 이름이 눈에 들어온다.
'땡밥'이라는 메뉴 이름은 더더욱 귀에 쏙 들어온다.
강원대학교 근처에서 '땡밥'으로 인기를 끌던 집으로,
지금은 남춘천역 근처로 자리를 옮겼다.
돼지고기 양념구이를 먹은 후 볶아 먹던 밥에서 유래한 땡밥.
한동안 고기 메뉴는 사라지고 땡밥만 전문으로 판매했다.
하지만 사회인이 된 옛 강원대 학생들이 찾아와 양념구이를
찾으면서 메뉴를 새로 추가했다.
가격이 저렴하고 맛도 좋아 여전히 많은 사람들에게 인기를
얻고 있다. 남춘천역 근처의 원조 '담터'는 땡밥과 함께 다양한
고기 메뉴를 선보여 학생뿐 아니라 직장인도 많이 찾아온다.
이곳에서는 고기 메뉴와 함께 땡밥을 주문해야 한다.
땡밥만 먹고 싶다면 명동이나 석사동(춘천 CGV극장 맞은편)에
있는 담터를 찾아가자. 모두 가족이 운영하는 곳이므로
똑같은 맛을 즐길 수 있다.

Address 춘천시 퇴계동 661 **Where** 남춘천역 뒤쪽 퇴계동주민센터 대각선 맞
은편 **Tel** 033-242-5392 **Cost** 양념구이 5000원, 치즈땡밥 2500원 **Time**
11:00~23:00(일요일은 13:00~) **Parking** 가능

Taste Point

❶ 양념구이는 예전에 학생들이 먹던 맛 그대로 저렴한 가격에 판매하고 있다. 오히려 메인이 되어버린 땡밥을 먹어야 하기 때문에 양념구이는 양이 많지 않다. 고기 양념을 섞을 때 숟가락으로 젓지 않고 포일 양쪽을 잡고 이리저리 흔들며 섞는 모습이 인상적. 프일이 찢어지는 것을 막기 위해서다. 오징어가 들어간 오삼양념구이는 6000원. 가격이 저렴한 만큼 미국산 고기를 사용한다.

❷ 양념구이를 먹고 나면 김치와 양념, 치즈가 들어간 치즈땡밥을 맛볼 차례. 남은 양념에 밥과 김치, 치즈 등을 넣고 섞은 다음 포일로 얌전하게 싸놓는다. 그리고 치즈가 잘 녹도록 위에 밥그릇을 얹어놓는다. 잠시 기다리면 드디어 개봉박두! 치즈가 적당히 녹아내린 땡밥이 완성된다. 이제 잘 익은 땡밥을 맛있게 즐기면 된다.

❸ '땡밥'이라는 이름의 뜻이 궁금하다. 예전 강원대 근처에서 영업할 당시 학생이 붙여준 이름이란다. 밥을 양념과 섞고 치즈를 얹은 후 포일을 잘 덮고 밥그릇을 얹어놓는 일련의 과정이 진행된다. 이 과정이 끝나면 아저씨가 밥그릇을 숟가락으로 '땡땡' 두드리는 퍼포먼스를 하는데, 이를 본 학생이 '땡밥'이라는 이름을 붙여줬다. 이후 자연스럽게 땡밥이라는 이름이 정식 명칭이 되었다.

❹ 춘천의 담터 세 곳 중 유일하게 남춘천역 근처 담터에서만 예전의 양념구이를 맛볼 수 있다. 명동과 퇴계동 CGV극장 앞의 담터는 땡밥만 전문으로 판매하므로 분식집 같은 분위기이고 규모도 아담하다. 넓은 공간에서 고기와 함께 편안하게 즐기고 싶다면 남춘천역 근처의 원조 담터를, 간단히 땡밥만 맛보고 싶다면 명동 쪽 담터를 이용하면 좋을 듯. 땡밥만 전문으로 판매하는 명동 담터의 땡밥 가격은 3500원부터.

약수터붕어찜

춘천은 맑은 물이 지천인 까닭에 민물회와 민물매운탕
맛집이 많다. 그중 현지인들이 아낀다는 '약수터붕어찜'에
대한 정보를 입수하고도 방문을 차일피일 미뤄온 건 지극히
개인적인 취향 때문이었다. 사실 민물 생선 요리에 대한
애정이 별로 없었기 때문이다. 그러던 중, 춘천에서
1년 정도 생활한 지인 부부가 서울로 이사를 가게 되면서
함께 식사를 하게 되었다. 춘천을 떠나는 그들이 마지막으로
한 번이라도 더 가고 싶어 한 곳이 바로 약수터붕어찜.
부부 중 나름 민물 생선 요리 마니아인 남편은 춘천을 비롯해
서울, 경기도 등지의 유명하다는 민물 생선 음식점은
다 가봤으나 이만한 곳이 없었노라 평가했다. 이 역시
지극히 개인적인 평가일 수 있으나, 어쨌든 약수터붕어찜은
춘천 현지인들이 손꼽는 음식점임에 틀림없다.
붕어찜, 빠가사리매운탕, 쏘가리매운탕, 잡어탕, 메기찜 등을
판매하는데, 닭갈비나 막국수에 비해 다소 마니아틱한
메뉴 같지만 의외로 남녀노소 누구나 즐길 수 있는 맛이다.
비린내를 잘 잡아내고 양념 맛이 지나치게 강하지 않아
부담 없이 먹기 좋다. 살아 있는 신선한 고기만 사용하는 게
맛의 비법이란다. 어부를 통해 춘천, 화천 등 물 맑은 곳의
민물고기를 공급받아 사용한다. 그런 이유로
물고기 수급 상황에 따라 어떤 날에는 일부 메뉴를 제공하지
못하기도 한다. 모든 메뉴가 고루 인기가 있으며,
인원수가 허락한다면 찜 요리와 탕 요리를 함께 맛보면 좋다.
아이들을 동반한 손님들은 잔가시가 많지 않은
메기찜을 즐겨 찾는다.

▷ When?
춘천에 왔으니
민물 생선 요리는
꼭 맛봐야겠다고 생각한 날

Address 춘천시 송암동 702　**Where** 의암빙상경기장 인근　**Tel** 033-261-2661
Cost 붕어찜 3만5000~6만원, 잡어탕 3만~5만원, 쏘가리탕·찜 시가　**Time**
11:00~22:00　**Parking** 가능

Taste Point

❶ 모래무지라는 생선 이름을 들어본 적 있는지? 모래무지는 청정 1급수에서만 사는 물고기. 따라서 아무 데서나 흔히 보기 어렵다. 약수터붕어찜에서는 모래무지찜을 맛볼 수 있는데, 고기가 귀한 데다 살아 있는 고기를 요리에 사용하기 때문에 주문이 불가능할 때도 있다. 고기가 잘기 때문에 잘 먹는 사람들은 뼈는 물론 생선 머리까지 오돌오돌 씹어 먹는다. 따라서 찌꺼기가 하나도 남지 않기도 한다. 고기가 연해서 누구나 한번 먹어보면 반하고 만다. 특히 함께 곁들여 나오는 시래기가 구수한 맛을 더한다. 소 3만 5000원, 중 5만원. 대 6만원.

❷ 빠가사리매운탕은 약수터붕어찜에서 가장 인기 있는 메뉴 중 하나. 큼지막한 뚝배기에 담겨 나와 은근

하게 끓여 먹기 좋다. 지나치게 맵지 않아 아이들도 부담 없이 먹을 수 있다. 약수터붕어찜은 양념이 과하게 맵거나 짜지 않아 남녀노소 함께 즐기기에 좋다. 시원한 국물을 원할 때 추천할 만한 메뉴.

❸ 집에서 먹는 듯 소박한 반찬이 곁들여 나온다. 깊은 맛이 우러나는 민물 생선 요리에 간단한 반찬을 곁들여 먹으면 여럿이서 든든하게 배를 채울 수 있다.

❹ 식당 입구에 들어서면 작은 수족관이 있다. 항상 생물 고기만 사용하기 때문. 수족관에는 어부가 직접 잡아오는 싱싱한 민물고기가 가득하다.

평양냉면

춘천에서는 막국수가 대세이기는 하나, 춘천에도 냉면 맛집이 있다. 입간판에는 '55년 전통'이라고 적혀 있으나 이미 그 숫자를 훨씬 넘겼다. 주인아주머니는 "이북에서 내려온 시할머니 때부터 시작했는데, 정확히 몇 년째라고 얘기하기 어려울 정도로 오래됐다"라고 말한다. 슴슴하고 삼삼한 맛에 은근히 매료되는 평양냉면은 함흥냉면과 달리 메밀가루를 이용하기 때문에 막국수 맛에 길든 춘천 사람들에게 더욱 사랑받는지도 모른다. 호주산, 미국산 쇠고기로 육수를 만드는 곳이 많은 요즈음, 한우를 이용해 육수를 낸다는 점부터 마음을 끈다. 구수하게 잘 고아낸 육수와 동치미를 적절히 섞어 맛을 낸 국물은 자극적이지 않으면서도 묘하게 중독성이 있다. 메뉴는 쇠고기 육수를 기본으로 한 냉면, 설렁탕, 육개장과 수육, 빈대떡 정도. 겨울에는 만둣국이 추가되며 여름철을 제외하고는 어복쟁반이라는 귀한 메뉴도 맛볼 수 있다.

▷ When?
춘천에서 막국수 말고 다른 메밀면을 맛보고 싶을 때

Address 춘천시 사농동 217-13 **Where** 춘천인형극장 지나 신동초등학교 방면으로 150m 정도 직진 **Tel** 033-254-3778 **Cost** 냉면·빈대떡 각 7000원 **Time** 11:00~20:00(명절 휴무) **Parking** 가능

Taste Point

❶   ❷   ❸

❹   ❺

❶ 평양냉면은 면발만큼 육수가 중요하다. 이곳의 육수는 한우를 사용해 진득한 맛을 낸다. 원래 정통 평양냉면은 꿩 육수를 이용하지만, 요즈음은 꿩고기를 구하기 쉽지 않아 쇠고기 육수를 이용하는 게 보통이다. 밍밍한 듯하면서도 입에 짝짝 달라붙는 극물 맛이 일품이다. 평양냉면은 메밀을 이용해 면을 만들지만 메밀 함량이 아주 높지는 않기 때문에 막국수처럼 뚝뚝 끊어지지는 않는다. 면발에서 묻어나는 특유한 향이 있는데, 이를 좋아하지 않는 사람들도 일부 있다. 비빔냉면도 선택 가능하다.

❷ 냉면이 주메뉴지만 한 번쯤 설렁탕이나 육개장을 맛보자. 냉면에 이용하는 것과 같은 육수를 기용하는데 국물 맛이 제대로다. 흔히 보는 뽀얀 설렁탕이 아니라 맑은 국물이다. 무언가 가미하지 않은 정직한 육수에 고기도 푸짐하게 들어 있다. 이북식 그대로를 선보이는데, 당면이나 소면 대신 풀지 않은 달걀 하나가 통째로 들어가 있다. 역시 이북식으로 만들어내는 육개장도 맛나다.

❸ 냉면을 먹는 사람들은 빈대떡을 꼭 곁들여 먹는다. 아담한 사이즈로 바삭하게 구워낸 빈대떡 5장이 나오

니 양이 적지 않다. 인원수가 적어 빈대떡 1인분이 부담스럽다면 반만 주문할 수도 있다. 2명이 간다면 냉면 2개에 빈대떡 반을 주문해서 먹으면 알맞다.

❹ 메뉴에는 없지만 단골손님들이 찾는 메뉴 '밥말이'. 이북식 김치말이냉면으로 냉면에 밥을 말아 먹는 독특한 스타일. 냉면에 밥을 말고 거기에 김치와 양념장을 더한다. 1인분 9000원.

❺ 쉽게 접하기 힘든 어복쟁반이라는 메뉴가 눈에 띈다. 쇠고기의 핏물과 불순물, 지방을 제거한 담백한 우편육에 각종 채소를 넣고 진육수를 부어 끓여 먹는 요리. 견과류와 만두를 더하고 특히 메밀 사리가 들어간다는 점이 독특하다. 한우를 사용하며 2인분 기준 4만원. 한여름에는 주문할 수 없다.

문화와 친밀해지는 춘천 산책

춘천은 의외로 아기자기한 문화 요소가 가득하다.
마임축제, 국제연극제, 아트페스티벌, 인형축제 등 국내에서 쉽게 접하기 힘든
문화 예술 축제가 풍성할뿐더러, 상시적으로 다양한 문화 예술 공연들이 진행되고
골목골목 아기자기한 문화 예술 공간이 숨어 있기도 하다. 알고 보면 춘천은
사람들에게 널리 알려진 소양강댐이나 청평사, 의암호 같은자연환경이 전해주는 분위기보다
그 안에 속속들이 숨어 있는 문화적 코드를 들여다볼 때 더욱 재미있는 동네인지도 모른다.
춘천을 바라볼 때, 낭만적이고 아름답고 매력적이라는 느낌이 드는 이유는
그림 같은 겉모습과 함께 그 속을 채우고 있는 고민 깊은 내면의 세계가 있기 때문이다.
춘천의 문화 예술 코드를 따라 느긋한 산책을 즐겨보자.
당신의 문화 예술적 갈증이 시원하게 해소될 것이다.

국립춘천박물관 | 애니메이션박물관 | 춘천인형극장
춘천낭만시장 | 창작 공간 아르숲 | 김유정문학촌
담작은도서관 | 춘천막국수체험박물관 | 모형항공기박물관
강원드라마갤러리

평범한 일상 속으로 숨어든 문화 공간
효자동

춘천의 지극히 평범한 동네. 영화 〈효자동 이발사〉가 딱 어울릴 만한 풍경을 만나게 된다. 서울의 효자동과 일면 비슷하기도 하나, 골목을 따라 근사한 레스토랑이나 세련된 카페가 모여 있는 곳은 아니다. 하지만 레스토랑이나 카페보다 더 위대한 문화 콘텐츠가 숨어 있다. 평범하고 소소한 일상으로 파고든 문화 콘텐츠 때문에 발길이 자꾸 향하게 된다.

기존 관공서 유휴 시설이 창작 공간으로 변신한 '갤러리아르숲', 아파트 단지 근처가 아닌 오래된 동네 속에 들어앉은 '담작은도서관', 일반 공연장이 아니라 창작자를 지원하는 인큐베이팅 극장으로 자리매김하고자 하는 '축제극장몸짓' 등 새로운 문화 콘텐츠를 곳곳에서 마주할 수 있다.

갤러리 아르숲이 위치한 동네는 한때 여관 골목으로 불렸는데, 지금도 곳곳에 모텔이나 여관이 많다. 여기서 '예술 골목 프로젝트'가 진행된다니 더욱 흥미롭다. 또 담작은도서관이 자리한 동네는 좁고 가파른 골목길이 군데군데 모습을 드러내, 저 길 끝에는 뭐가 있을까, 하는 호기심과 가파른 계단을 단숨에 올라보고 싶은 도전 의식을 자극하기도 한다.

올가을부터 효자동 일대에서는 '낭만 골목 프로젝트'가 진행되고 있다. 무분별한 재개발이 가속화되는 상황에서 운치 넘치는 효자동을 사람들이 오래오래 살고 싶어 하는 마을로 자리매김하기 위한 프로젝트. 유휴 주택에 마을 사랑방을 조성하고 주민과 예술가들이 함께 골목 곳곳을 예쁘게 가꾸기 시작했다. '제1낭만골목길'이라는 이름을 얻게 된 담작은도서관 골목에는 벽화와 설치 작품을 전시해 아기자기한 재미를 더하고 있다.

수많은 이들의 일상이 이어지는 효자동에서 경험하는 한나절 산책. 문화라는 요소와 일상은 물과 기름처럼 섞이지 못한 채 유리된 것이 아니라, 물과 물처럼 지극히 자연스럽게 함께 흘러간다는 사실을 깨닫게 된다.

축제극장몸짓

춘천문화예술회관

남부사거리

효자1동주민센터

담작은도서관 ●

춘천교대
부설고등학교

공지로

양우 내안에아파트

효자교

춘천지방검찰청

강원대학교

공지천산책로

효자동우체국

남춘천교

갤러리아르숲 ● 강대삼거리

산책 코스 갤러리아르숲 ⋯▸ 남춘로5번길 ⋯▸ 남춘로 ⋯▸ 효자사거리 ⋯▸ 효자로 ⋯▸ 효자문길
⋯▸ 담작은도서관 ⋯▸ 효명1길 ⋯▸ 명주길5번길 ⋯▸ 춘천문화예술회관 ⋯▸ 축제극장몸짓

문화와 자연이 어우러진 길
애니메이션박물관 주변

애니메이션박물관에 갈 때마다 드는 생각, '자리 한번 기가 막히다'. 박물관 자체도 재미있지만 너른 잔디밭에서 막힘없이 펼쳐지는 의암호를 바라볼 수 있다는 사실 또한 참 매력적이다. 박물관에 들어가지 않더라도 누구에게나 열려 있는 숨 트이는 공간이 그저 감사할 따름이다.

게다가 춘천창작개발센터로 이어지는 자전거도로 & 산책로까지 만들어 산책의 욕구를 높여준다. 춘천창작개발센터는 업무용 공간인지라 건물 전체가 일반인에게 개방되지는 않지만 건물 옥상은 누구나 올라가도 된다. 옥상으로 이르는 길은 완만한 계단으로 이루어졌고 아담한 화단도 꾸며져 있다. 발걸음도 경쾌하게 옥상에 올라 시원한 의암호 풍경을 감상해보자. 호반 산책로를 따라 걷다 보면 아담한 서면도서관이 나타나고, 북한강변 문학공원까지 건강한 산책을 이어갈 수 있다.

애니메이션박물관에서 호수가 아닌 정문 쪽으로 나와서 갈 만한 또 하나의 산책길은 장절공 신숭겸 장군 묘역에 이르는 코스. 3km에 달하는 짧지 않은 코스지만 서정적인 농촌 풍경이 일상의 긴장을 풀어준다. 신숭겸 묘역으로 들어가는 길목, 봄내길 3코스 안내판이 보인다. 마음과 몸이 허락한다면 내친김에 봄내길로 흘러가도 좋다.

방동리
고구려고분

장절공 신숭겸
장군 묘역

방동보건진료소

신숭겸로

애니메이션박물관

현암교

구름다리

박사로

춘천 창작개발센터

서면사무소

자전거길 겸
산책로

서면도서관

북한강변
문학공원

박사마을선양탑

강원애니고등학교

산책 코스 1 애니메이션박물관 앞 산책로 ⋯▶ 춘천창작개발센터 ⋯▶ 서면도서관 ⋯▶ 북한강변
문학공원

산책 코스 2 애니메이션박물관 정문 ⋯▶ 현암교 ⋯▶ 장절공 신숭겸 장군 묘역

골목길 걷는 재미에 빠져들다
춘천낭만시장 일대

'낭만시장'이라는 이름이 붙은 춘천중앙시장은 예술적 요소가 가득 담긴 시장 갤러리다. 명동 거리를 걸어 낭만시장 입구에 들어서면 우선 천장에 매달린 미러볼에 시선을 빼앗긴다. 먼저 미러볼이 달린 시장 중앙통(명동길)을 걸어보자. 아기자기한 재미를 놓치지 않으려면 여기서부터 보폭을 좁히고 걸음 속도도 늦춰야 한다. 중앙통 노점에 붙은 아이디어 넘치는 간판 하나하나부터 볼거리는 시작된다. 중앙통을 걸으며 워밍업을 마쳤다면, 이제부터 본격적으로 시장 갤러리 탐방을 시작한다. 먼저 중앙통 신용상회 2층 건물에 있는 '낭만살롱'을 찾아간다. 이곳은 낭만시장 안내소이자 다목적 문화 공간으로, 시장 안 구석구석 숨어 있는 문화 요소를 자세히 안내하는 지도와 다양한 정보를 제공한다. 낭만살롱에서 얼마 떨어지지 않은 2층에는 '궁금한 이층집'이 있다. 예전에는 요리 공간을 접목하기도 했는데, 현재는 춘천 여행에 대한 색다른 정보를 접할 수 있는 트래블 카페 콘셉트를 접목했다. 그 외 골목 여기저기에 예상치 못한 볼거리가 가득하다.

낭만시장에서 그치지 않고 산책을 좀 더 이어가고 싶다면, 약사리고개 방면으로 나와 약사리고개길을 따라 죽림동성당, 망대골목 등을 둘러보는 코스, 명동 방면으로 나와 강원도청 방면으로 가다가 구 도지사공관, 춘천예술마당, 춘천향교 등을 따라 걷는 코스를 추천한다. 그 밖에도 명동 주변에는 춘천의 오래된 옛길이 곳곳에 들어앉아 있다.

이 일대에서 느린 걸음으로 산책을 즐기다 보면 자꾸만 자꾸만 춘천으로 젖어 들고 싶어진다.

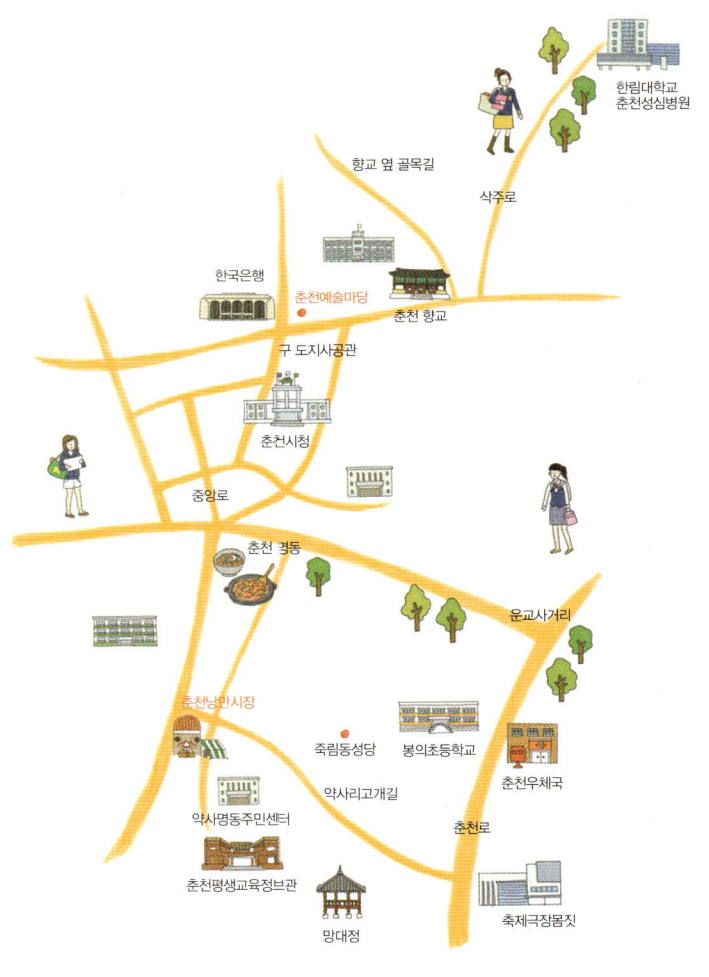

한림대학교
춘천성심병원

향교 옆 골목길

삭주로

한국은행

춘천예술마당

춘천 향교

구 도지사공관

춘천시청

중앙로

춘천 경동

운교사거리

춘천낭만시장

죽림동성당   봉의초등학교

춘천우체국

약사리고개길

약사명동주민센터

춘천로

춘천평생교육정보관

망대정

축제극장몸짓

산책 코스 1 춘천낭만시장 입구(경동 쪽) → 낭만살롱 → 궁금한 이층집 → 공간오동 → 낭만상회

산책 코스 2 낭만시장 → 약사리고개길 → 죽림동성당 → 망대골목 → 축제극장몸짓

산책 코스 3 낭만시장 → 명동길 → 구 도지사공관 → 춘천예술마당 → 춘천향교 → 한림대

Chuncheon National Museum
국립춘천박물관

즐거운 박물관

어깨에 힘을 빼고
무거운 격식을 버리고
딱딱한 표정을 지웠다.

열린 마음
편안한 태도
재치 있는 제스처로
사람들을 맞이한다.

박물관이 말한다.
"즐거운 우리 집에 놀러 오세요!"

국립춘천박물관은 딱딱한 박물관이 아니라 재미있는 박물관이다. 역사라는 과거만 내세우지 않고 지금의 우리가 공감할 수 있는 문화를 담아내고자 한다. 그래서 국립춘천박물관은 단순한 박물관이 아니라 복합 문화 공간이다. 박물관 문을 열면 펼쳐지는 탁 트인 시야는 갇혀 있는 박물관이 아니라 열려 있는 박물관의 느낌을 잘 전해준다. 시원하게 펼쳐져 있는 내부가 매력적인 국립춘천박물관은 2003년 '올해의 우수건축물'로 선정된 바 있다.

국립춘천박물관은 강원도 관련 유물 총 2만 여 점을 소장하고 있다. 전시실은 상설전시실 4개와 기획전시실 2개로 운영되고 있는데, 상설전시실에서는 강원도의 선사시대부터 근대까지의 역사를 볼 수 있다. 1층의 선사실과 고대실을 관람하고 2층의 상설전시 3실과 4실을 둘러본 후 강원도에서 발굴된 석조 유물들이 전시되어 있는 옥외 정원을 돌아보는 순으로 관람하면 좋다.

국립춘천박물관은 유물 전시 외 다양한 교육, 문화 행사도 마련해 한 번 찾고 끝나는 곳이 아니라 언제나 쉽게 찾아와서 편안한 시간을 보낼 수 있는 공간으로 자리매김하고자 한다. 전시와 함께 휴식, 공연, 교육의 터전이 되고 있는 국립춘천박물관은 춘천 여행의 필수 코스이다.

TIP 전시실 내 사진 촬영 가능

국립춘천박물관은 전시실 내에서 사진 촬영하는 것을 허용한다. 박물관 측에서 '유물은 국민 모두의 것이며 더 많은 사람들이 볼 수 있도록 알리는 것도 좋은 취지라고 생각하기 때문이다. 단, 플래시 사용은 금지되어 있다. 문화재를 잘 보존하는 일 역시 국민 모두의 책임이므로 문화재를 훼손하지 않는 적절한 선에서만 카메라를 사용하면 좋을 듯.

Address 춘천시 우석로 70   Where 남춘천역에서 약 3km, 택시로 약 8분   Tel 033-260-1500   Web chuncheon.museum.go.kr   Cost 무료(단, 일부 기획 특별 전시는 유료)   Time 평일 09:00~18:00, 토 · 일요일 & 공휴일 09:00~19:00(4~10월 토요일은 ~21:00), 1월 1일 · 매주 월요일 휴관   Parking 가능

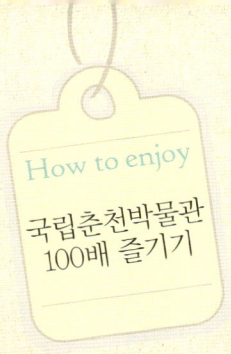

How to enjoy

국립춘천박물관 100배 즐기기

진행된다. 아이들로 하여금 '박물관은 재미없다'는 고정관념을 깨게 해주는 착한 공간. 재료비 무료, 화~토요일 10:00~17:00(12:00~13:00 제외) 상시 운영.

1 박물관에서 영화와 공연을 즐겨요!

국립춘천박물관에서는 다양한 장르의 공연을 진행하며 '박물관영화관'이라는 이름을 달고 정기적으로 인기 영화를 상영한다. 때로는 박물관 홀이 공연장으로 변신해 음악이 울려 퍼지기도 하고 여름이면 야외 공연장에서 공연이 펼쳐진다. 누구에게나 열려 있고, 누구나 무료로 영화와 공연을 즐길 수 있다. 박물관 홈페이지를 통해 영화 상영, 공연 일정 등을 확인하고 이용하면 된다.

2 토요일은 국립춘천박물관에서~

토요일마다 재미있는 이벤트가 펼쳐진다. 캐리커처 그려주기, 페이스 페인팅(얼굴에 그려보는 아름다운 우리 문양), 요술 풍선 만들기 등 다채로운 행사가 무료로 진행된다. 이벤트 내용이나 진행 시간 등을 미리 확인하고 방문하자.

3 어린이 체험 공간이 재미있어요

국립춘천박물관은 어린이와 가족들이 편하고 재미있게 이용할 수 있도록 배려를 아끼지 않는데, 그중 어린이 문화 사랑방이 눈에 띈다. 아이들이 체험을 통해 자연스럽게 문화재에 대해 흥미를 갖고 으리 역사와 문화를 쉽게 이해할 수 있는 기회를 제공하는 공간이다. 놀이와 함께하는 문화재 여행, 멀티미디어 속으로의 문화재 여행, 직접 만들어보는 문화재 체험 등이

4 야외 산책로를 즐겨보세요

석조유물공원과 함께 야외 산책로가 마련되어 있는데, 특히 봄가을에 운치가 있다. 석조 유물을 둘러보는 박물관의 재미에 자연을 즐기는 공원의 재미가 더해진다. 어렵지 않은 길을 찬찬히 걸을 수 있어 산책 코스로 좋다.

5 야간 박물관의 재미를 느껴보세요

4월부터 10월까지 매주 토요일에는 오후 9시까지 개관한다. 저녁때 박물관에 가면 낮과는 또 다른 매력을 느낄 수 있다. 박물관을 둘러보고 야외 공연장에서 쉬어 가도 좋고 박물관에서 야간 개장과 함께 연계해서 진행하는 문화 행사를 즐겨도 좋다.

6 특별 기획 전시, 놓치지 마세요

국립춘천박물관은 다양한 주제의 특별한 기획 전시를 열어 많은 볼거리를 제공한다. 춘천과 강원도를 넘어 전 세계를 대상으로 다양한 테마의 전시를 진행하는데, 부정기적으로 진행되므로 홈페이지를 통해 미리 일정을 확인하자. 특별한 경우를 제외하고는 거의 대부분 무료입장이다.

Animation Museum
애니메이션박물관

당신의 <u>만화영화는?</u>

〈로보트 태권V〉를 보러
극장에 가던 날.
아침부터 가슴이 설렜다.

꼬맹이들이 함께 모여
〈로보트 태권V〉를 보면서
태권V가 악당을 물리치는 순간
손바닥이 터져라 박수를 쳐댔다.

누구나 갖고 있을 법한
만화영화에 대한 추억.

그런 추억 하나쯤 있다면
누구나 잠시나마 행복해질 수 있는 공간,
애니메이션박물관.

일본에 갔을 때 데즈카 오사무 기념관을 보면서 부러워했던 적이 있다. 다행히 한국에는 애니메이션박물관이 있다. 전자는 일본 만화계의 거장인 데즈카 오사무라는 특정인과 관련한 자료를 위주로 전시한 기념관이고, 후자는 한국애니메이션을 기본으로 전반적인 애니메이션에 대한 자료를 전시하는 박물관이라는 점에서 차이가 있다. 하지만 이 공간에서 만화와 애니메이션을 통해 모두의 동심이 자극받는다는 점은 같다. 그리고 데즈카 오사무 기념관이 오사카 옆의 조용한 도시 다카라즈카에, 애니메이션박물관이 아늑한 도시 춘천에 위치한다는 지리적 여건도 비슷하다.

애니메이션박물관은 애니메이션과 관련된 다양한 자료를 발굴, 수집, 보관, 전시, 연구하기 위해 2003년 춘천의 조용한 의암호 주변에 문을 열었다. 애니메이션에 대한 기본 정보, 일반 제작 과정, 한국 애니메이션 초기 자료, 전 세계 애니메이션 관람실 등 다양한 볼거리를 갖추고 있다. 1층은 한국애니메이션의 역사를 살펴볼 수 있는 코스로 구성되어 있고 2층은 춘천관을 비롯한 다양한 세계 애니메이션 전시관과 다양한 체험관, 기획전시관 등으로 구성돼 있다. 박물관 옆 건물에 별도로 마련된 스톱모션관도 둘러볼 만하다.

'애니메이션은 멈춤이자 움직임이며, 순간이자 영원입니다. 애니메이션은 수많은 그림과 그림, 순간과 순간이 만나서 이루어지는 예술입니다'라는 문구를 마음에 담고 애니메이션에 대한 모든 것을 즐겨보자.

TIP 애니메이션박물관 체험 프로그램

애니메이션의 원리를 이해하고 직접 체험해볼 수 있는 '애니메이션 컬러 체험', 캐릭터 도안을 활용해서 오리고 꾸며서 만드는 '구름빵 DIY 체험'은 물론 감자 캐기, 옥수수 따기, 과일 따기 등 생태 체험과 연계한 프로그램 등 다양한 프로그램들이 주말과 특정 시기별로 진행되고 있으므로 미리 확인한 후 이용하면 애니메이션박물관을 더욱 알차게 즐길 수 있다.

1층 전시장에서 국내 최초 장편 애니메이션 <홍길동>을 촬영한 카메라를 찾아볼 수 있다. 입체 애니메이션 전용 상영관 맞은편에 있으니 놓치지 말고 구경해보자.

Address 춘천시 서면 현암리 367 Where 춘천역에서 83번 버스 이용(주말 · 공휴일만 운행) Tel 033-245-6470 Web www.animationmuseum.com Cost 어른 4000원, 청소년 & 어린이 3000원, 입체 애니메이션 관람 2000원 Time 10:00~18:00(입장 마감은 17:00, 매주 월요일 휴무) Parking 가능

Do Not Miss!
놓치지 말아야 할 포인트!

1 춘천관이 따로 있네?

2층 세계 애니메이션 전시관에 보면 '춘천 전시관'이 있다. 한국 애니메이션 전시관이 아니라 춘천 전시관이 별도로 마련되어 있다는 점이 눈에 띈다. 〈구름빵〉이나 〈피들리팜〉 등 최근 인기를 끌고 있는 다양한 애니메이션이 춘천에 기반을 둔 강원정보문화진흥원을 통해 탄생했기 때문이다. 춘천 전시관을 둘러보면 의외로 많은 애니메이션이 춘천에서 만들어지고 있다는 사실을 알 수 있다.

2 근본 있는 로봇, 로보트 태권V

로보트 태권V는 대한민국 로봇등록증과 태권도 단증을 갖고 있다는 사실을 알고 있는지? 박물관 내 로보트 태권V 전시 코너를 보면 태권도 단증과 로봇등록증이 자랑스럽게 놓여 있다. 1976년 7월 24일생으로 '760724'로 시작하는 로봇 번호도 갖고 있다. 로봇등록증을 자세히 살펴보면, 전고 56m, 중량 1400톤, 파워 895만kw, 보행 속도 시속 20~30km, 주행 시속 300km, 비행 속도 마하 1.2 등 로보트 태권V에 대한 자세한 정보도 확인할 수 있다.

3 애니메이션을 온몸으로 체험하자!

눈으로 보지만 말고 직접 애니메이션을 체험해보자. 2층에 마련된 소리 체험관에서 다양한 도구를 이용해 애니메이션에 소리를 입히는 과정을 체험해볼 수 있다. 또 구름빵 체험 공간은 〈구름빵〉 배경을 그대로 재현한 공간에서 원작 동화책과 애니메이션을 즐길 수 있도록 꾸며놓았다. 아이들뿐 아니라 어른들에게도 재미있는 체험 공간이다.

4 지나치기 쉬운 스톱모션관

애니메이션박물관 옆 스톱모션 스튜디오는 그냥 지나치는 사람이 많은데, 꼭 들러보아야 할 곳. 실제 업무 공간이라 전체를 개방하지는 않지만 1층에 있는 스톱모션관에서 스톱모션 애니메이션에 대한 자료를 간단히 소개하고 있다. 입구에는 고종 황제가 탔던 것과 같은 차종의 포드 차량을 전시해 구경 삼아 둘러볼 만하다.

둘리, 아톰부터 구름빵까지~ 우리가 좋아하는 만화 캐릭터들이 다 모여 있네!

Chuncheon Puppet Theatre
춘천인형극장

인형이
살아 있다

숨.
귀를 기울이면 숨소리가 들린다.

호흡.
인형과 배우들이 함께 호흡한다.

생동감.
살아 있는 듯 재잘재잘 얘기하고 춤을 춘다.

혼연일체.
배우와 인형이 온전히 하나가 되어
상상의 세계를 펼쳐낸다.

잔잔한 감동.
자극 없는 잔잔한 여운이 오래토록 일렁인다.

1989년 처음 시작되어 춘천을 대표하는 축제로 자리 잡은 춘천인형
극제. 그 성과에 힘입어 2001년 5월, 춘천에 국내 최초의 인형극 전
문 극장이 문을 열었다. 아직 인형극이 크게 보편화되지 않은 우리
나라에서 다양한 인형극을 공연하는 전용 극장은 문화적으로 큰 가
치가 있다. '1년 365일 언제나 이곳에 오면 인형극을 볼 수 있다'는
취지를 지키려 했으나 현재는 재정 문제 때문에 일부 기간에는 공연
을 하지 못한다. 하지만 1년 중 일부 기간을 제외하고는 상시적으로
다양한 인형극이 공연되고 있다.

인형극을 관람하는 대극장과 하늘극장 외에 야외 공연장과 다양한
인형극 관련 자료를 전시하는 인형극박물관이 함께 자리하고 있다.
2004년 문을 연 춘천인형극박물관은 규모가 크지는 않지만 인형극
에 사용되는 국내외 다양한 인형을 보고 체험도 할 수 있는 특별한
공간이다.

Address 춘천시 영서로 3017(사농동 277-3) Where 강원도립화목원 인근, 남
춘천역에서 12-1 · 30 · 33-1번 버스 이용 Tel 033-242-8450 Web www.
cocobau.com Cost 인형극 관람 현매 7000~8000원, 예매 5000~6000
원(24개월 미만 무료) Time 공연-평일 11:00, 14:00 · 주말 11:00, 14:00,
16:00/인형극박물관-평일 10:00~17:00(주말은 ~18:00, 매주 월요일 휴관)
Parking 가능

1 인형극 관람하기

일부 기간을 제외하고는 연중 어느 때 찾더라도 인형극을 볼 수 있다. 어린이들을 대상으로 한 인형극이 위주지만 어른들도 볼만하다. 생명력이 없는 인형들이 인형극 배우들을 통해 살아 숨 쉬는 존재가 되는 모습은 어른들의 눈에도 그저 신기하기만 하다. 다양한 테마를 이용한 여러 종류의 인형극을 접해볼 수 있는데, 1년에 약 250일에 걸쳐 15~20편의 인형극이 공연된다. 매년 초에 연중 공연 일정이 홈페이지에 공지되므로 공연 목록과 일정을 확인한 후 마음에 드는 인형극을 보러 가면 된다.

2 인형극박물관 둘러보기

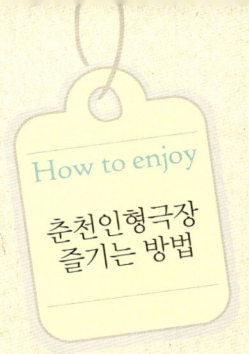

규모는 작지만 막대인형극실, 손인형극실, 줄인형극실, 그림자인형극실 등 테마별 인형 전시실이 있어 인형극에 대한 다양한 면모를 경험할 수 있다. 직접 인형을 작동해볼 수 있는 체험실도 소규모로 운영하고 있으며, 국내외 다양한 인형극에 등장하는 인형도 감상할 수 있다. 그림자 인형극의 원리를 보여주는 그림자터널도 재미있는 공간 중 하나. 관람료 2000원, 인형극장 당일 공연 티켓 소지 시 1000원.

3 춘천인형극제 참여하기

국내 최대 규모의 인형극제로 역사와 규모 면에서 우리나라에서 손에 꼽히는 공연 예술 축제라고 할 수 있다. 국내외 전문 극단과 아마추어들이 함께 참여하는 축제로, 인형극 관람 외 갖가지 부대 행사를 함께 즐길 수 있다. 평소에는 다소 고즈넉한 느낌이 드는 춘천인형극장도 인형극제 기간에는 시끌벅적해진다. 야외 수변 무대를 비롯해 인형극장 곳곳이 활기를 띤다. 국내외 인형극단의 다양한 인형극 공연이 펼쳐지고 인형극 동호회들이 참가하는 아마추어 인형극 경연 대회, 직접 인형을 만들어볼 수 있는 체험 프로그램 등이 진행된다. 특히 인형극이 만들어지는 과정을 하루 코스로 체험해보는 프로그램도 인기가 많다. 매년 8월 초 일주일 동안 열린다. festival.cocobau.com

4 인형극장 알뜰하게 이용하기

인형극 공연은 현장에서 티켓을 구매하면 대극장 공연은 8000원, 하늘극장은 7000원이다. 예매를 하면 각각 6000원, 5000원에 이용할 수 있다. 예매(입금 포함)는 공연일 1일 전 오후 5시까지 가능하다. 인형극을 자주 볼 계획이라면 춘천인형극장 관극 회원에 가입해도 좋다. 관극 회원에게는 1일 4매까지 1000원 정도 더 할인해준다. 연회비가 1만원이므로 인형극을 자주 브는 사람들에게는 유용하다. 또 일요일 오전 11시 공연은 '아빠 무료입장 혜택이 있으니 잘 활용하자.

Chuncheon Romantic Market

춘천낭만시장

낭만을
팝니다!

시장의 낭만.
추억의 낭만.

그런 낭만을
팔고 있는 곳이 있다면,
살 수 있는 곳이 있다면.

춘천낭만시장으로
낭만 한 봉지 사러 가봅니다.

이렇게 재미있는 시장이 또 있을까. 춘천 명동과 이어지는 춘천중앙시장은 2010년 문화 관광형 시장 육성 사업으로 낭만시장으로 변모했다. 시장에 들어서면 클럽에서나 볼 것 같은 반짝반짝한 미러볼이 천장을 화려하게 장식하고 있다. 얼핏 겉모습만 봐도 시장 느낌이 다르다 싶겠지만 자세히 속내를 들여다보면 볼수록 낭만시장의 매력이 더 크게 다가온다. 오래된 시장 골목마다 숨어 있는 예술 작품과 시장 곳곳에 담겨 있는 이야기들을 슬슬 여유 있게 거닐며 만끽해보자. 순서나 속도 같은 건 필요 없다. 발길 닿는 대로, 원하는 대로 그냥 즐기면 된다. 갤러리나 아트 공연장이 아닌 시장이 주는 따뜻함과 생동감이 느껴져, 이곳의 예술과 이야기는 친근하고 생생하게 다가온다. 언제 가도 편안하고 신나는 시장이라는 공간에 문화 콘텐츠를 더해서 더 유쾌하고 재미있다. 갈수록 재미를 더해가는 시장 놀이를 제대로 즐겨보자.

TIP 춘천낭만시장 별별 재미

• 낭만시장을 배경으로 독립영화가 제작되었다. 춘천독립영화협회가 '낭만시네마'라는 프로젝트로 시장을 배경으로 3편의 독립영화를 제작했다. 이상진의 〈별, 참 빨리도 지더라〉, 허준일의 〈제스처〉, 김완의 〈핑토스〉. 기회가 된다면 이 작품들을 감상한 후 낭만시장을 둘러봐도 재미있을 듯.

• 때때로 '춘천낭만시장 야간 개장'이 진행된다. 야시장답게 다양한 먹을거리를 즐길 수 있는 한편, 낭만시장에 어울리는 공연과 이벤트가 펼쳐진다. 야간 개장 일정을 확인한 후 기간에 맞춰 방문해보자.

Address 춘천시 중앙로2가 42번지 일대 Where 춘천 명동과 인접 Tel 033-254-5338(낭만살롱) Time 상점별로 상이하나 시장 특성상 저녁 일찍 문을 닫는 곳도 많음 Parking 가능(중앙시장 공용주차장 이용 시 시장 내 상점에서 물건 구입하면 주차권 발행)

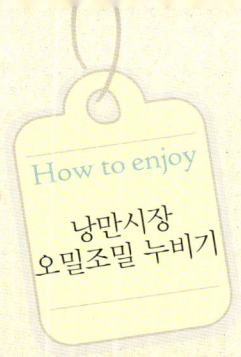

1 보물찾기보다 더 재미있는 골목길 예술 작품 찾기

이곳에 들어서면 골목갤러리라는 안내판이 보이지만, 골목갤러리는 따로 정해져 있는 게 아니다. 시장 골목 곳곳이 골목갤러리다. 이 골목 저 골목 기웃거리다 보면 예술 작품들이 눈에 띈다. 여러 작품들이 시장 속 어두컴컴하고 좁다란 골목에 어울리지 않을 듯하면서도 참으로 잘 어우러져 있다. 골목길 벽면의 낡은 전선줄을 타고 미니카들이 질주하고, 천장 위에 갑자기 커다란 당근이 나타나기도 하고, 머리 위에서 옛 시장의 따뜻한 정과 추억을 낚는 태공이 나타나기도 한다. 다른 공간에 있어도 멋진 작품이었겠지만 시장 속에서 작품들은 더욱 빛을 발한다. 먼지가 묻고 색감이 다소 바래도, 그런 모습 자체가 시장 골목갤러리에 잘 어울린다.

2 시장 빈 점포의 화려한 변신

골목갤러리의 예술 작품과 더불어 특별한 공간도 곳곳에 숨어 있다. 우선 기억해야 할 곳이 '낭만살롱'. 낭만시장 안내소이며 다목적 문화 공간이다. 골목길 낡고 가파른 계단을 올라가면 낭만살롱이 나온다. 이곳에서 낭만시장에 대한 설명도 듣고 안내 지도도 받을 수 있다. 낭만시장 메인 통로에서 볼 수 있는 '궁금한 이층집'도 기억하자. 시장 재고 물품을 위탁 판매하는 공간이었는데 이제는 춘천 여행에 대한 다양한 정보를 얻을 수 있는 트래블 카페가 공존한다. 춘천의 겉모습만 즐기는 여행이 아니라 그 속에 담긴 다양한 스토리텔링까지 알고 싶다면 꼭 들러봐야 할 곳. 건물 발코니가 때때로 무대로 변신한다는 점도 특이하다. 그 밖에도 낭만시장의 역사와 시간, 상인들의 물건 등을 전시하는 '낭만상회'와 시장 상인은 물론 누구나 쉬어 갈 수 있는 휴식 공간인 '시장라운지' 등 이색 공간이 넘쳐난다. 이런 공간들이 시장의 빈 점포를 활용한 재생 공간이라는 점도 매력적이다.

3 작업 과정 자체가 전시의 일부가 되는 '공간 오동'

시장 골목길 빈 점포에 들어선 예술 공간. 고정된 공간이 아니라 주기적으로 작가들의 작업을 통해 새로운 공간으로 변신한다. 젊은 지역 작가들이 모여 새로운 작품 세계를 펼쳐내는 시장 속의 의미 있는 공간이다. 공간 오동의 특징 중 하나는 작업하는 과정도 퍼포먼스 형태로 유리창을 통해 모두 공개된다는 것. 어떤 때는 작업이 완료된 상태에서 전시가 진행되고, 어떤 때는 작가들이 작업하는 모습을 지켜볼 수도 있다. 작업 과정을 통한 공간의 변화를 지켜볼 수 있어 더욱 재미있다.

4 눈여겨볼 만한 시장 안 가게들

이외수 작가의 《훈장》이란 소설 속에도 중앙시장 뒷골목 국밥 이야기가 등장한다. 50년이 넘는 역사를 자랑하는 순댓국밥 골목에 들어서면 구수한 국물 냄새가 마음마저 따뜻하게 한다. 50년 넘는 전통을 자랑하는 길성식당과 금선식당이 유명하다. 이곳은 내장 골목으로도 유명하다. 붉은 조명이 드리워진 풍경이 재미있는데, 소, 돼지 부산물과 닭고기 등을 판매한다. 그중 1호닭집과 춘천내장이 유명하다. 명동에서 춘천낭만시장으로 들어가는 입구 오른쪽에 중국어가 적힌 유명한 과일 가게가 보인다. 풍채 좋은 주인 할머니가 가게를 지키고 있는데, 한국 사람들보다 외국인 관광객들에게 더 유명하다. 특히 이 가게에서 사용하는 분홍색 봉지가 유명하다.

gallery Art Soup

창작 공간 아르숲

재생과 창작

아직 할 수 있는데,
아직 살 수 있는데
영원히 쉬라 한다.

활동하지 않는 생은
숨이 꺼져간다.

그때 누군가 따뜻한 호흡을 불어넣어준다.

죽은 고목에 움이 트듯
새싹이 돋고 화사한 꽃을 피운다.

재생을 통한 재창조,
무한한 창작이 날개를 편다.

춘천의 오래된 동네 효자동 골목길 어귀에서는 신나는 문화 공간을 마주할 수 있다. 춘천도시공사 건물로 사용하던 낡은 유휴 시설이 춘천시문화재단과 지역 예술가, 지역 주민들의 손을 거쳐 창작 공간으로 거듭났다. 볼품없고 오래된 관공서 건물은 벽화와 조각품 등을 통해 일상 속 문화 예술의 힘을 느낄 수 있는 남다른 공간으로 변신했다. 대한민국 비보이 1세대이자 서양화가인 변우식 작가가 파란색 바탕으로 만들어낸 대형 벽화와 아르숲 건물 위에 떡 하니 서 있는 조각가 빅터 조(조경훈) 작가의 작품 '바우와우'가 눈에 띈다. 창작 공간 아르숲에는 2010년부터 입주 작가들이 들어왔고 2011년 11월에는 1층에 문화 예술인과 지역민들이 소통할 수 있는 열린 공간으로 갤러리가 개관했다. 이 공간을 통해 지역 문화 예술인들에게 전시 기회를 주고, 시민들에게는 다양한 예술 문화 작품을 접할 수 있는 기회를 주고 있다. '예술 골목 프로젝트'라는 이름처럼 창작 공간 아르숲을 통해 무미건조한 동네 골목을 이야기 가득한 예술 골목으로 변화시키고자 하는 재미있는 계획이 펼쳐지고 있다. 유휴 시설을 재생한 건물을 돌아보는 것 자체로도 흥미롭고, 아르숲에서 진행하는 다채로운 전시와 행사에 참여하면 더욱 재미있다.

Address 춘천시 효자2동 305-18 Where 남춘천역에서 도보 약 15분 Tel 033-262-1362 Cost 무료 Time 갤러리는 일반적으로 10:00~18:00 Parking 가능

① 개성 가득한 작품을 선보이는 변우식 작가의 손에서 탄생한 벽화, 사랑, 동행, 창작(love, together, creation)을 테마로 한다. 특히 건물 오른쪽에 있는 벽화는 조금씩 변화하는 것이 색다르다. 작품도 완성이란 이름으로 정지되어 있지 않고 살아 있는 생명처럼 변화할 수 있다는 작가의 의도를 엿볼 수 있는 부분이기도 하다. 어느 순간, 벽화가 조금씩 달라질 수 있으니 이를 눈여겨보는 것도 아르숲을 즐기는 방법 중 하나. ② '아르숲(Art Soup)'이라는 이름이 참 예쁘다. '아르'는 'Art'의 프랑스 어식 발음이고 '숲'은 한국어 그대로 '숲'이자 영어로는 'soup'을 의미한다. 예술이 가득한 숲을 의미하기도 하고, 여러 가지 재료를 가득 넣고 폭폭 끓여내는 '수프'처럼 예술이 한데 조화롭게 어우러진 공간을 의미하기도 한다. 이름에 담긴 뜻을 알고 보면 그 공간이 더욱 재미있게 다가온다. ③④ 2011년 '1회 춘천시문화재단 창작 공간 오픈 스튜디오'를 시작으로 정기적인 오픈 스튜디오 행사를 진행한다. 1년 단위로 입주 작가가 바뀌기 때문에 그때마다 오픈 스튜디오 행사를 연다. 단순히 전시회뿐 아니라 인디 밴드의 공연 등 다채로운 볼거리가 가득하다. 2012년 3월 진행된 소설가 마광수, 화가 변우식, 뮤지션 순자와춘희가 함께한 3인전〈Mash up Show〉도 갤러리 아르숲의 색깔을 잘 보여준다. 별도 홈페이지가 마련되어 있지 않기 때문에 춘천시문화재단 홈페이지(www.cccf.or.kr)를 통해 전시와 행사 일정을 확인할 수 있다. ⑤⑥ 건물 입구, 한쪽에는 '춘천도시공사'라는 명판이, 다른 한쪽에는 '창작 공간 아르숲'이라는 이름표가 붙어 있다. 2개의 명판만 봐도 어떤 유휴 시설이 재생돼 창작 공간으로 변신했는지 알 수 있다. ⑦ 아르숲의 마스코트, 바우와우. 강원도 영월 출신의 빅터 즈 작가의 작품이다. 1만원권 지폐를 입에 물고 있는 바우와우는 영월이 탄광 산업으로 번성하던 시절에는 개도 돈을 물고 다녔다는 우스갯소리를 표현한 작품이기도 하다. 아르숲 건물 위의 바우와우는 이제 춘천에서 아르숲을 지키고 있다. 저녁에는 조명도 들어와 아르숲을 지키는 동시에 아르숲을 밝히는 역할도 하고 있다.

The Literary Village of Kim You-Jeong

김유정문학촌

실레에
마음을 실어

"나의 고향은 저 강원도 산골이다.
춘천읍에서 한 이십 리가량 산을 끼고 꼬불꼬불
돌아 들어가면 내닫는 조그마한 마을이다.
앞뒤 좌우에 굵직굵직한 산들이 빽 둘러섰고
그 속에 묻힌 아늑한 마을이다.
그 산에 묻힌 모양이 마치 옴팍한 떡시루 같다
하여 동명을 실레라 부른다."

– 김유정의 수필 〈오월의 산골짜기〉 중

실레에서
김유정과 점순이가
우리를 기다리고 있다.

학창 시절 누구나 한 번쯤 접해봤을 김유정의 문학. 구수한 언어 구사, 토속적인 해학이 특징이다. 연륜에서 나올 법한 그의 걸쭉한 작품들과 달리 정작 김유정은 30년을 채 채우지 못한 젊은 나이에 요절했다. 비록 그는 일찍 세상을 떠났지만, 그의 문학 작품은 여전히 널리 사랑받고 있다. 어디 그뿐인가. 경춘선에는 국내에서 유일하게 사람 이름을 딴 '김유정역'이 있으며, 그의 고향인 춘천의 실레마을에는 김유정 문학촌이 조성되어 있다. 실레마을에는 단순히 김유정 생가만 있는 게 아니라 〈봄·봄〉, 〈동백꽃〉, 〈산골 나그네〉, 〈소낙비〉 등 총 12편의 소설의 무대가 된 곳이라 더욱 의미가 깊다. 또 소설 속에 등장하는 실레마을과 김유정이 실제 생활했던 실레마을이 함께 어우러져, 색다른 재미를 선사한다. 김유정 소설 한 권 가방에 넣은 후 경춘선을 타고 김유정역에 내려 김유정 생가를 둘러보고 소설 속 배경이 된 실레마을 곳곳을 거닐어보자. 소설 속 공간과 현실 공간을 넘나드는 황홀한 여행이 펼쳐질 것이다.

Address 춘천시 신동면 실레길 25 Where 김유정역에서 도보 5분 Tel 033-261-4650 Web www.kimyoujeong.org Cost 무료 Time 09:00~18:00(동절기 09:30~17:00, 매주 일요일·1월 1일·설날·추석 당일 휴무) Parking 가능

실레 이야기길 →
(5.2km, 90분)

1   소설 속 '거기'를 찾아

김유정 소설 12편이 실레마을을 무대로 해, 마을 곳곳에서 소설 속에 등장하는 공간을 만나볼 수 있다. 금병산 자락 아래 잣나무 숲 뒤쪽은 '동백꽃'의 배경이며, 실존 인물이었다는 〈봄·봄〉의 김봉필 영감이 살던 마름집도 있고, 〈산골 나그네〉에서 들병이가 남편을 숨겨뒀던 물레방앗간 터도 남아 있다. 점순이가 '나'를 꼬이던 동백숲길, 장인 입에서 할아버지 소리 나오던 데릴사위길, 들병이들 넘어오던 눈웃음길, 금병산 아기장수 전설길, 김유정이 코다리찌개를 먹던 주막길 등 재미난 이야기 열여섯 마당으로 구성된 실레 이야기길을 거닐어보자. 총 5.2km 거리로 걸어서 1시간 30분 정도 소요된다.

2   김유정의 흔적을 찾아

실레마을은 김유정 소설의 배경이기도 하지만, 김유정이 실제로 생활했던 공간이기도 하다. 김유정이 태어난 생가가 있고, 김유정이 움막을 짓고 아이들을 가르치던 야학 터와 김유정이 세운 간이학교 금병의숙도 있다. 금병의숙 건물 옆에는 당시 김유정이 학교를 세운 기념으로 심은 느티나무가 멋들어지게 자라고 있다. 김유정이 코다리찌개와 술을 즐겨 마셨다는 주막 터도 남아 있어 그의 짧은 생을 생생하게 호흡해볼 수 있다.

3   알차고 풍성한 행사들

매년 4월 열리는 김유정 문학제가 유명하다. 소설 〈봄·봄〉과 〈동백꽃〉의 점순이를 찾는 이벤트부터 김유정 소설 입체 낭송 대회, 산문 백일장 등 다양한 행사가 펼쳐진다. 이어서 5월에는 청소년 문학 축제 '봄·봄'이, 7월에는 김유정 문학 캠프가 진행된다. 10월에는 김유정 소설로 만나는 1930년대 삶의 체험이라는 테마로, 전통 혼례식, 민속 놀이, 풍물 장터 등이 벌어지는 등 수시로 다양한 행사가 펼쳐져 볼거리를 더한다.

4   사람 이름을 딴 국내 유일의 역, 김유정역

김유정역은 우리나라에서 최초로 사람 이름을 딴 역

으로 유명하다. 구 경춘선 개통 당시 신남역으로 명명됐으나, 2004년 김유정역으로 이름이 바뀌었다. 구 김유정역은 간이역 형태의 작은 역사로, MBC 드라마 〈간이역〉을 통해서 유명해졌다. 하지만 지금은 폐역되어 건물만 남아 있다. 경춘선 복선 전철 가통에 맞춰 한옥 형태로 된 새로운 역사가 들어섰다. 일반 역들과 달리 궁서체로 역명을 표기한 점도 이색적이다. 김유정 생가 옆에 마련된 김유정 기념전시관을 방문하면 규모는 크지 않지만 김유정의 작품에 대한 다양한 기록을 살펴볼 수 있다.

5   김유정 소설 이름을 딴 산길이 있는 금병산

실레마을을 품고 있는 해발 652m의 금병산에는 봄·봄길, 동백꽃길, 산골나그네길, 만무방길, 금따는콩밭길 등 김유정의 소설 제목을 딴 등산로가 있다 동백

꽃길은 산 정상에서 춘천 시내를 내려다 보며 내려 오는 길인데, 봄이면 잔잔한 노란 꽃을 피우는, 소설 〈동백꽃〉의 상징인 생강나무가 드문드문 나타난다. 봄·봄길은 봄이면 원추리꽃, 은방울꽃 등이 피어나 더욱 아름답다. 산에 오르거나 내려오는 길에 김유정 생가를 들르면 좋다.

6   노란 동백꽃의 정체

"한창 피어 퍼드러진 노란 동백꽃 속으로 푹 파묻혀 버렸다. 알싸한 그리고 향긋한 그 내음새에 나는 땅이 꺼지는 듯이 왼정신이 고만 아찔하였다." –소설 〈동백꽃〉 중

왜 동백꽃이 노란색이며, 알싸한 냄새가 날까? 소설 〈동백꽃〉에서 말하는 동백꽃은 우리가 일상적으로 생각하는 동백꽃이 아니라 생강나무에서 피는 소담스러운 노란 꽃을 일컫는다. 강원도에서는 생강나무를 동박나무라 부르고 그 나무의 노란 꽃을 동박꽃 혹은 동백꽃이라 불렀다. 봄에 김유정문학촌을 찾으면 생강나무의 노란 꽃, 동백꽃을 볼 수 있으며, 계절마다 피고 지는 아기자기한 들꽃도 김유정문학촌의 볼거리 중 하나다.

Dam Library
담작은도서관

책 먹는 여우처럼…

그 여우는 책을 너무나 사랑한 나머지
책을 읽고 나면 소금과 후추를 적당히 뿌려
맛있게 먹어치웠다.

책 살 돈이 없어지자 여우는
책 냄새로 가득한 도서관을
털기로 결심한다.

하지만 그 계획이 실패해
감옥에 갇힌 여우에게 주어진 벌은
독서 절대 금지!

책 먹는 여우를 통해
새삼 깨닫는다.

독서 금지가 무시무시한 벌이 될 수 있다는
사실을,
책이 세상에서 가장 큰 기쁨이 될 수 있다는
사실을,
누구나 책 속에서 행복해지는 공간이
너무나 소중하다는 사실을.

"공중에 돌출된 이 공간도 책 읽는 자리!
붕 뜬 기분으로 책을 읽어볼까나~"

여기 참 아름다운 도서관, 아늑하고 따뜻해서 자꾸 가고 싶어지는 도서관이 있다. 작은 집들이 모여 있는 춘천의 어느 소박한 동네 속에 도서관이 놀이터처럼 들어앉아 있다. 위압적이지도 않고 혼자 외떨어져 있지도 않고 우리 생활 깊숙이 자리 잡아 친구처럼 느껴지기도 한다. 어린이도서관문화재단이 설립한 사립 공공 어린이 도서관이라고 하지만 어른도 자꾸 가고 싶어진다. 3층으로 이루어진 도서관은 모두 신발을 벗고 이용하는 좌식 형태로 꾸며져 있어 집 같은 느낌을 준다. 원하는 책을 뽑아 들고 아무 데나 앉거나 엎드려서 편하게 독서를 즐길 수 있다. 딱딱한 분위기가 아니라 놀이터나 휴식처 같은 느낌이라 책 읽기가 재미있다. 2만2000여 권의 책이 비치되어 있고 퍼즐이나 보드게임도 준비되어 있다. 1층은 영유아 열람실로 아기자기한 분위기를 풍기고, 계단 서고에는 육아, 교육과 관련한 성인 도서도 준비되어 있다. 2층은 다락방과 중층 서가가 있어 매력적인데 다락방에서 내려올 때는 미끄럼틀을 이용하게 해놓은 점이 재미있다. 테이블과 야외 테라스가 있는 3층은 운치 있는 공간이다. 이런 도서관에서라면 누구나 책벌레가 되고 싶어질 것이다.

TIP 도서관 알차게 이용하기

- 춘천 시민이 아니라도, 누구나 무료 이용 가능하며, 누구나 회원 가입할 수 있다.
- 세계 그림책 작가 여행, 어린이/영유아/가족 영화 상영, 빌도로프 인형극, 작가와의 만남, 주제가 있는 책 이야기와 특별 강좌, 전시회, 그림전 등 다양한 프로그램이 무료로 운영되고 있다. 일정을 확인하고 도서관을 방문하면 더욱 알찬 시간을 보낼 수 있다.
- 도서관 홈페이지를 이용하면 월별 일정표 등 유용한 정보를 확인할 수 있다. dam.illib.or.kr

Address 춘천시 효자동 469-4   Where 남춘천역에서 11번 버스 이용, 새마을고개 정류장 하차   Tel 033-256-6363   Cost 무료   Time 화~목요일 10:00~18:00, 금요일 11:00~21:00, 주말 11:00~18:00(매주 월요일·공휴일 휴무)   Parking 가능(전용 주차장은 없으나 주변에 주차 가능)

① 담작은도서관에서 가장 인기 있는 자리. 야외로 돌출된 공중 공간의 정체는 바로 책 읽는 자리. 테이블도 놓여 있고 방석도 준비되어 있어 삼삼오오 모여 책도 읽고 이야기 나누기 좋다. 공중에서 책을 읽는 기분은 어떨까? ② 도서관 1층에는 북 카페가 있다. 영유아 열람실과 이어지며 역시 신발을 벗고 이용한다. 도서관을 찾은 가족이 함께 모여 간단한 커피, 음료, 빵 등을 맛볼 수 있다. 테이블을 이용해도 되고 바닥에 편하게 앉아서 먹어도 된다. 도서관에서 대여하는 보드게임을 갖고 와 이곳에서 즐기는 사람들도 많다. 가족이 쉬어 가는 공간이기도 한 만큼 어른을 위한 잡지와 책도 비치되어 있다. 커피를 포함한 모든 음료가 1000원이라는 착한 가격에 제공되며 수익금은 전액 도서 구입에 사용된다고 하니 1000원이 결코 아깝지 않다. ③ 계단까지 서고로 되어 있어 계단을 오르내리는 순간에도 책을 접할 수 있고 아이들의 흥미를 유발한다. ④ 2층에는 다락방 서고가 있다. 이곳에서 책을 읽으면 나만의 공간에서 책 내용에 쏙 빠져드는 느낌이 든다. 다락방에 숨어서 책 읽는 기분은 체험해본 사람만이 알 듯. 다락방에서 내려오는 미끄럼틀도 아이들이 좋아한다. 책과 친구가 될 수 있는 모든 조건을 갖춘 셈이다. ⑤ 정해진 틀이 없다는 것이 담작은도서관의 매력이다. 꼭 의자에 앉아 규격화된 자세로 책을 읽을 필요가 없다. 바닥에 앉아도 좋고 의자를 책상 삼아 기대어 읽어도 좋다. Whatever you want! ⑥ 3층에 마련된 야외 테라스. 햇살 따스한 날에는 책 한 권 들고 야외에 나가 읽어도 좋다. 기와지붕들이 옹기종기 모여 있는 친근한 풍경은 보너스~. ⑦ 많지는 않지만 어린이 점자 도서도 구비되어 있다. ⑧ 책 읽는 자리가 정해진 것이 아니라 어디든 자연스럽게 책을 들고 앉아 읽을 수 있도록 꾸며져 있다. 이런 요소들이 독서열에 불을 지피는 역할을 한다.

Chuncheon Makguksu Museum
춘천막국수체험박물관

막국수랑 한판 신나게 놀아보세!

메밀로 된 국수를 아무렇게나
'막' 내려 먹어서 막국수라고 불리게 되었다.
그 작명처럼 결코 까다롭지 않다.
어디서든 쉽게 자라는 메밀.
밀보다 흔해서 서민들이
쉽게 만들어 먹을 수 있었던 메밀국수.
그 태생처럼 누구에게나 친근하게 다가간다.
후루룩 뚝딱 먹어버리는 음식이지만
그 음식에 대한 스토리텔링을 알고 나면
후루룩 뚝딱 하는 순간에도
맛을 음미하게 된다.
막국수에 대한 스토리텔링이 가득한
공간으로 떠나보자.

춘천을 대표하는 음식 중 하나인 춘천막국수. 춘천에는 그만큼 유명한 막국숫집도 많다. 맛있는 막국수를 먹는 것만으로는 뭔가 부족하다 싶은 사람이라면 춘천막국수체험박물관을 방문해보자. 2006년 설립된 춘천막국수체험박물관은 전통적인 메밀국수 틀을 형상화한 외관부터 독특하다. 한 가지 음식을 테마르 한다는 콘셉트 자체도 물론 독특하다. 1층 전시실에는 메밀에 대한 정보와 춘천 막국수에 대한 정보를 소개한다. 막국수 조리 과정은 물론, 세계의 메밀 음식 등에 대한 간략한 정보도 접할 수 있다. 사실 볼거리가 많지는 않지만 메밀과 막국수에 대한 대략적인 내용을 살펴볼 수 있다는 데 의의를 둘 수 있다. 2층에는 막국수 체험장과 닥국수 전문점이 있는데, 막국수 체험에서는 반죽부터 시식까지 전 과정을 직접 체험해볼 수 있어 재미있다. 2012년 6월 문을 연 막국스 전문점은 새터민들이 음식을 만들어 정통 이북식 냉동치미 막국수를 맛볼 수 있다는 점이 특별하다. 춘천에 와서 막국수를 먹고 막국수체험박물관까지 돌아보고 간다면 막국수에 대해 확실히 한 수 배워 갈 수 있다.

Address 춘천시 신북읍 신북로 264 Where 춘천역에서 150번 버스 이용 Tel 033-250-4134~5 Web www.makguksumuseum.com Cost 어른 1000원, 청소년 700원, 어린이 500원 Time 09:00~18:00(매표는 ~17:00, 매주 월요일·국가공휴일 다음 날·설·추석 휴무) Parking 가능

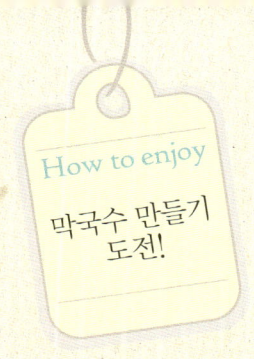

How to enjoy

막국수 만들기
도전!

막국수체험박물관에 간다면 막국수 만들기 체험은 꼭 해봐야 한다. 반죽부터 면을 뽑고 삶고 씻어내는 과정을 모두 체험해볼 수 있다. 준비된 메밀 전분을 열심히 반죽하고 그 반죽을 국수틀에 넣고 뽑아내는 과정이 재미있다. 온 힘을 다해 국수틀을 누르면 메밀국수 면발이 가지런히 뽑아져 나온다. 면을 씻어 그릇에 담아 가면 주방에서 간단한 양념을 해준다. 물론 장갑을 끼고 맛있게 비비는 것도 체험자의 몫이다. 육수가 없기 때문에 비빔막국수로만 즐길 수 있지만, 내 손으로 직접 만든 막국수라 더욱 맛있게 느껴진다. 체험은 40분 정도 소요되며 체험비는 인당 4000원이다. 오전 10시부터 오후 5시(단, 낮 12~1시 제외)까지 별도 예약 없이 언제든 참여 가능하다.

Model Aircraft Museum
모형항공기박물관

날아라,
종이비행기

종이를 접어 비행기를 만든다.
종이비행기를 날린다.

종이비행기가 창공을 나는 순간
느꼈던 그 짜릿함,
기억하는가?

.
.
.
.

"종이비행기,
마지막으로 날려본 적이 언제인가요?"

춘천에는 세계 어디에서도 흔히 볼 수 없는 귀한 박물관이 있다. 바로 모형 항공기를 테마로 한 박물관이다. 이곳은 모형 항공기를 사랑하는 강대헌 관장이 사비를 들여 2004년 2월 개관했다. 교직에 몸담고 있던 강대헌 관장은 우연한 기회에 모형 항공기 대회에 참가하면서 모형 항공기의 매력에 빠져들었다. 그 뒤 20년 정도 모형 항공기에 빠져 지내다 정년퇴임과 동시에 모형항공기박물관을 설립했다. 개인 박물관이라 규모는 소박하지만 모형 항공기에 대한 자료를 이만큼 소장한 곳은 없다.

누구나 어린 시절 한 번쯤 접했을 모형 항공기는 친근하면서도 어려운 대상이다. 특별히 취미로 삼지 않는 이상, 성인이 되고 나서는 쉽게 접할 일이 없기 때문이다. 누구나 쉽게 만들 수 있는 종이비행기부터 오랜만에 접하는 글라이더와 전문가의 손길이 느껴지는 동력 모형 항공기까지, 박물관을 돌아보다 보면 그 옛날 지니고 있던 비행기에 대한 동경이 되살아난다. 이곳의 모형 항공기들은 단순히 진열장에 전시되어 있는 것이 아니라 자유롭게 하늘을 날 듯 공중에 매달려 있기도 하다.

박물관이나 모형 항공기에 대해 궁금한 점은 항상 자리를 지키고 있는 강대헌 관장에게 물어보자. 매우 친절하고 꼼꼼한 설명을 들을 수 있다.

Address 춘천시 동산면 조양리 274-1 Where 춘천-홍천 간 5번 국도 부사원고개 정상 Tel 033-262-5123 Cost 2000원(미취학 어린이, 장애우 무료) Time 09:00~17:00(매주 월요일 휴관, 월요일이 공휴일일 때는 개관) Parking 가능

How to enjoy

모형항공기
박물관 스케치

① 2층으로 올라가는 계단에서 내려다보는 풍경이 이색적이다. 박물관 1층을 돌아보는 동안에는 천장에 매달린 비행기들을 밑에서 쳐다볼 수밖에 없는데, 2층에 올라서서 보면 비행기들을 제대로 구경할 수 있다. 마치 여러 대의 비행기가 하늘을 나는 듯한 풍경이 재미있다. ② ③ 모형 항공기를 사랑하는 사람들이 기증한 물품들도 전시되어 있다. 기증받은 모형기에는 기증 날짜와 기증자에 대한 간략한 정보가 담겨 있다. 기증자 중에는 모형 항공기 세대도 있고, 부모님의 유품을 기증한 사람들도 있다. ④ 전시장은 규모는 크지 않지만, 1전시장, 2전시장, 3전시장 등으로 나뉘어 있다. 모두 강대현 관장이 손수 분류·전시한다. 그는 전시에도 관장의 소신과 원칙이 있어야 한다고 생각기에, 더 나은 전시를 위해 항상 다른 박물관 견학도 소홀히 하지 않는다. ⑤ 모형항공기박물관답게 야외에도 항공기들이 전시되어 있다. 바람 좋은 날, 프로펠러가 마구 돌아가면 금방이라도 비행기가 하늘로 날아갈 듯하다. ⑥ 어린 시절에 숙제 때문이든 호기심 때문이든 한 번쯤은 이런 모형 비행기나 글라이더를 한 상자 사서 조립해본 적이 있을 듯. 하늘을 잘 나는 비행기를 만들기란 생각처럼 쉬운 일이 아니라는 것, 경험해본 사람들은 잘 안다.

Gangwon Drama Gallery

강원드라마갤러리

강원도의 힘

드라마 〈겨울연가〉.
추억, 재회, 애틋한 사랑.
춘천 남이섬, 중도, 시내 곳곳.

영화 〈말아톤〉.
세상에서 가장 아름다운 달리기.
춘천 의암 호반 도로.

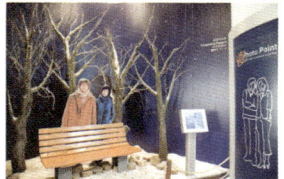

영화 〈웰컴 투 동막골〉.
순박한 인간애.
평창 동막골 마을.

영화 〈연애소설〉.
사랑과 우정 사이.
대관령 삼양목장.

'강원도의 힘'이 실린
영화와 드라마의 재발견.

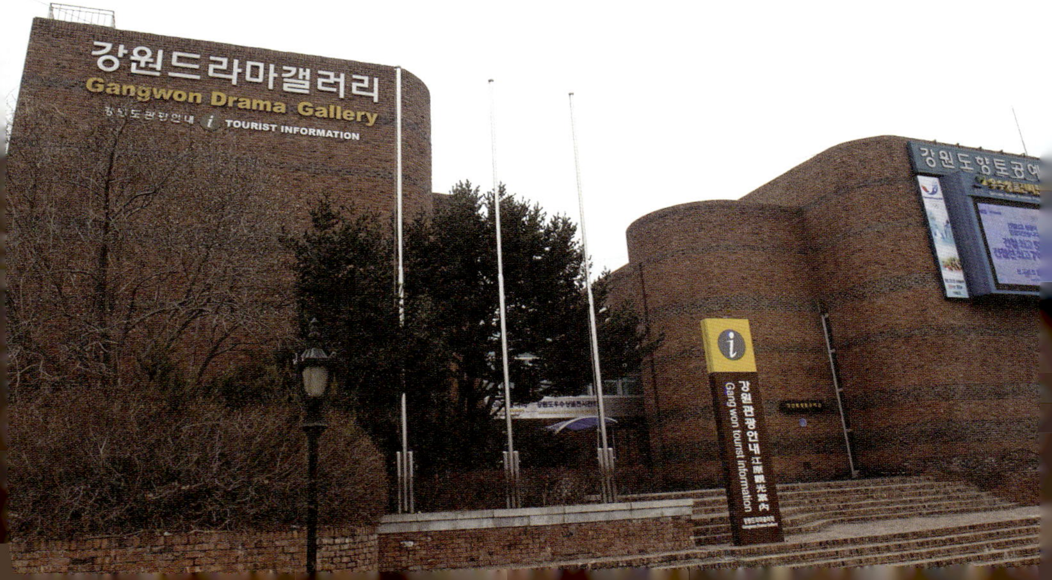

〈겨울연가〉, 〈웰컴투동막골〉, 〈연애소설〉, 〈엽기적인 그녀〉 등 강원
도에서 촬영한 영화와 드라마는 셀 수 없이 많다. 천혜의 자연 조건
을 자랑하는 강원도이기에 영화나 드라마의 멋진 배경이 되기에 충
분하다. 가끔은 드라마나 영화 속에 나온 거기가 어디인지 알아맞히
는 재미가 쏠쏠하다. 내가 아는 장소가 드라마나 영화 속에 등장했
을 때의 기분은 때론 짜릿하기도 하다. 춘천을 비롯해 강원도 각지
에서 촬영한 드라마와 영화에 대한 정보를 얻고 싶다면 강원드라마
갤러리로 가보자. 규모는 크지 않지만, 강원도에서 촬영한 드라마와
영화를 재미있게 살펴볼 수 있다. 유명 드라마나 영화가 강원도 어
디에서 촬영했는지 자세히 살펴볼 수 있도록 전시해두었으며 그 장
면을 실제로 보여주는 영상 시설도 갖췄다. 무료로 운영되고 남춘천
역에서 멀지 않기 때문에 춘천 여행 시 살짝 들러볼 만하다.

Address 춘천시 퇴계동 770-3 Where 남춘천역 1번 출구에서 도보 10
분, KBS방송국 방향 Tel 033-244-0088 Cost 무료 Time 09:00~18:00
Parking 가능

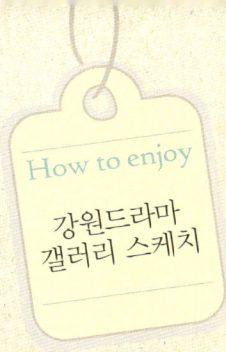

How to enjoy

강원드라마
갤러리 스케치

① ② 외국인 관광객들도 많이 찾는 만큼 〈겨울연가〉 섹션이 별도로 마련되어 있다. 남이섬을 재현한 풍경과 배용준, 최지우 밀랍 인형이 있어 기념 촬영하기에 좋다. ③ ④ 강원도에서 촬영한 인기 드라마와 영화를 감상할 수 있는 터치스크린 존. 강원도에서 촬영된 장면이 담긴 부분들을 보면서 '아, 이 장면을 강원도에서 촬영했구나' 새삼 깨닫게 된다. ⑤ 강원도 각 지역별로 나눠 어떤 드라마나 영화를 촬영했는지 자세히 보여주는 섹션도 별도로 마련되어 있다. 드라마나 영화의 어떤 장면을 그 지역의 어떤 특정 장소에서 촬영했는지 보여주기 때문에 강원도 여행 시 도움이 될 만하다. ⑥ 드라마갤러리 내 강원관광안내센터가 함께 자리하고 있다. 춘천을 비롯한 강원도 각 지역에 대한 여행 정보를 얻을 수 있어 유용하다. 춘천 여행 시 잠깐 들러 드라마갤러리도 구경하고 춘천 여행에 대한 정보도 챙겨 가면 좋다.

Part 6

Fresh Nature in
Chuncheon

자연 속으로 떠나는
춘천 산책

소양강댐, 청평사, 강촌, 공지천…. 춘천에서 추억 하나쯤 남겨놓았을 장소.
춘천은 아름답고, 걸어볼 만한 길도 참 많다.
산, 호수, 강, 섬이 어우러져 만들어내는 춘천의 풍경은 한 폭의 그림이다.
클로드 모네가 사랑했던 파리 인근의 아르장퇴유. 모네가 아르장퇴유를 배경으로 그린
작품들을 보면 춘천이 떠오른다. 그림 속 아르장퇴유는 춘천과 참 많이 닮았다.
모네가 아르장퇴유가 아닌 춘천에 머물렀다면 분명 이 아름다움에 취해
춘천의 한 곳 한 곳을 화폭에 옮겼을 것이다. 그만큼 춘천은 수려하고 따뜻한
풍광을 보듬고 있다. 모네의 작품을 보듯 정성 어린 시선으로 춘천을 바라보자.
내가 걷는 길에서 스치는 풍광 하나하나가 예사롭지 않게 다가올 것이다.

물레길 | 제이드가든 | 강촌 레일파크
남이섬 | 공지천 | 봄내길 | 강촌
구곡폭포 & 문배마을 | 소양강댐 & 청평사
강원도립화목원 | 춘천의 휴양림

마음을 비우고 걸어야 할 길
남이섬

남이섬은 사람의 손길이 무던히도 닿아 탄생한 '핸드메이드' 자연 공간이다. 인위적인 요소와 자연적인 요소가 조화를 이루면 이런 모습이 탄생할 수 있음을 보여주는 곳. 여러 차례 남이섬을 방문하면서 편안함을 느낄 정도로 익숙해진 산책로가 있는가 하면, 남이섬에 이런 길이 있었나 하고 새삼스럽게 느낄 만한 낯선 길도 있다.

사실 남이섬을 놓고 추천 산책 코스를 따로 제시한다는 게 의미가 없을 수도 있으나, 주변 사람들 중에는 남이섬에 몇 차례 가보았지만 매번 가던 곳만 보고 온다고 얘기하는 이들이 적지 않다. 그 때문에 남이섬을 효

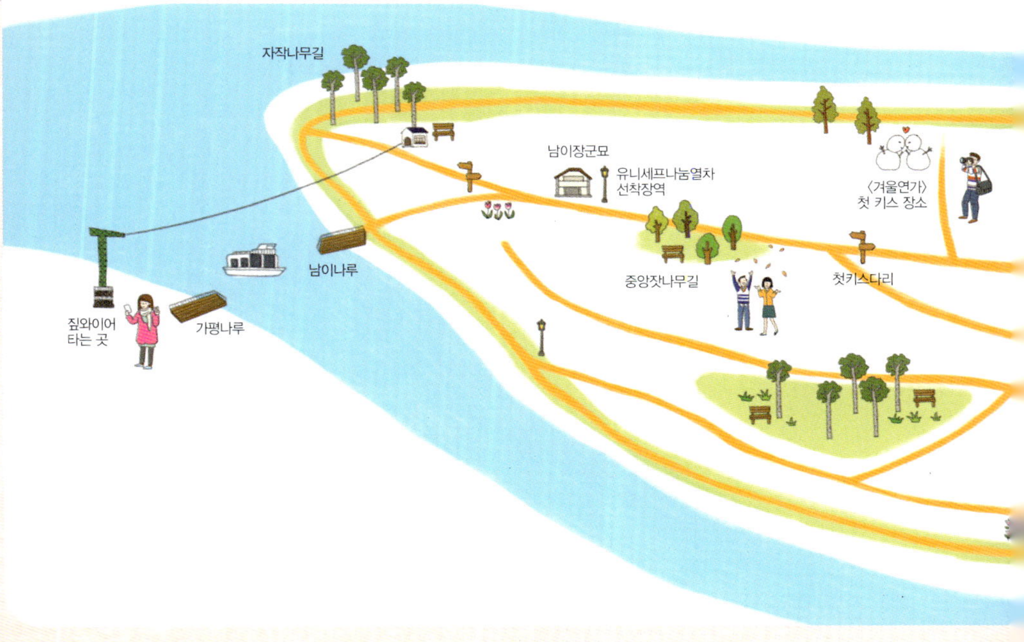

자작나무길

남이장군묘

유니세프나눔열차
선착장역

〈겨울연가〉
첫 키스 장소

남이나루

중앙잣나무길

첫키스다리

짚와이어
타는 곳

가평나루

율적으로 돌아보고 싶은 사람이라면 이런 추천 코스가 필요할지도 모른다.

어디를 걷든 좋은 길투성이지만 누구와 함께하느냐에 따라 산책 코스를 조금 달리할 필요가 있다. 연인들이 함께 걸으면 더 좋은 길이 있는가 하면, 가족들이 함께 걷기에 참 좋은 길이 있다. 의외로 남이섬에는 볼 곳도, 걸을 길도 많다. 욕심을 부리면 지칠지도 모르니, 마음을 비우고 딱 좋을 만큼만 걷자. 우리 모두는 '다음 여행 때'라는 행복한 순간을 언제나 계획할 수 있으니 말이다.

산책 코스 For 연인 남이나루 ⋯ 중앙잣나무길 ⋯ 첫키스다리 ⋯ 겨울연가 첫 키스 장소 ⋯ 메타세쿼이아길 & 전나무길 ⋯ 강변 연인 은행나무길 ⋯ 연인의 숲 ⋯ 자작나무길 ⋯ 남이나루

산책 코스 For 가족 남이나루 ⋯ 유니세프나눔열차 선착장역 승차 ⋯ 중앙역 하차 ⋯ 산딸나무길 ⋯ 녹색가게체험공방 ⋯ 수재원 ⋯ 호텔 정관루 ⋯ 메타세쿼이아길 ⋯ 남이섬역사문화관 ⋯ 운치원 ⋯ 유니세프홀 ⋯ 중앙잣나무길 ⋯ 남이나루

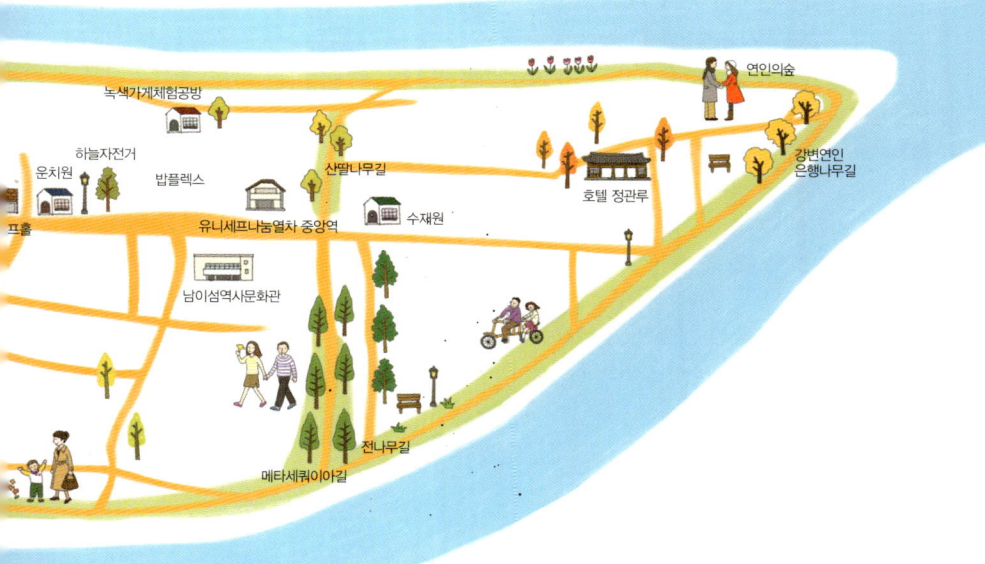

'나는 지금 춘천을 걷고 있어요!'
공지천 일대

공지천 주변을 걸어야 비로소 춘천을 걸어봤다고 얘기할 수 있다. 공지천은 그만큼 춘천을 대표하는 곳이다. 잔잔하고 평온한 의암호를 따라 아늑한 공지천으로 흐르는 물길은 포근하면서도 낭만적이다. 사실 공지천의 산책은 출발점도 도착점도 따로 정할 필요가 없다. 물길이 흐르듯 마음 따라 그냥 흘러 다니면 그만이다.

김유정문인비와 개성 넘치는 조각들이 쉬고 있는 조각공원을 둘러보고, 구름다리를 건너 나무 데크로 된 산책길을 걸어 호반교로 돌아오는 코스는 감탄사를 자아내는 화려한 풍경은 없지만 참하고 단아하다.

조각공원 맞은편의 뜨락, 에티오피아한국전참전기념관을 지나 공지천교를 따라 걸으면 황금비늘 테마 거리와 공지천공원이 나타난다. 낮에는 푸릇한 수목이, 밤에는 눈부신 조명 꽃이 반겨주는 황금비늘 테마 거리는 공지천에서 절대 놓쳐서는 안 될 산책 코스. 그 길을 따라 어린이회관 방면으로 산책을 이어간다. 어린이회관은 현재 운영되지 않으나 주변 경관과 산책로가 좋아 춘천 사람들이 즐겨 찾는 곳이다. 황금비늘 테마 거리에서 공지천공원으로 빠져나와 춘천MBC 방향으로 올라가는 코스도 있다. MBC 건물 내 알뮤트 1917 갤러리 카페의 야외 테라스나 야외광장에서 바라보는 의암호와 중도 풍경이 참 아름답다. MBC 맞은편 춘천지구전적기념관에 올라 바라보는 춘천 시내 풍경 또한 정겹다. 여름철 저녁에는 춘천MBC에서 '호수별빛축제'를 진행해 화려한 불빛으로 반짝이는 별 세상을 만나게 된다.

의암호

자전거길 겸 산책로

춘천MBC/알뮤트 1917

춘천시어린이회관

춘천지구전적기념관

인라인 스케이트장

황금비늘 테마 거리

공지천유원지

축구장

경춘선

공지천 공원

에티오피아 집 한국전
이디오피아 집
참전기념관 뜨락
공지천교
공지사거리

분수광장

조각공원

산책로

물시계전시관

춘천시립도서관

호반교

산책 코스 1 조각공원 ⋯ 공지천고 ⋯ 황금비늘 테마 거리 ⋯ 어린이회관 ⋯ 춘천MBC ⋯ 춘천지구전적기념관

산책 코스 2 조각공원 ⋯ 구름다리 ⋯ 강변산책길 ⋯ 호반교 ⋯ 조각공원

자전거 타고 떠나는 산책
강촌

춘천은 어디든 그러하지만, 강촌은 특히 물과 산을 따라 산책을 즐기기 좋은 코스. 게다가 강촌 특성상 '여행자의 필'이 충만해 산책에도 에너지가 넘친다. 강촌에서 자연 산책을 제대로 즐기기 위해서는 우선 자전거 한 대를 준비하면 더 좋다. 곳곳에 자전거 대여점이 많으므로 쉽게 자전거를 빌릴 수 있다. 자전거가 필요한 이유는 단순히 거리상의 문제 때문이 아니다. 느리게 걸으면서 바라보면 좋은 길이 있는가 하면, 때로는 자전거를 타고 바람을 가르며 달려야 제맛인 길도 있기 때문이다.

청춘의 상징인 강촌역 폐역에서 낭만 가득한 경강역 폐역에 이르는 길은 약 9km에 달하는 만만찮은 거리이지만 한 번쯤 도전해볼 만하다. 자전거 길이 조성되어 있으므로 자전거를 타고 달려도 좋고 잠깐씩은 자전거를 멈추고 천천히 걸어도 좋다. 아니면 강촌역과 경강역에 새로 조성된 레일바이크와 연계한 산책도 가능하다.

강촌역에서 구곡폭포 입구까지 약 2km의 구간 역시, 자전거를 이용하거나 걸을 수 있다. 구곡폭포까지 구곡 혼을 느끼며 걷는 길은 아기자기하고, 구곡폭포에서 문배마을에 이르는 길은 세차다. 문배마을에 도착하면 동네 길을 따라 어슬렁거려본다. 그러다 장씨네, 김가네, 문배집, 촌집 등 아무렇게나 이름을 달아놓은 듯한 가정식 음식점에 들어가 꿀맛 같은 한 끼를 즐긴다. 갈대가 드리운 생태공원을 따라 걷는 고즈넉한 산책로는 후식처럼 달콤한 시간을 선사한다.

경강역(폐역)

굴봉산역

북한강

굴봉산

백양리역

엘리시안강촌

자전거길

검봉산

강촌역(폐역)

강촌교

구곡폭포

강촌역

문배마을

산책 코스 1 강촌역 ⋯ 구곡폭포 입구 ⋯ 구곡폭포 ⋯ 문배마을(생태공원)

산책 코스 2 강촌역 폐역 ⋯ 경강역 폐역

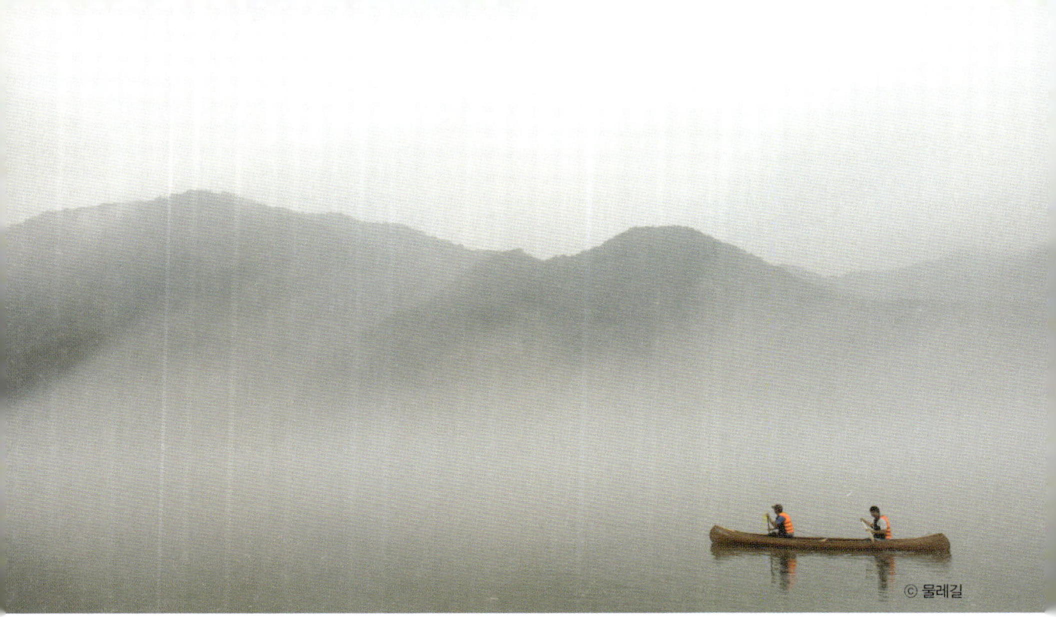
© 물레길

Mulle-Gil

물레길

Mad About Canoe

캐나다 퀘벡의 60대 여성은
가끔 카누와 자전거를 이용해
출퇴근을 한다.

캐나다 밴쿠버의 30대 여성은
퇴근 후 친구와 다운타운 해안에서
카누를 타며 담소를 나눈다.

캐나다 토론토의 40대 남성은
주말이면 카누에 장비를 싣고
가족들과 캠핑을 떠난다.

먼 나라의 꿈같은 이야기가
지금 춘천 물레길에서
현실로 펼쳐진다.

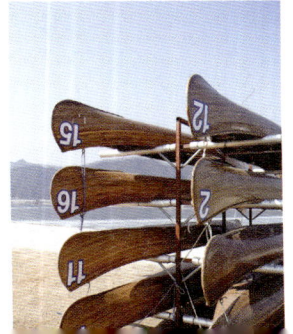

© 물레길

© 물레길

스페인 산티아고 길을 걷던 서명숙 이사장은 제주에 올레길을 만들면서 우리 땅 걷기 여행의 문을 열었다. 그리고 캐나다에서 카누를 즐기던 장목순 소장은 춘천에 물레길을 만들면서 우리나라 물길 여행의 시작을 알렸다. 제주 올레길을 시작으로 전국 각지에 참 많은 길이 갈려졌는데 물길 여행은 춘천 물레길이 처음이다.

캐나다 서북태평양 연안의 원주민들이 즐겨 타기 시작한 역사 때문일까. 캐나다에서는 카누가 일상화되어 있다. 캐나다에서 생활했던 장목순 소장은 훌륭한 수변 환경을 갖춘 우리나라에도 카누와 카누 캠핑을 알리고자 호반의 도시 춘천에 물레길을 연 것이다. 물과 산으로 둘러싸인 춘천이야말로 캐나다 못지않게 카누 여행을 즐기기 좋은 곳. 특히 물레길에서는 나무로 만든 캐나다 정통 카누를 체험해볼 스 있어 더욱 좋다. 카누를 타고 노를 저으며 찬찬히 살펴보는 호수와 산의 풍경은 이전에 물 밖에서 보던 풍경과는 너무나 다르게 다가온다. 하지만 아직은 카누 하면 전문적인 스포츠 활동처럼 생각하는 사람들이 많은데, 카누는 수상스키나 웨이크보드 같은 수상 레저 활동보다 편하게 다가갈 수 있다. 우리에게 익숙하지 않을 뿐, 초보자도 누구나 금방 쉽고 편하게 즐길 수 있다.

가족이나 친구들과 나무로 만든 카누를 타고 춘천을 돌아보고, 카누와 캠핑을 접목한 카누 캠핑 여행을 즐기며, 내 손으로 내 카누를 만들어보는 일. 몇 년 전까지만 해도 먼 나라에서나 가능한 꿈같은 일이었다. 하지만 춘천 물레길 덕에 이제 누구나 쉽게 즐길 수 있게 되었다. 꿈같은 카누 여행을 즐기려면 지금 바로 춘천 물레길로 달려가보자.

Address 춘천시 송암동 644-23 **Where** 송암스포츠타운 내 **Tel** 070-4150-9463 **Web** www.mullegil.org **Cost** 물레길 카누 투어 2인 기준 카누 1대당 3만원, 그 외 프로그램별 상이 **Time** 일반적으로 09:00부터 하루 6회 카누 투어 은영(매주 월요일 휴무, 월요일이 공휴일인 경우는 그다음 날 휴무) **Parking** 가능

How to Enjoy
물레길에서
카누 즐기기

1 카누 타고 즐기는 물레길 투어

초보자라도 누구나 카누를 즐길 수 있다. 물레길 투어는 의암댐 코스, 붕어섬 코스, 중도 코스를 기본으로 다양한 코스를 개발 중이다. 카누 1대에 최대 성인 3인 또는 성인 2인과 어린이 2인까지 탑승 가능하다. 먼저 카누에 대한 기본 교육을 받고 1시간 정도 카누 투어를 즐기게 된다. 요금은 카누 1대당 2인 탑승 기준으로 3만원이며 만 13세 이상 1인 추가 시 1만원, 만 3~12세 1명 추가 시 5000원. 카누 투어는 일반적으로 오전 9시부터 총 6회에 걸쳐 진행된다. 특히 마지막 회에 운영하는 '저녁노을 카누잉'과 주말에만 추가 운영하는 '새벽 물안개 카누잉'은 색다른 매력을 선사한다.

2 카누+캠핑, 최고의 추억 만들기

카누를 타고 캠핑도 하는 낭만적인 코스도 있다. 국내에서는 아직 생소한 카누 캠핑을 체험해볼 수 있는 소중한 기회. 카누에 짐을 싣고 중도로 이동해 캠핑을 즐기는 진정한 카누 캠핑 코스를 2012년부터 봄부터 선보였으나, 중도 레고랜드 공사 때문에 향후 다른 코스를 선보일 예정이다. 캠핑 기간 동안 카누 1대를 대여해주므로, 원하는 시간에 자유롭게 카누를 경험할 수 있다. 4인 가족(어른 2인과 어린이 2인) 기준 1사이트당 10만원 정도로 이용이 가능하다. 카누 캠핑에 대한 자세한 정보는 물레길 홈페이지를 통해 확인할 수 있다.

3 내 손으로 직접 카누를 만든다

캐나다 등지에서는 자신의 카누를 손수 만들어 사용하는 사람이 많다. 우리나라에서는 아직 보편화되지 않았지만 원한다면 춘천 물레길에서 내 카누를 직접 만들어볼 수 있다. 물레길에서는 카누 제작학교를 별도로 운영하고 있는데 이론과 실습 교육을 통해 전문가의 도움을 받아 직접 카누를 제작하게 된다. 카누제작학교는 약 6일에 걸쳐 진행되므로 일주일만 투자하면 누구든 세상에 단 하나뿐인 나만의 카누를 손에 넣을 수 있다. 카누를 타는 것 자체도 근사한 일인데, 거기다 내 손으로 만든 나무 카누를 타고 물길 여행을 떠난다니, 그 기분은 더 이상의 설명이 필요 없을 것 같다.

4 숨은 매력 포인트, 2층 '오픈 카페'

춘천 물레길 카누 여행을 체험하러 가는 길, 물레길 운영 사무국이 있는 유선형 건물에 먼저 마음을 빼앗긴다. 의암호를 배경으로 우뚝 솟은 건물은 자연과 하나가 되어 더욱 빛을 발한다. 물레길에 온 이상 카누 여행이 핵심이겠지만 운영 사무국 2층에 있는 오픈 카페도 매력적이다. 물레길 운영 사무국에서 직접 제작한 나무 테이블, 의자, 카누 장식장 등 갖가지 나무 인테리어 소품이 눈길을 사로잡는다. 구수한 핸드드립 커피 한잔 마시며 의암호를 바라보며 즐기는 휴식은 카누 여행만큼 강한 인상을 남긴다.

Tip

+ 물레길 카누 투어는 1회 이용 인원이 정해져 있는 만큼 사전 예약 후 이용할 것을 권장한다. 특히 주말에는 반드시 예약해야 한다. 물론 현장에 가서 이용할 수도 있지만 예약이 차 있다면 이용하지 못할 수도 있다. 물레길 홈페이지(www.mullegil.org)를 통해 예약하면 된다.

+ 카누는 초보자도 쉽게 이용할 수 있지만, 1시간 정도 노를 저어야 하는 만큼 타기 전에 근육 스트레칭을 충분히 해주는 게 중요하다. 또 한 가지 주의할 점은 카누 위에서 대부분의 사람들이 중심을 잡으려고 애쓰는데, 그런 행동은 삼가야 한다는 것이다. 카누는 스스로 중심을 잡기 때문에 사람이 중심을 잡으려 움직이다 보면 오히려 위험해질 수 있다고.

Jade Garden
제이드가든

<u>속삭임</u>

걸음을 늦추세요.

마음을 비우세요.

그리고

나를 봐주세요.

이제 내 속삭임이 들리시죠?

'숲 속에서 만나는 작은 유럽'이라는 콘셉트에 충실한 내추럴한 매력과 디자인적 요소가 조화를 이룬 감성 수목원. 2011년 봄에 문을 열었으며 감각적이고 호젓한 분위기가 매력적이다. 자연의 품속에 폭 안긴 제이드가든은 천천히 걸으며 아기자기하게 자연을 느끼는 법을 알려준다. 이탈리아 투스카니 양식을 도입한 방문객센터를 거쳐, 수로를 중심으로 한 전형적인 이탈리아풍 정원과 다년초화류가 주를 이룬 영국식 정원을 지나면 유럽풍 분위기를 만끽할 수 있다. '유로피언 존(European Zone)'을 지나면 자연 그대로의 느낌이 살아 있는 '랜드스케이프 존(Landscape Zone)'을 만나고, 마지막에 고층 습지오 아름다운 전망 등이 인상적인 '스카이뷰 존(Skyview Zone)'에 다다른다. 크게는 3개 존, 작게는 24개의 테마 분원으로 꾸며져 있으며, A코스(나무내음길), B코스(단풍나무길), C코스(숲속바람길) 등 주요 관람 동선을 참고해 돌아볼 수 있다.

Address 춘천시 남산면 서천리 산111 Where 경춘선 굴봉산역 하차 후 셔틀버스 이용 Tel 033-260-8300 Web www.jadegarden.kr Cost 어른 8000원, 중·고등학생 5000원, 어린이 4000원(12~3월은 어른 6000원, 중·고등학생 4000원, 어린이 3000원) Time 09:00~일몰 시(입장은 마감 1시간 전까지) Parking 가능

Tip

+ 수목원 무료 해설 서비스를 운영하고 있다. 주중에는 오전 10시와 오후 2시, 주말에는 오후 2시에 진행되며 1시간 30분 정도 소요된다. 1회 선착순 20명까지이며 당일 매표소에서 신청하면 된다.

+ 경춘선 전철 굴봉산역과 제이드가든을 오가는 무료 셔틀버스 운행. 거의 1시간 간격으로 운행하며 자세한 시간표는 홈페이지 참조.

+ 춘천시티투어 버스 토요일 코스에 제이드가든이 포함되어 있다. 경춘선 춘천역에서 출발하는 시티투어 버스를 이용하면 좀 더 편하게 제이드가든을 방문할 수 있다.

+ 분갈이 체험하기, 나무 꾸미기 등 다양한 체험 프로그램과 주말 체험 학습 등을 운영한다. 또 정원 설계에 대해 보다 전문적인 지식을 쌓을 수 있는 'GIY(Gardening It Yourself)' 프로그램도 준비되어 있다.

+ 돗자리 반입은 허용되나 피크닉가든에서만 이용 가능하다. 도시락도 반입할 수 있으나 지정된 야외 공간에서만 식사가 가능하고 국물류나 껍질을 제거하지 않은 과일류는 반입을 금지한다는 점을 참고하자.

절대 놓치지 말아야 할 테마 분원 포인트!

'만 가지 병을 고친다'는 만병초가 가득한 로도덴드론가든을 빼놓지 말고 걸어보자. 국내외 다양한 만병초를 수집 전시한 공간으로, 나무 데크로 조성한 길이 운치 있다. 만병초 가득한 길을 걷는 것만으로도 온몸이 치유되는 기분이 든다. 분위기가 정반대인 드라이가든과 이끼원을 함께 돌아보는 코스도 재미있다. 건조지에서 잘 자라는 식물을 이용해 조성한 드라이가든을 지나 얼마 더 걷다 보면 자연 계류 속에 펼쳐진 이끼류와 음지에서 잘 자라는 야생화들이 펼쳐지는 축축한 이끼원이 나온다. 상반된 두 공간은 새삼 자연의 신비로움에 감탄하게 만든다.

영화, 드라마 속 제이드가든 찾아보기

방송 예정인 황정음, 노민우 주연의 〈풀하우스 2〉에 등장하는 멋진 배경이 바로 제이드가든. 극 중 풀하우스로 나오는 집이 제이드가든 입구에 위치한 방문자센터다. 투스카니 양식의 방문자센터는 로맨틱하고 이국적인 분위기라 드라마와 잘 어울린다. 가든파티가 열리는 장면도 제이드가든의 '이탈리안 가든'에서 촬영했다. 장근석, 김하늘 주연의 영화 〈너는 펫〉과 드라마 〈사랑비〉도 제이드가든에서 촬영한 바 있다. 제이드가든 곳곳에서 영화나 드라마 속에 등장한 풍경 혹은 소품을 찾아볼 수 있다.

아이와 함께? 연인과 함께?

아이들과 함께라면 랜드스케이프 존에 위치한 마녀의 집을 꼭 방문해보자. 숲 속에 조성된 마녀의 집은 동화 속 한 장면을 연상케 하는 공간으로, 아이들의 상상력을 자극한다. 키 큰 나무들 사이에 조성된 나무놀이집도 그네와 흔들다리가 있어 아이들이 좋아한다. 도시락과 돗자리를 준비해 피크닉가든에서 아이들과 함께 여유로운 한때를 보내도 좋다. 연인이라면 로맨틱한 분위기가 넘실대는 웨딩가든에서 데이트를 즐기자. 실제 웨딩 촬영 장소로도 활용되는 공간이라 연인들이 기념사진을 남기기에 좋다. 갖가지 꽃이 피고 지는 꽃물결원도 연인들이 함께 걷기 좋은 산책길.

수목원을 닮은 레스토랑

제이드가든 분위기와 딱 들어맞는 '인 더 가든(In the Garden)' 레스토랑. 수목원에서 직접 재배한 유기농 채소와 인근 굴봉산 지역, 강원도 청정 지역에서 공수한 식자재를 이용한 웰빙 메뉴를 선보인다. 춘천의 지역적 특성을 살린 닭갈비 & 막국수정식 메뉴가 이색적이며, 팬지, 금어초, 패랭이 등 각종 유기농 허브 꽃과 유기농 채소를 혼합한 봄 한정 메뉴인 허브꽃비빔밥이 인기.

Gangchon Rail Park
강촌레일파크

노(路)
변정담

경춘선계의 원조 아이돌, 구 강촌역
간이역계의 원조 꽃미남, 경강역
간이역계의 원조 꽃미녀, 구 김유정역
(옛 신남역).

그들의 화려한 컴백.

레일파크에서 펼쳐지는
옛 경춘선의 추억.

노변정담(爐邊情談) 같은
철로(路)변정담!

단아한 모습 때문에 영화와 드라마 배경이 되었던 옛 경강역과 김유정역(구 신남역). 그래피티로 치장하고 젊음의 열기를 끌어안아주던 옛 강촌역. 경춘선 복선화와 함께 버려졌던 철로와 간이역이 다시 활기를 찾았다. 강촌레일파크라는 이름으로 레일바이크가 달리게 되었기 때문이다. 김유정역, 강촌역, 경강역을 코스로 하니, 옛 경춘선에서 가장 아름답던 코스를 다시 감상할 수 있게 된 셈이다. 예전에 기차를 타고 지날 때는 놓쳤을 자연의 섬세한 숨길이 피부 가까이 전해온다. 추억을 가득 싣고 달렸을 옛 경춘선 기차가 지났던 오래된 철로의 침목이 적나라하게 모습을 드러낸다. 그게 바로 춘천에서 즐기는 레일바이크의 매력이 아닐까.

정선레일바이크나 삼척해양레일바이크처럼 먼 길을 가지 않아도 된다는 점 또한 춘천 레일바이크의 장점이다. 경춘선 전철역에서 접근하기 좋고, 특히 레일파크 김유정역은 경춘선 김유정역 바로 옆에 위치해 전철만 타고도 레일바이크를 즐길 수 있게 되었다는 점이 상당히 매력적이다.

현재는 김유정역, 강촌역, 경강역 코스를 기본으로 하고 있으나, 향후 옛 김유정역부터 경기도 가평군 자라목마을까지 20km 구간에 레일바이크와 꼬마열차를 접목한 이색 코스를 선보일 예정이다. 이제 춘천을 찾아야 할 또 하나의 '빅 재미'가 탄생한 셈.

Address 김유정역–춘천시 신동면 증리 323–2, 강촌역–춘천시 남산면 강촌리 산 88–2, 경강역–춘천시 남산면 서천리 32–3 **Where** 김유정역–현 경춘선 김유정역 옆, 강촌역–강촌역 폐역(현 강촌역에서 약 1.5km), 경강역–폐역(굴봉산역에서 약 1.5km) **Tel** 033–257–0000 **Cost** 2인승 2만5000원, 4인승 3만5000원 **Time** 09:00∼19:00에 2시간 간격으로 출발(동절기에는 15:00까지만 운행하며 경강역은 하절기에도 17:00까지만 운행) **Parking** 가능

How to Enjoy
춘천에서 레일바이크 즐기기

Step 1 내 취향에 맞는 코스 선택하기

현재 김유정역, 강촌역, 경강역에 레일파크역이 조성되어 있다. 김유정역과 강촌역을 오가는 구간은 총 8km 길이로, 같은 선로를 이용하기 때문에 똑같은 풍광을 즐기게 된다. 예술 작품이 설치된 4개의 터널과 시원한 강변 풍경이 눈길을 사로잡는다. 김유정역에서 강촌역으로 향하는 구간은 완만한 내리막길이 포함되어 다소 편안하게 레일바이크를 즐기며 적당한 스릴감을 만끽할 수 있다. 바꿔 말하면, 강촌역에서 김유정역으로 향하는 코스는 오르막 구간이 포함되어 힘들지만 역동적인 레일바이크 체험이 가능하다. 강촌역에서 출발하는 코스는 오르막 구간 때문에 4인승만 이용 가능하도록 되어 있다. 레일파크 김유정역은 특히 경춘선이 오가는 현재의 김유정역과 도보 3분 정도 거리에 매표소가 위치해 접근성이 좋다.

경강역에서 출발하는 코스는 백양리역 근처까지 간 후 철로에서 회차한다. 유난스럽거나 호려한 풍광은 없지만, 잔잔하고 고즈넉한 분위기가 이어진다. 한쪽으로는 강을, 다른 한쪽으로는 절벽을 끼고 달리기 때문에 한여름에도 시간만 잘 맞추면 뜨거운 햇살을 피할 수 있다. 또 간혹 철로 위에서 노니는 철없는 다람쥐들이 이곳의 자연환경이 얼마나 깨끗한지 말해준다. 조금 힘들어질 무렵, 철로가 끝난다. 신나게 달려오던 철로가 뚝 끊어진 장면은 그저 신기할 따름이다. 어떻게 레일바이크를 돌릴까 궁금했는데, 기계를 사용해 힘들이지 않고 방향을 돌린다. 모든 길이 그렇듯 갈 때보다 돌아오는 길이 훨씬 짧게 느껴진다. 왕복 6km 구간인데, 기분상으로는 갈 때 4km, 돌아올 때 2km 같다. 추후 경강역에서 가평 쪽으로 가는 구간도 개통될 예정인데, 철교를 건너는 코스를 추가해 재미를 더할 예정이다. 예약은 웹사이트(www.railpark.co.kr)를 통해 가능하다.

Step 2 레일바이크만큼 재미있는 레일파크역 구경하기

강촌레일파크가 개통되면서 레일바이크만큼 명성을 떨치고 있는 곳이 바로 레일파크 김유정역. 신 김유정역 바로 옆에 위치한 레일파크 김유정역은 멀리서도 한눈에 들어온다. 김유정역이라는 특성을 살려 '레일파크 북스테이션'이라는 타이틀 아래 도서관이나 서점 책꽂이를 연상시키는 익스테리어를 도입했기 때문이다. 유명 작가들의 작품 원본을 촬영해 만든 대형 조형물 안에 카페테리아, 매점, 포토 부스 등이 자리 잡았다. 김유정 작가의 작품을 비롯한 국내 유명 작가들의 작품이 전시되어 있다. 이곳에 소개한 작품들은 모두 강원도에 연고를 둔 작가들의 저서. 총 29인의 작가 중 김유정, 한수산, 최수철, 하창수, 박정애, 박형서, 구혜영, 오정희 등 춘천 출신 작가들도 눈에 띈다. 분수대와 야외 좌석 등을 갖추어 꼭 레일파크를 이용하지 않더라도 잠시 쉬어 가기 좋을 만한 공간이다.

한편, 레일파크 경강역과 강촌역은 폐역을 활용하고 있다. 경춘선 간이역 시절, 이름깨나 날렸던 경강역은 옛 모습에 어울리는 극아한 치장으로 다시 문을 열었다. 그동안 굳게 문을 닫고 있던 분위기 만점의 경강역을 다시 방문할 수 있다는 사실이 반갑다. 역 마당 앞에 서 있는 향나무 아래에서 잠시 쉬어 가도 좋다. 강촌역은 폐역을 크게 손보지는 않았지만 그래피티 가득한 옛 풍경만으로 정취가 넘친다. 역과 인접한 철로 위에서 출발한다는 것도 재미있다.

TICKETS BOX 매표소 | 김유정역 | 강촌레일파크

Nami Island
남이섬

동화

동화(同化)되고
동화(同和)되는,

동화(童話)세상.

대한민국 대표 여행지로 자리 잡은 남이섬은 섬 전체가 상상과 예술, 자연을 테마로 한 문화 관광지로 꾸며져 있다. 원래 남이 장군의 묘가 있어 남이섬이라 불리게 되었고, 2006년 3월 1일 독립선언을 하면서 나미나라공화국이라는 이름을 얻었다. 원래는 섬이 아니었으나 청평댐 건설로 섬이 되었으며 나무가 무성하고 잔디밭이 넓게 조성되어 있어 자연 친화적이다. 특히 산책로가 아름다운데, 〈겨울연가〉를 촬영하면서 더욱 인기를 얻은 메타세쿼이아길, 남이섬을 대표하는 산책로인 은행나무길, 벚나무가 우거져 봄에 더욱 아름다운 냇꽃길을 비롯해 잣나무길, 자작나무길, 갈대숲길, 강변데크길 등이 있다. 남이섬의 또 다른 매력은 평화로운 자연 풍경과 함께 아기자기한 문화 콘텐츠가 가득하다는 것이다. 남이섬을 대표하는 세계책나라축제, 한 해의 마지막 날 열리는 한겨울밤의여름꿈축제 등 각종 축제는 물론, 다채로운 공연과 전시가 연중 개최된다.

Address 춘천시 남산면 방하리 198 **Where** 경춘선 · ITX 가평역 하차 후 버스 · 택시로 5분, 또는 도보 약 20분 **Tel** 033-580-8114 **Web** www.namisum.com **Cost** 어른 1만원, 중 · 고등학생 8000원, 어린이(36개월~초등학생) 4000원 **Time** 첫배-가평나루발 07:30/남이나루발 07:35, 막배-가평나루발 21:40/남이나루발 21:45 **Parking** 가능(4000원)

How to Enjoy
산책로 따라
남이섬 자연 느끼기

산책 1 남이섬의 상징, 메타세쿼이아길

남이섬의 상징인 메타세쿼이아길은 드라마 〈겨울연가〉로 더욱 유명해졌다. 남이섬에 다녀온 사람들이라면 반드시 이 길에서 사진 한 장을 남겼을 터. 푸름이 돋보이는 봄과 여름, 쭉 뻗은 나무 자태가 잘 드러나는 가을과 겨울, 그 어느 때나 매력적인 풍경을 선사한다.

산책 2 계절 따라 즐기는 산책로

봄에 남이섬을 찾는다면 중앙광장에서 수영장 쪽으로 향하는 벚나무길을 거닐어보자. 다른 계절에는 무심코 지나치게 될 길이지만 벚꽃이 만발하는 시기에는 아름다운 벚꽃길로 변신한다. 가을에는 중앙광장에서 별장촌으로 가는 방향에 위치한 은행나무길과 남쪽 강변의 갈대숲길을 놓치지 말자. 노란 은행잎으로 뒤덮인 은행나무길, 바람에 흔들리는 갈대들이 무성한 갈대숲길은 남이섬의 가을빛 추억을 더욱 빛나게 한다.

산책 3 변치 않는 자태를 뽐내는 잣나무길

남이섬에는 푸른 잣나무길이 많은데, 선착장에서 남이섬으로 들어가는 메인 통로라 할 수 있는 중앙 산책로 역시 잣나무길이다. 이 길도 많은 사람들이 사진 촬영을 하는 곳. 키 큰 나무들이 우거진 이 길을 걸으면 남이섬을 제대로 느낄 수 있다. 이외에도 연인잣나무길, 호반잣나무길 등이 아름답다.

산책 4 조용하게 거니는 산책로

남이섬 북단 천경원 근처에서 강변을 따라 자작나무길과 튤립나무길이 펼쳐진다. 사람들이 많이 찾는 곳이 아니라 한적하게 산책을 즐길 수 있다. 조용한 분위기 속에서 청정 자연을 느끼고 싶다면 이 산책로를 거닐어보자.

오직 남이섬에서만 만날 수 있는 귀한 호텔 정관루

한 번쯤은 정관루에 머무르며 그저 스쳐 가는 것이 아니라 남이섬의 아침과 점심, 저녁을 온전히 즐겨보자. 수많은 작가가 함께 만든 갤러리형 호텔 정관루에서는 남이섬의 정신을 제대로 느낄 수 있다. 각 작가의 이름을 달고 있는 객실은 똑같은 곳이 하나도 없다. 녹색가게, 겨울연가 유진, 겨울연가 준상, 환경학교 등 방마다 특별한 이름을 가지고 있다. 재활용을 통한 친환경 건축을 실천했으며 TV와 인터넷을 없애 자연 속에서 친정한 휴식을 취할 수 있게 했다. 정관루에서 머물며 남이섬을 체험하면 확연히 다른 느낌을 받을 수 있을 것이다.

환경과 내 몸을 소중히 여기는 법을 배우다 에코 카페 호반새

남이섬 환경학교에서 운영하는 곳으로, '에크 카페'를 콘셉트로 한다. 바른 먹을거리를 통해 환경문제와 농업에 관심을 기울이게 한다는 뜻을 담고 있다. 유기농 재료를 이용한 식사류와 유기농 커피 등을 판매한다. 카페 이름이기도 한 호반새는 물총샛과의 한 종류로 현재는 멸종 위기 관심 필요 등급을 받은 새이기도 하다. 남이섬에서는 5월에서 9월 사이에 볼 수 있다니 유심히 찾아봐도 좋을 듯. 카페 수익금을 환경 교육 기금으로 적립하기 때문에 더욱 의미 있다. 사람들이 많이 다니는 메인 산책로 뒤쪽으로 자리해 한적하게 휴식을 취하기에 그만.

세상에 가치 없는 것은 하나도 없다 남이섬 재활용 문화 체험

남이섬 곳곳에서 재활용 작품을 접할 수 있다. 섬에 들어온 물건은 거의 섬 밖으로 내보내지 않는 것으로 유명한 남이섬에서는 쓰레기도 작품으로 다시 태어나곤 한다. 폐유리병을 활용한 유리공예, 폐목재를 활용한 목공예, 소각재를 이용한 도자기 공예 등 하나하나가 의미 있고 위대하다. 남이섬에서 재활용 문화를 좀 더 깊이 있게 체험해보고 싶다면, 환경센터와 환경학교, 녹색가게 체험공방 등을 이용해보자.

How to Enjoy
남이섬 한 바퀴 돌아볼까~

남이섬을 구경하는 방법은 다양하다. 천천히 걸어서 돌아봐도 좋고,
자전거를 타고, 혹은 전기 자동차나 기차를 타도 좋다.
남이섬을 걷다 보면 다양한 탈거리를 만날 수 있는데,
다른 유원지에 비해 친환경적인 탈거리가 가득하다.

1 섬 안의 즐거운 기차 여행

작은 섬이지만 철로가 놓여 있고 남이섬 선착장에서 중앙역까지 꼬마 열차가
다닌다. 칙칙폭폭 달리는 열차 안에서 바라보는 남이섬은 더 낭만적이다. 유니
세프나눔열차라는 이름에 걸맞게 수익금의 일정액은 유니세프에 기부한다. 편
도 2000원.

2 자전거가 잘 어울리는 남이섬

남이섬에서 가장 인기 있는 탈거리는 단연 자전거가 아닐까. 자전거를 타고 나
무가 우거진 예쁜 길을 달리는 풍경이 익숙하다. 1인용 · 2인용 · 가족용 자전
거가 비치되어 있다. 특히 4인 좌석을 갖춘 가족용 자전거가 인기가 많은데, 최
근 오렌지 빛깔의 신형 자전거로 교체해 더욱 인기를 끌고 있다. 대여 장소는
운치원(어린이놀이터) 옆 바이크센터. 가족용 자전거 대여료는 30분에 1만원.

3 하늘을 달리고 싶다

상공에서 남이섬을 바라볼 수 있는 이색 코스인 하늘 자전거. 6m 높이의 레일 위로 자전거 페달을 밟으며 남이섬을 감상한다. 2인용이며 초등학생 이하 2000원, 중학생 이상 3000원.

4 전기 자전거 타고 폼 나게 누비자

전기 자전거 트라이웨이를 타고 재미있게 남이 섬을 돌아볼 수도 있다. 헬멧 착용이 필수이며 남이섬 안은 비포장도로이고 사람이 많은 관계로 천천히 운행하는 것이 좋다. 이용료는 30분 1만원, 1시간 1만8000원.

5 이탈리아 장인이 '한 땀 한 땀' 디자인한 수제 자동차

'나마이카'라는 이름의 미니 자동차. 이탈리아 장인이 수작업으로 디자인한 후 한국에서 제작한 수제 자동차이다. 독특한 모습 때문에 한 번쯤 타보고 싶어진다. 단, 운치원 주변 나마이카 전용 드라이브 코스 내에서만 이용 가능하다. 요금은 30분 1만원.

6 남이섬을 편하고 알차게 돌아본다

남이섬 입구에 도착하면 전기 자동차가 서 있다. 전문 가이드가 동반해 남이섬에 대해 친절한 안내를 해준다. 20~25분 소요되며 요금은 1인당 5000원.

Gongjicheon
공지천

안개 중독자가
되고 마는…

사랑아
그대가 떠나고
세상의 모든 길들이 지워진다

나는
아직도 안개 중독자로
공지천을 떠돌고 있다

.

.

.

길 없는 허공에서 일어나
길 없는 허공에서 스러지는
안개처럼
그토록 아파한 나날들도
손금 속에 각인되지 않은 채로
소멸한다

결국 춘천에서는
방황만이 진실한 사랑의 고백이다

– 이외수 '안개 중독자' 중

공지천에서 오리배를 타거나 자전거를 타는 풍경은 춘천을 추억하는 이미지 중 하나가 아닐까. 지금도 여전히 공지천에서는 오리배가 유유자적 부유하고 자전거는 바람을 따라 산들거린다. 공지천은 생활 속 쉼을 선사하는 곳이다. 여행자들도 많이 찾지만 춘천 사람들이 가장 편안하고 '만만하게' 찾는 휴식처이다. 공지천에 서면 1970∼80년대나 지금이나 사람들이 원하는 휴식의 모습은 크게 다르지 않음을 느끼게 된다. 휴식에는 진부한 것이나 유행이 없다. 그냥 마음 내키는 공간에 앉아 책 한 권 읽으며 쉬어 가도 좋고, 페달을 밟으며 오리배를 타도 좋고, 산책로를 따라 걷거나 뛰어도 좋고, 자전거를 타고 쌩쌩 달려도 좋다. 특별한 방법이나 정해진 루트 없이 그냥 편히 쉬어 갈 수 있는 공지천은 오늘도 춘천에 여유와 낭만을 더해준다.

<u>Address</u> 춘천시 이디오피아길 25 <u>Where</u> 남춘천역에서 11·12-1번 버스 이용, 또는 도보 30분 <u>Tel</u> 033-250-3089 <u>Cost</u> 무료 <u>Time</u> 연중무휴 자유 이용. 일부 장소별로 개방 시간 다름 <u>Parking</u> 가능(공영주차장)

How to Enjoy
공지천 산책하기

Story 1　스토리텔링이 있는 감성 산책로 황금비늘 테마 거리

춘천을 배경으로 한 다양한 작품을 선보인 이외수 작가의 소설 《황금비늘》 제목을 딴 문학 테마 거리. 공지천과 의암호는 이외수 작가에게도 의미 있는 공간이며, 《황금비늘》의 배경지이기도 하다. 이외수 작가의 핸드 프린팅, 그림과 시 등 다양한 문학의 흔적을 느껴볼 수 있다. 찬찬히 걸으면서 거리 곳곳에 설치된 글과 조형물을 감상하다 보면 문학 춘천의 감성에 빠져든다. 꽃이 만발하는 봄 길도 참 어여쁘다. 어스름이 내리면 테마거리 바깥쪽의 조명 나무들이 환하게 불을 밝히면서 신비로운 야경을 연출한다.

Story 2　공지천의 여유로운 휴식 조각공원

1997년부터 조각품을 설치하면서 조각공원으로 조성했다. 김수학의 '동심', 유영교의 '결실' 등 여러 작가의 작품이 곳곳에 전시되어 있다. 봄부터 가을까지 잔디밭이나 벤치에 앉아 책을 읽거나 담소를 나누며 쉬어 가는 사람들이 많다. 물시계전시관도 있어 잠깐 둘러보기에 좋다.

Story 3　1년 365일 꽃향기가 번진다 뜨락

2007년 문을 연 공지천의 실내 공원. 조형물과 다양한 식물로 꾸며져 있다. 비가 올 때나 추운 겨울철에도 따뜻하게 휴식을 취할 수 있어 좋다. 겨울에도 푸릇한 나무 내음과 꽃향기가 번진다. 때때로 전시회나 공연 등이 펼쳐지기도 한다.

Story 4　공지천에서 만나는 역사의 순간 에티오피아한국전참전기념관

한국전쟁 당시 유엔군 일원으로 참전했던 에티오피아 참전군의 전공을 기념하기 위해 2007년 설립된 기념관. 에티오피아 군 참전 관련 자료와 에티오피아의 역사, 문화, 생활 등에 대한 전시물을 관람할 수 있다. 1968년 공지천에 건립된 '에티오피아 한국전참전기념탑'을 계기로 에티오피아와 춘천의 교류가 싹트기 시작했다. 2004년 춘천시와 에티오피아 수도 아디스아바바 시가 자매결연을 맺기도 했다. 이런 역사적 배경으로 춘천 곳곳에서 에티오피아 관련 요소를 찾아볼 수 있다. 기념관보다 훨씬 먼저 생긴 '이디오피아 집(p.132)'에서 진정한 에티오피아 커피와 공지천 풍경을 즐기며 춘천과 에티오피아의 인연을 느껴보자.

Story 5　공지천 위를 걷다 공지천교와 구름다리

손예진, 감우성 주연으로 인기를 모은 드라마 〈연애시대〉에서 두 주인공이 걸었던 공지천교. 아담하고 정취 가득한 ㄷ-리로, 공지천 양쪽의 볼거리를 이어주는 가교 역할을 한다. 공지천교 다리 아래로 보이는 나지막한 구름다리는 2004년 다리 중앙에 있던 팔각정을 철거하고 산책로를 조성했다. 구름다리를 따라 강변길과 데크길을 거닐며 산책을 즐겨보자. 공지천을 중심으로 사방에 걷기 좋은 길이 가득하다.

Story 6　유유히 떠가다 오리보트

봄부터 가을까지 공지천을 수놓는 오리보트. 오리배를 타는 풍경은 공지천의 가장 대표적인 그림 중 하나다. 오리배를 타고 바라보는 전망도 예쁘고, 오리배가 떠가는 풍경 또한 아름답다. 한 번쯤 공지천에서 오리배를 타고 여유를 만끽하는 것도 좋겠다.

More Story

분수광장이 있어 늦봄부터 여름까지 더위를 잊게 해준다. 여름이면 물속으로 뛰어들어 노는 아이들이 활기찬 풍경을 그려낸다. 춘천MBC 올라가는 길도 봄이면 꽃이 만발해 아름답다. 인라인스케이트장도 조성되어 있어 많은 사람들이 즐겨 찾는다.

Bomnae Gil
봄내길

한 걸음

걷기 여행은
길 위에서 시작하고
길 위에서 끝난다.

길의 시작과 끝을,
여행의 시작과 끝을
굳이 알려 하지 말자.

지금 내딛는 한 걸음에
집중하고 정성을 다하자.

이것이
행복한 걷기 여행을 위해
가장 기본이 되는 자세.

호수와 산으로 둘러싸여 잔잔하면서도 수려한 풍경을 안고 있는 춘천은 걷기 여행에 너무도 잘 어울린다. 춘천의 옛 지명인 봄내라는 이름을 딴 봄내길은 이름처럼 길에서 만나는 풍경도 따뜻하고 정감 넘친다. 김유정의 여러 작품의 배경이 되고 있는 실레마을을 걷는 실레이야기길부터, MT의 메카이자 구곡폭포와 문배마을을 품고 있는 강촌을 걷는 물깨말구구리길, 춘천 고지도와 유람기에 종종 등장한 석파령너미길, 의암호를 따라 걸으며 춘천을 느끼는 의암호나들길, 소양호 뱃길과 숲길이 어우러진 소양호나루터길까지, 총 5개 코스가 다련되어 있다. 호수와 산, 들판의 자연과, 문화와 문학이 조화를 이루는 봄내길은 춘천을 가깝고도 깊이 있게 느껴볼 수 있는 감성 충만한 여행 코스다. 봄과 가을에는 테마가 있는 걷기 여행 프로그램을 진행해 좀 더 재미있게 봄내길을 즐길 수 있다.

레 이야기길 →
(5.2km, 90분)

Address 코스별로 상이 **Where** 코스별로 상이 **Tel** 033-250-3089(춘천시청), 033-251-9363(문화커뮤니티 금토) **Web** www.bomne.co.kr **Cost** 무료(코스에 따라 관광지 입장료 혹은 도선료 있음, 봄내길 함께 걷기 프로그램 유료 운영)

How to Enjoy
봄내길 산책하기

Course 1

김유정의 해학이 살아 있는 **실레이야기길**

문학가 김유정의 고향인 실레마을을 중심으로 한 걷기 여행길. 해학 가득한 김유정 문학 작품의 배경이 되는 실레마을을 걷는 흥미로운 길이다. 들병이들이 넘어오던 ㄷ웃음길, 점순이가 '나'를 꼬이던 동백숲길, 복만이가 계약서 쓰고 아내 팔아먹던 응고개길, 근식이가 자기 집 솥 훔치던 한숨길, 김유정이 코다리찌개 먹던 주막길 등, 길 이름만 들어도 재미있다. 소설 속 이야기를 그려보며 길을 걷노라면, 괜히 마음이 간질간질, 배시시 웃음이 번져난다.

코스	들병이들이 넘어오던 눈웃음길 ▶ 금병산 아기장수 전설길 ▶ 점순이가 '나'를 꼬이던 동백숲길 ▶ 덕돌이가 장가가던 신바람길 ▶ 응오가 자기 ㄷ의 벼 훔치던 수아리길 ▶ 산신각 가는 산신령길 ▶ 복만이가 계약서 쓰고 아내 팔아먹던 응고개길 ▶ 맹꽁이 우는 덕만이길 ▶ 근식이가 자기 집 솥 훔치던 한숨길 ▶ 금병의숙 느티나무길 ▶ 김유정이 코다리찌개 먹던 주막길 (총 8km)
소요 시간	2시간
대중교통	1 · 67번 버스 이용, 혹은 경춘선 전철 김유정역 하차

Course 2

'강촌에 살고 싶네'를 외치게 되는 **물깨말구구리길**

물가 마을이란 뜻을 지닌 '물깨말'은 강촌의 옛 이름이고, 아홉 굽이를 돌아드는 마을이라는 뜻을 지닌 구구리마을은 구곡폭포와 문배마을이 위치한 곳이다. MT 여행지로 즐겨 찾는 강촌역 주변과 풍광이 아름다운 구곡폭포, 산꼭대기에 자리한 독특한 문배마을을 두루 돌아본다. 목가적이며 따뜻한 정취가 느껴지는 코스로, 구곡폭포 관광지는 별도의 입장료를 내야 한다.

코스	강촌 ▶ 구곡폭포 주차장(자전거도로) ▶ 봉화산길 ▶ 문배마을 ▶ 구곡폭포 ▶ 주차장 (총 13.7km)
소요 시간	3시간 30분
대중교통	50 · 50-1번 버스

Course 3

옛 춘천의 풍류를 즐기는 **석파령너미길**

삼악산 북쪽 고개인 석파령은 경춘국도가 개통되기 전 춘천의 관문으로 이용되던 곳이다. 예전에 신구 춘천부사의 교구식이 있었던 곳이라 '자리 하나를 둘로 나눠 앉는다'는 뜻에서 석파령이라는 이름을 얻게 되었다. 춘천유수가 도임 길에 수레를 타고 넘었다는 수레너미길, 고려 개국 공신인 신숭겸의 묘역 등 춘천의 예스러운 면모를 느껴볼 수 있는 걷기 여행길이다.

코스	당림리(예한병원) ▶ 석파령 ▶ 덕두원(마을길) ▶ 수레너미 ▶ 장절공 신숭겸 장군 묘역 ▶ 솔밭마실길–양지말 노송쉼터 ▶ 방동 · 금산마을길 ▶ 금산둑길 ▶ 박사마을 선양탑 (총 21km)
소요 시간	6시간
대중교통	51번 버스

Course 4

황홀한 물안개를 만날 수 있는 **의암호나들길**

춘천 하면 떠오르는 풍경을 즐길 수 있는 코스. 송암스포츠타운, 황금비늘테마거리, 공지천, 소양강처녀상, 인형극장 등 춘천의 명소를 두루 지나게 된다. 라데나콘도 산책로를 따라 오르는 봉황대는 대동여지도 등 고지도에 등장하는 지명으로, 춘천의 대표적인 명승에 속했던 곳이다. 금산초등학교 앞 눈늪나루 지역은 풍광이 뛰어나며 안정효의 소설 《은마는 오지 않는다》의 배경지이기도 하다. 호수를 끼고 도는 길이라서, 아침 물안개가 피어오를 때와 저녁 노을이 물들 때는 더욱 환상적인 풍경을 만날 수 있다.

코스	박사마을 선은탑 ▶ 오미나루(미스타페오) ▶ 신매대교 ▶ 소양2교 ▶ 소양강처녀상 ▶ 당간지주 ▶ 근화동배터 ▶ 고산(상중도) ▶ 중도섬 둘레길 ▶ 의암호 산책길 ▶ 황금비늘 테마 거리 ▶ 어린이회관 ▶ 봉황대(라데나콘도) ▶ 송암리 (총 15km)
소요 시간	4시간
대중교통	82번 버스

Course 5

유유자적 뱃길과 숲길이 어우러지는 **소양호나루터길**

가장 최근에 정비된 춘천의 걷기 여행길. 춘천의 명소인 소양댐을 시작으로 배를 타고 들어가 즐기는 코스. 배를 타고 즐기는 물길과 걸으면서 즐기는 숲길이 어우러진 이색적인 걷기 여행길이다. 그동안 쉽게 접하지 못했던 지역을 둘러보는 코스라 남다른 재미가 있다. 배를 타고 숲을 걸으며 유유자적 풍류를 즐기는 코스. 도선료는 왕복 1만원이며, 소양강댐에서 품걸리로 들어가는 배편이 오전 8시 30분에, 물로리에서 소양강댐으로 나오는 배편이 오후 3시 30분에 있다.

코스	소양강댐 선착장 ▶ 품걸리 선착장 ▶ 갈골 ▶ 물로리 선착장 ▶ 소양강댐 선착장 (총 수로 25.7km, 육로 12.69km)
소요 시간	걷기 코스 5시간 포함 총 7시간
대중교통	소양강댐행 시내 버스

Gangchon
강촌

유실물
보관소

잃어버린 추억
잃어버린 사랑
잃어버린 낭만

잃어버린 기억의 파편들이
주인을 기다리고 있습니다.

당신이 잃어버린 그 무언가를
찾을 수 있을지도 모를
기억의 유실물 보관소.

① ② 강촌역 옆에 새로 조성된 강촌 프러포즈 계단과 사랑의 열쇠 터널.
강촌에서 데이트를 즐기는 연인들이 즐겨 찾는 명소로 떠오르고 있다.

굳이 영화 〈써니〉의 한 장면을 얘기하지 않더라도, 기차를 타고 요란
하게 MT나 단체 여행을 떠나본 적이 있을 것이다. MT의 메카는 단
연 강촌. 30∼40대라면 강촌과 관련한 추억 하나쯤은 갖고 있을 터.
'강촌'은 이름만 들어도 괜히 가슴이 설레기도 하고, 애써 떠올리려
하지 않아도 자연스럽게 추억을 곱씹게 한다.

유원지 'B급' 놀이공원의 매력을 제대로 발산하는 터줏대감 강촌랜
드부터 세련된 분위기의 새내기 강촌레일파크까지…. 강촌은 언제나
그대로기고, 또 동시에 변화하고 있다.

여전히 청춘들이 기차나 전철에 몸을 싣고 모여드는 곳. 밤을 지새
우며 젊음의 혈기를 불태우는 곳. 그래서 언제나 특별한 에너지가
넘치는 곳. 그런 에너지 덕분에 오래오래 젊음을 유지할 청춘의 공
간, 강촌!

Address 춘천시 남산면 강촌로 34 **Where** 경춘선 강촌역 하차 **Tel** 033–
262–4464 **Parking** 가능

How to Enjoy
강촌에서 신나게 놀기

1 강촌의 상징,
자전거 타기

자전거를 타고 강촌을 달리는 모습은 너무나도 익숙한 풍경이다. 자전거를 타고 구곡폭포 입구까지 가는 코스가 인기 높았는데, 요즈음은 강을 따라 자전거를 탈 수 있는 북한강 자전거길도 인기가 많다. 1인용 혹은 2인용 자전거를 타고 바람을 가르며 달리는 기분이 강촌에서는 왠지 더 특별하다. 자전거보다 좀 더 역동적인 체험을 원하는 사람들은 흔히 '사발이'라 불리는 사륜 오토바이나 스쿠터를 선택하기도 한다.

2 강촌의 스피릿,
'구 강촌역' 둘러보기

그래피티가 가득한 구 강촌역은 역 자체가 볼거리였다. 덕분에 역에 도착하는 순간부터 강촌 여행의 흥분을 느낄 수 있었다. 지금은 경춘선 옛 기차가 운행을 중단해 쇠잔한 모습으로 남아 있지만 그래도 여전히 빈티지한 멋이 느껴진다. 철로가 없어진 길 위를 천천히 걸으며 그래피티를 구경하고 어느 연인들이 남겨놓았을 사랑의 자물쇠를 가만히 들여다보자. 예전의 활기찬 모습은 찾아볼 수 없지만 '강촌 스피릿'은 기운차게 자리를 지키고 있다.

3 강촌의 용기,
번지점프 도전

강촌이란 공간은 무모한 도전도 가능하게 해준다. 분위기 때문일까. 없던 용기도 새록새록 솟아난다. 가끔은 분위기에 취해 일을 벌여보는 것도 괜찮다. "3, 2, 1, 번지!" 하는 외침과 함께 세상에서 둘도 없는 짜릿함을 맛볼 수 있다. 25m와 42m 중 선택 가능하다.

강촌에서 눈에 띄는 카페
커피주유소

잠깐 들러 커피 한잔하고 싶어지는 곳. 주유소라는 콘셉트에 어울리는 테이크아웃 매장이 눈에 띈다. 본 매장은 바로 옆 건물에 있지만 야외에 마련된 테이크아웃 매장이 커피주유소라는 이름과 잘 어울린다. 춘천에서 꽤 유명한 바리스타들이 운영하는 곳으로, 직접 생두를 볶아 사용하며 커피 아카데미도 운영한다. 나들이 삼아 강촌을 찾은 여행자들을 위한 체험 프로그램도 운영할 계획. 콘셉트도 재미있고 커피 맛도 좋아 단골손님이 많다.

Address 춘천시 남산면 방곡리 400 **Tel** 033-261-3939 **Cost** 아메리카노 3500원, 해장커피 4000원, 바밤바라테 4000원 **Time** 평일 10:00~20:00, 주말 10:00~22:00 **Parking** 가능

❶ 2011년 8월, 테이크아웃 매장이 먼저 문을 열었다. 그리고 11월, 바로 인근에서 본 매장이 영업을 시작했다. 테이크아웃 매장은 강촌에 어울리는 캐주얼한 분위기이며, 실내 매장은 전문성이 느껴지는 커피 공장 스타일이다. 실내 매장에서는 커피에 대해 배우거나 체험할 수 있다. ❷ 여름철에는 야외 테이크아웃 매장을 운영한다. 원두막 형태의 자리도 마련되어 있어 주변 풍경을 즐기며 잠시 쉬어 가기 좋다. 스쿠터, 자전거, 사륜 오토바이 대여점이 모여 있는 공터에 위치해 커피로 심신을 충전하는 '커피주유소'라는 이름이 딱 어울린다. ❸ 강촌의 특성에 맞게 '해장커피'를 선보인다. 해장커피라는 이름에 걸맞게 꿀을 듬뿍 넣어 술 먹은 후 속을 보호하도록 했다. 강촌에서만 맛볼 수 있는 특별한 커피일 듯. 바밤바 맛이 나는 '바밤바라테'도 인기 있다.

Gugok Waterfall & Munbae Village
구곡폭포 & 문배마을

명칭	구분 거리	소요시간
구곡폭포	970m	15분
문배마을	1840m	40분

※ 취사 및 야영을 금합니다.
- 구곡폭포 관리소장 -

묘한 아홉

아홉은 정말 묘한 숫자이다.
아홉을 쌓아놓았기에 넉넉하고
하나밖에 남지 않았기에 헛헛하다.

– 위기철 《아홉살 인생》 작가 후기 중

넉넉하고 헛헛한 아홉의 여운.

아홉 굽이를 돌아 떨어지는
구곡폭포에서도 묻어난다.

강촌에 위치한 구곡폭포는 언제나 많은 사람들이 찾아드는 명소. 아홉 굽이를 돌아서 떨어진다 하여 구곡폭포라는 이름을 얻었다. 폭이 넓지는 않지만 50m 높이에서 세차게 떨어지는 물줄기가 볼만하며 기암괴석 또한 장관이다. 여름에는 폭포 소리만 들어도 시원해지고 겨울에는 이곳에서 빙벽 등반을 즐기기도 한다. 매표소에서 구곡폭포까지는 15~20분 정도 거리로, 산책로가 잘 조성되어 있어 남녀노소 누구나 어렵지 않게 다다를 수 있다. 특히 폭포의 비경을 감상할 수 있는 전망 데크를 새로 설치해 인기를 모으고 있다. 메인 산책로에서 왼쪽으로 꺾어지면 구곡폭포이고, 오른쪽 '깔딱고개'를 넘으면 산 위에 펼쳐진 독특한 분지 마을인 문배마을이 나타난다. 산 위에서 별천지 같은 문배마을을 대면하면, 누구든 '깔딱깔딱'거리며 산 위에 오른 보람을 느끼게 된다.

Address 춘천시 남산면 강촌구곡길 254 **Where** 경춘선 강촌역에서 50번 버스 이용 **Tel** 033-250-3569 **Cost** 어른 1600원, 학생 · 군인 1000원, 어린이 600원 **Time** 09:00~18:00(동절기는 ~17:00) **Parking** 가능(유료, 일반 중소형 자동차 2000원)

How to Enjoy
'꿈'부터 '끝'까지 사색하는 산책길
구곡폭포

새로운 마음가짐은 첫 걸음마입니다.

1 구곡혼을 얻어 가자

구곡폭포를 오르는 길을 더욱 의미 있게 해주는 구곡
혼. 구곡이란 단어와 연관해, 쌍기역(ㄲ) 자로 된 아홉
가지 혼이 군데군데 표시되어 있다. 한 발 한 발 오르
며 '꿈'부터 시작해서 끼, 꾀, 깡, 꾼, 끈, 꼴, 깔, 끝을
찾아가는 재미가 쏠쏠하다. 각 단어에 실린 의미도
되새기며 걸을 수 있어 더욱 좋다. 특히 아홉 번째 혼
인 '끝'은 전망 데크 끝까지 올라가야 확인할 수 있다.
긴 계단을 올라 웅장한 폭포를 바라본 후 '아름다운
마무리는 내려놓음'이라는 '끝'의 의미를 읽노라면, 왠
지 그 뜻이 남다르게 다가온다.

2 목표보다 과정이 아름다운 길

구곡폭포라는 목적지에 이르러 감상하는 비경도 물
론 아름답지만, 폭포까지 가는 길 또한 참으로 사랑
스럽다. 나무와 함께 진짜 호흡하고 있는 듯한 설치
미술 작품도, 오래된 돌다리 위에 꾸민 '사랑해'라는
글자도, 졸졸 흘러내리는 청아한 물소리도, 수많은 사
람들이 쌓아 올렸던 돌탑도, 곳곳에 피어오른 야생화
한 송이도 모두 어여쁘다.

산 위의 이색 마을
문배마을

1 산 위에 웬 마을?

이런 산 위에 마을이 있으리라 상상이 되지 않는데, 버젓이 마을이 자리하고 있다. 관광객들이 많이 찾는 구곡폭포에서 그리 멀지 않은 곳에 이런 오지 마을이 있다는 게 신기하다. 한국전쟁 당시 북한군들도 이곳을 모르고 그냥 지나쳤다는 이야기가 있을 정도다. 문배마을은 200여 년 전 형성된 것으로 알려져 있다. 문배나무가 많고 마을 생김새가 짐을 가득 실어놓은 배처럼 생겼다 하여 문배마을이라는 이름을 얻게 되었단다. 문배는 산에서 자라는 돌배보다는 크고 고수원에서 재배하는 일반 배보다는 작은 배를 일컫는다. 폭포 뒤편이라 문배(文背)마을이라는 이름을 얻게 되었다는 설도 있다. 유래야 어떻든 산 위에 숨어 있는 문배마을은 현대인들이 잠시나마 편안히 쉬어 갈 수 있는 안식처 같은 곳이다.

2 산이 주는 최고의 밥상

문배마을의 포인트는 생태연못과 산채나물이다. 산 위에 마을이 있는 것도 신기한데 그 마을은 생태연못까지 갖추고 있다. 산 위에서 문배마을을 처음 대면할 때의 기분은, 사막에서 오아시스를 만났을 때의 느낌과 같을 듯하다. 생태연못 주변을 한 바퀴 돌면서 바라보는 마을과 산 풍경이 고즈넉하고 평화롭다. 마을을 돌다 보면 장씨네, 김가네, 이씨네 등의 간판을 단 집 같은 식당들이 보인다. 이들 식당에서는 산채비빔밥이나 토종닭, 도토리묵 등 토속적인 음식을 판매한다. 산행 후 산 위에서 먹는 산채비빔밥이 어찌 맛있지 않을 수 있겠는가. 잊을 수 없는 그 맛 때문에 다시 문배마을을 찾는 사람들도 많다.

Soyang dam & Cheongpyeongsa
소양강댐 & 청평사

두고두고
만나고 싶은 이

거대한 댐 규모가 전부였다면,
소양강댐으로 두 번, 세 번
발걸음을 두지는 않았을 것이다.

지척에
작지만 풍요로운 청평사를,
섬이 아닌 섬이 되어버린 산속의 예술마당을
품고 있다.

무덤덤한 겉모습에
부드러운 속내를 지닌 이.

한 번 만날 때보다
두 번, 세 번 만날수록
정이 가는 이.

많은 사람들이 춘천 하면 떠올리는 대표적인 여행지가 아닐까. 봄이면 벚꽃이 만발하는 오르막길을 달려 위용을 자랑하는 소양강댐에 다다른다. 1973년 건설된 소양강댐은 높이 123m, 제방 길이 530m, 수면 면적 70km²로 그 규모가 대단하다. 특히 점토와 자갈, 모래, 돌로 만든 사력댐으로 유명하다. 소양강댐 건설로 탄생한 잔잔한 소양호를 감상하고 댐 정상길을 걸어 산책을 즐긴다. 그리고 소양호 선착장에서 바를 타고 청평사 관광지로 이동한다. 오봉산과 계곡이 만들어내는 아름다운 풍경을 감상하며 걷다 보면 시원한 소리를 내는 구성폭포를 지나 청평사를 만나게 된다. 절 자체의 규모는 크지 않으나 주변 산과 어우러진 풍경이 수려하다. 소양강댐 수몰 마을 주민이 고향마을을 그리워하며 산 중턱에 조성한 소양예술농원도 빼놓지 말아야할 포인트. 잠시 일상을 내려놓고 편안히 쉬어 가기 좋다.

Address 춘천시 신북읍 신생밭로 1128 **Where** 경춘선 춘천역에서 12 · 12-1 · 150번 버스 이용 **Tel** 033-242-2455 **Cost** 소양강댐-별도 입장료 없음, 청평사-관광지 간 선박 요금-왕복 어른 6000원, 초등학생 4000원, 청평사 입장료-어른 2000원 **Time** 청평사 선박 운항 시간-소양강댐 선착장에서 첫 배 09:30, 청평사에서 나오는 막배 17:30분, 30분 간격으로 운행 **Parking** 가능(무료, 단, 육로로 청평사 관광지로 들어갈 경우 일반 차량 주차비 2000원 부과)

How to Enjoy
소양강댐 걷기

1 소양강댐 정상길 걷기

2011년 12월, 소양강댐 정상길이 개방됐다. 이름처럼 댐 정상을 걸어서 건너편 산에 위치한 팔각정 전망대까지 거닐 수 있는 산책길이다. 왕복 거리 2.5km, 소요 시간 왕복 40분 정도로, 부담 없는 코스다. 댐 위에서 바라보는 소양호와 소양강 정경이 청초하다. 오전 10시부터 오후 5시까지 개방하며 12월부터 2월까지는 오후 4시까지만 개방한다.

2 지그재그길을 걸어볼 수 있는 단 하루!

봄에 소양강댐을 찾으면 화려하게 피어오른 벚꽃이 더욱 기억에 남을 만한 풍경을 선사한다. 해마다 4월이면 벚꽃 개화 시기에 맞춰 '소양강댐 벚꽃길 걷기대회'가 열린다. 이 걷기대회에서 주목할 만한 포인트는 늘 바라만 보던 소양강댐 사면 지그재그길을 직접 걸어볼 수 있다는 점. 소양강댐 지그재그길은 1년에 딱 한 번, 오직 벚꽃길 걷기대회 날에만 개방한다. 벚꽃이 만발한 향기로운 풍경과 소양강댐 지그재그길을 걸어보는 특별한 경험을 하고 싶다면, 이 날을 놓치지 말자.

3 곳곳에 숨은 볼거리

불과 2011년까지만 해도 소양강댐 정상부에 노점이 가득했는데, 이제는 노점상이 철거되고 데크형 산책로가 조성되었다. 그 길을 찬찬히 걸으면 춘천 여행에 대한 이런저런 팁을 얻을 수 있다. 또 춘천 명소를 소개하는 글과 사진들이 전시되어 있어 여유 있게 살펴보면 좋다. 소양호 쪽에는 아담한 소양강처녀상이 서 있다. 춘천 시내 소양강에 있는 처녀상과는 사이즈도, 모습도 다르다. 소양강처녀와 '함께' 기념 촬영을 하고 싶다면, 소양강댐에 있는 소양강처녀상을 선택해야 한다. 소양강댐 주변에는 그 외에도 담수비, 비단잉어상 등 소양강댐의 역사를 느낄 수 있는 다양한 조형물이 곳곳에 위치한다.

소양강댐에서 배타고 가기

1 규모는 작지만 매력은 풍부한 청평사

소양호 선착장에서 배를 타고 10분 정도 들어가면 청평사 관광지에 도착한다. 배를 타고 들어가지만 섬은 아니다. 육로로는 춘천에서 배후령터널을 지나 들어가는 길이 있으나 소양강댐에서는 거리가 꽤 멀다. 소양강댐과 함께 여행하는 코스라면 배를 이용하는 것이 가장 좋은 방법이다. 배에서 내려 소양호 풍경을 바라보며 걷다 보면 음식점이 하나둘 나타나고, 매표소를 지나면서는 산과 계곡이 굵고도 섬세한 풍경을 선사한다. 청평사로 올라가는 길에는 '상사뱀과 공주' 전설과 관련된 볼거리를 곳곳에서 마주한다. 아홉 가지 소리를 낸다는 구성폭포를 지나 조금 더 올라가면 오봉산과 어우러진 고려시대 사찰인 청평사가 맞아준다. 고려 광종 때 창건 시에는 백암선원이라 불렸으며, 이후에는 보현원, 문수원이라는 이름을 거쳤다. 청평사는 특이하게도 삼층석탑이 절 안에 있지 않고 절에 이르는 길목의 계곡에 덩그러니 위치해 있다. 세월의 흔적이 고스란히 묻어나는 청평사 삼층석탑도 꼭 감상해보자.

2 수몰 마을의 색다른 변신, 소양예술농원

소양호 선착장으로 가다 보면 청평사가 아니라 소양예술농원으로 가기 위해 배를 타는 사람들이 있다. 단순히 음식점 정도로 생각하는 사람들도 있지만, 이곳은 훨씬 큰 의미를 지닌 곳이다. 소양강댐 공사로 수몰 마을이 된 북산면 추전리 사람 중 고향 마을이 그리워 마을 산중턱에 집을 짓기 시작하면서 소양예술농원의 역사가 시작되었다. 육지지만 배가 없이는 들어가지도 나올 수도 없는 특이한 공간에 나무와 벽돌을 배에 실어 날라 집을 짓기 시작했다. 소양예술농원은 수려한 자연경관이나 맛있는 음식으로 알려진 곳이지만, 그보다도 멋진 야외 공연 때문에 더욱 유명해졌다. 김덕수 사물놀이패는 거의 해마다 이곳에서 공연을 펼치고, 안숙선, 공옥진, 김대균 등 명인들도 이곳에서 공연을 한 바 있다. 이곳에서 진행한 공연들이 가치를 인정받아 뉴욕타임스가 선정한 '세계 5대 아트팜(Art Farm)'에 이름을 올리기도 했다. 선착장 도착 시간을 미리 알려주면 무료로 배편을 제공한다. 033-242-4565, www.soyangartfarm.co.kr

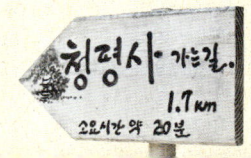

Gangwon Provincial Flowering Plants Garden
강원도립화목원

꽃은 언제나…

사막이 아름다운 건
어딘가에 우물이 숨어 있기 때문이라던
어린 왕자의 말.

눈앞에 화사하게 피어오른 꽃을 보고
예뻐하는 마음가짐.
아무나 할 수 있거늘.

겨울철 메마른 가지를 보며
그 속에 숨어 있을 꽃피울 움을 보며
예뻐하는 마음가짐.
아무나 할 수 없거늘.

겨울의 화목원도 아름다운 건
어딘가에 꽃이 숨어 있기 때문이겠지.

화목원이라는 이름처럼 꽃나무가 가득한 공간으로, 강원도에 자생하는 꽃나무를 감상할 수 있다. '사람, 자연 그리고 문화가 함께하는 곳'이라는 설명에 걸맞게 다양한 공간을 갖추고 있다. 강원도산림개발연구원의 관리하에 강원도 자생 꽃나무를 비롯한 다양한 식물 유전 자원 수집, 증식, 보존, 연구 작업이 이뤄지는 한편, 학생들에게는 자연 학습장, 일반인들에게는 휴식·문화 공간 역할을 하고 있다. 다양한 즈제별로 꾸민 야외 공간 외 온실 속에서 식물 체험과 생태 관찰이 가능한 대규모 반비식물원이 조성되어 있다. 봄에는 알록달록 피어나는 꽃을 구경하는 재미, 여름에는 짙은 녹음 속에서 쉬어 가는 재미, 가을에는 국화꽃에 파묻혀 향기를 느끼는 재미, 겨울에는 따뜻한 온실에서 추위를 잊고 노는 재미가 있어, 사계절 어느 때 찾아도 좋다. 화목원 내에는 산림박물관도 있어 저렴한 비용으로 알찬 경험을 할 수 있다.

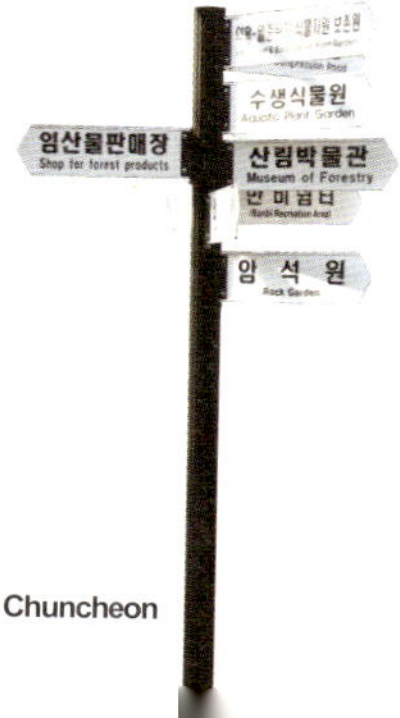

Address 춘천시 사농동 화목원길 30 **Where** 춘천인형극장 인근, 경춘선 춘천역에서; 150·12~1번 버스 이용 **Tel** 033-248-6691 **Cost** 어른 1000원, 청소년(13~18세 & 중·고등학생) 700원, 어린이(7~12세 & 초등학생) 500원/특수영상관 이용료 별도 **Time** 10:00~18:00(11~2월은 ~17:00, 첫째 주 월요일·1월 1일·설날·추석 휴원, 첫째 주 월요일이 공휴일인 경우는 그다음 날 휴원) **Parking** 가능

How to Enjoy
화목원 알차게 누비기!

Point 1 전망대가 있는 온실, 반비식물원

난대식물원, 관엽식물원, 다육식물원 등으로 구분되어 있고 곤충 체험이 가능한 생태관찰원도 별도로 마련되어 있다. 주변에서 흔히 접할 수 있는 동백꽃나무부터 생김새도, 이름도 생소한 낯선 이국의 나무들까지 다양하게 전시되어 있다. 온실 꼭대기에 마련된 전망대에 올라가면 사방으로 조망 가능해 화목원 전체 풍경과 춘천 지역 풍경을 감상할 수 있다.

Point 2 꽃과 축제가 가득한 봄가을

꽃이 만발한 봄에 찾아가면 더욱 화사한 풍광을 감상할 수 있다. 4~5월에는 소담스러운 갖가지 야생화가 가득한 '야생화 작품 전시'가 펼쳐지고 철쭉이 화려하게 피어오르는 5월에는 '철쭉, 꽃 나눠 주기 행사'가 진행된다. 국화로 가득한 화목원의 가을도 낭만적인데, 국화축제와 함께 '숲 속의 작은 음악회'가 개최된다. 봄가을에 이곳을 찾는다면 화목의 진면목을 제대로 느낄 수 있다.

Point 3 화목원에서 무더위를 잊는 비법

여름철 무더위를 식히기 좋은 곳은 분수광장과 화목정. 분수광장은 여름철이 되면 바닥 분수가 시원하게 물을 뿜어 올린다. 아이들이 물속으로 뛰어들어 놀이터로 변신하기 일쑤. 이를 구경하는 어른들도 시원하다. 조용하게 쉬고 싶다면 화목정으로 가자. 물레방아와 굴피집을 구경하며 시원한 정자에서 쉬어 갈 수 있다. 키 큰 나무들이 만들어주는 그늘과 바람 덕에 신선놀음이 부럽지 않다.

Point 4 여기저기 테마가 가득~

아이들과 함께 화목원을 찾는다면, 토피어리원은 놓치지 말자. 반비, 타조, 다람쥐 등 토피어리로 만든 귀여운 동물들과 함께 기념 촬영을 할 수 있다. 지피식물원 또한 숨은 명소인데, 야생화가 사계절 피고 지는 산책길이다. 야생화의 특성상 화려하지는 않지만 가만히 마음을 담아 바라보면 아기자기하게 피어오른 꽃이 마음을 편안하게 해준다. 건강을 생각한다면, 울퉁불퉁 돌멩이로 이루어진 '맨발로 걷는 길'을 걸어보자.

Point 5 화목원 나들이를 더 알차게 만들어주는 산림박물관

2002년 개관한 산림박물관도 꼭 들러보자. 숲 체험관, 자연과 산림, 산림과 생활, 산림의 이용과 미래라는 테마로 4개의 전시실을 운영하며, 살아 있는 곤충 체험, 황동판 인쇄 체험 등의 체험 공간도 별도로 운영된다. 특수영상관에서는 〈산이와 수비의 숲 속 대모험〉이라는 재미있는 4D 영화를 상영한다. 특수영상관을 이용하려면 별도 관람료를 지불해야 한다. 어른 2000원, 어린이 1000원.

Point 6 숲 해설과 함께 숲과 친해지기

숲 해설가의 설명과 함께라면 화목원을 깊이 있게 이해하게 된다. 관람객이 4인 이상이라면 언제든 무료로 숲 해설을 체험할 수 있다. 화목원 내 식물, 곤충에 대한 설명과 함께 산림박물관 전시물 탐방 안내도 받을 수 있다. 단순히 스쳐 지났던 꽃 하나, 나무 한 그루에 대한 자세한 설명을 듣다 보면 숲의 매력, 화목원의 재미를 새삼 발견하게 된다. 화목원 매표소나 산림박물관 안내 데스크에서 신청 가능.

Natural Recreation Forest in Chuncheon
춘천의 휴양림

산이 좋아
산에 사네

승려는 도를 얻기 위해 산으로 간다.
심마니는 산삼을 캐기 위해 산으로 간다.
시인 도종환이 산으로 들어간 것은
신병 때문이었다.
몸이 아파 죽을 지경이었는데
백약이 무효였었다.
그래서 산에 입원했다.
널리 알려졌다시피
산은 믿을 만한 의료진이 포진한 명문 병원.
도종환은 마침내
자연이라는 의사의 메스를 받아 회생했다.

– 박원식 《산이 좋아 산에 사네》 중

단 하룻밤만이라도
산 한 자락에서 쉬어 가고 싶다면….

호수와 산에 둘러싸인 춘천은 숲 속에서 휴식을 취할 수 있는 휴양림이 잘 조성되어 있다. 춘천은 물론 강원도에서도 손꼽히는 집다리골자연휴양림을 비롯해 춘천수렵장에서 숲체험장으로 모습을 바꾼 강원숲치험장, 처녀림이 보존되어 있는 용화산에 자리한 용화산자연휴양림, 규모가 크지는 않지만 조용히 쉬어 갈 수 있는 춘천숲자연휴양림이 있다. 대부분 야영장이나 숙박 시설을 이용하면서 1박 2일 코스로 묵어 가지만, 시간이 없다면 하루 코스로 계획하고 삼림욕이나 물놀이를 즐겨도 좋다. 휴양림마다 특색이 다르므로 돌아가면서 이용해도 좋다. 숲 속에서 누리는 평온하고 건강한 휴식을 맘껏 즐겨보자.

Address **춘집다리골자연휴양림** 춘천시 사북면 지암리 산5 **강원숲체험장** 춘천시 서면 오월리 산46-1 **Tel** 033-243-1443(집다리골), 033-243-5340(강원숲) **Web** www.jipdari.com(집다리골) **Cost** 입장료 어른 2000원, 어린이 1000원(숙박 시설 이용 시 입장료 면제) **Time** 연중무휴 **Parking** 가능(일반 차량 성수기 기준 3000원, 숙박 시설 이용 시 주차료 일부 면제)

How to Enjoy
집다리골자연휴양림

언제나 많은 사람들이 찾아드는 집다리골자연휴양림. 특히 여름에는 시원한 휴식처를 찾아 많은 사람들이 몰려든다. 천연 수림이 잘 조성되어 있어 자연 속에서 진정한 휴식을 취하기 좋다. 야영장을 3개소 운영하며, 다양한 규모의 숙박 시설도 갖추었다.

❶ **야영장** 집다리골자연휴양림은 여름철 야영장으로 인기가 높다. 숲 속 계곡을 따라 야영장을 3개 구역으로 나누어 조성했는데, 최근 야영장 각각의 이용 면적을 넓히면서 동수는 다소 줄었다. 계곡 가까이에서 캠핑을 즐길 수 있어 여름 피서 장소로 최고, 야영장 주변에 화장실, 취사 시설 등도 갖추었다. 단, 공동 샤워장은 하루 2회 개방하며 온수는 공급되지 않는다. 야영장은 5월부터 10월까지 이용 가능하며 인터넷 예약만 가능하다.

❷ **등산로와 산책로** 삼림욕을 즐기는 산책로가 3개 코스 마련되어 있다. 1·2 산책로는 30~40분 코스이고 3산책로는 90분 코스. 조금 더 여유가 있다면 등산로를 이용해도 좋다. 강원도와 경기도의 분기점에 솟은 높이 1468m인 화악산을 등반하는 코스. 정상부가 군사 지역으로 출입이 제한되어 정상 부근의 촉대봉까지만 등반 가능. 8km 정도의 등산로이며 6시간 정도 소요된다.

❸ **집다리골 이름의 유래** 집다리골이라는 이름의 유래가 재미있다. 깊은 계곡을 사이에 두고 마주한 양쪽 집에 젊은 남녀가 있었는데 서로 매일 얼굴을 마주 보며 만나고 싶어 하다가 볏짚을 엮어 다리를 놓아 사랑을 이뤘다고 한다. 그 후로 집다리골이라고 불리게 됐으며 이런 전설 때문에 이 계곡에서 남녀가 만나면 사랑이 이루어진다고 한다.

원래 춘천수렵장으로 이용되던 곳이 강원숲체험장으로 변신했다. 울창한 숲 속에 자리해 사계절 내내 수려한 풍광을 선사한다. 피톤치드 가득한 공간에서 편안하게 숲 체험을 즐겨보자.

❶ **자연 속 즐길 거리** 기존에 운영하던 클레이사격장이 없어진 대신, 숲체험장 곳곳에 즐길 거리와 운동 시설을 보강했다. 특히 나무로 만든 체험 시설이 인기인데, 흔들거리는 나무 길을 걷는 코스와 타잔처럼 줄을 타고 숲 속을 가로지르는 코스 등으로 구성되어 있다. 사방에서 번져 나오는 나무 향기와 계곡의 시원한 물소리에 마음마저 상쾌해진다. 등산로와 산책로도 잘 갖추어져 있어 단거리에서 장거리까지 다양한 코스로 걸어볼 수 있다. 여름철에는 청정 계곡에서 물놀이를 즐길 수 있는데, 어린이들을 위한 간이식 풀장을 설치하기도 한다.

❷ **숲 해설 & 생태 공예** 숲해설가와 함께 숲에 대한 자세한 설명을 듣고 다양한 생태 공예도 체험할 수 있다. 아이들과 함께라면 꼭 이용해보자. 일반적으로 2월부터 10월까지 운영되며 입장객 누구나 참여 가능하다. 단, 인터넷이나 전화로 예약해야 한다.

❸ **황토방 & 식당** 휴양림의 숙박 시설은 통나무집이 일반적인데, 이곳에서는 독특하게 황토방도 이용할 수 있다. 안팎이 황토로 되어 있고 군불을 때기 때문에 추운 계절에 이용하면 더욱 운치가 있다. 숲과 황토의 기운으로 몸속 깊숙이 정화되는 느낌이 든다. 음식을 준비하기 번거롭다면 클럽하우스 내 식당을 이용해보자. 멧돼지고기, 닭갈비, 감자전 등 다양한 메뉴를 판매하는데, 맛이 꽤 괜찮다.

다중숙소
클레이사격장

How to Enjoy
춘천숲자연휴양림

서울–춘천 간 고속도로와 가까워 접근성이 좋은 시립 휴양림. 자연환경이나 시설이 국립이나 도립 휴양림 수준보다는 다소 떨어져 이용객이 많지는 않다. 그런 이유로 번잡하지 않은 휴양림에서 휴식을 즐기길 원하는 사람들이 주로 찾는다. 고즈넉한 분위기 속에서 참나무 숲의 기운을 받으며 진정한 휴식을 취해보자.

Address 춘천시 동만면 군자리 224–104   **Tel** 033–264–1156   **Web** www.ccforest.or.kr   **Cost** 입장료 어른 1500원, 어린이 700원(숙박 시설 이용객 입장료 면제)   **Time** 연중무휴   **Parking** 가능(일반 차량 성수기 기준 2500원)

How to Enjoy
용화산자연휴양림

춘천과 화천 경계에 있는 용화산의 고요한 정취를 좋아하는 사람들이 즐겨 찾는 국립 자연 휴양림이다. 용화산에서는 춘천의 소양호와 의암호, 춘천호는 물론 화천 파라호까지 조망 가능하다. 산림청에서 선정한 100대 명산에 속하며 기암괴석과 함께 아기자기한 야생화가 볼거리를 더한다. 숙박 시설과 야영장 시설을 갖추었으며 숲 해설 등의 프로그램도 진행한다. 이색적인 분위기를 풍기는 돔골 텐트 시설도 인기 있다.

Address 춘천시 사북면 고성리 산102   **Tel** 033–243–9261   **Web** www.huyang.go.kr   **Cost** 입장료 어른 1000원, 어린이 300원(동절기 이용객, 일부 숙박 시설 이용객 입장료 면제)   **Time** 연중무휴   **Parking** 가능(일반 차량 기준 3000원)

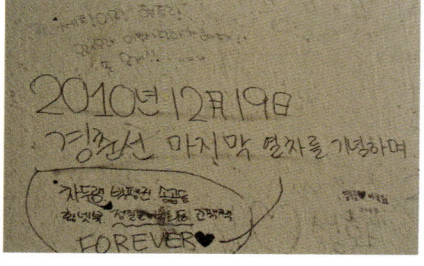

춘천에서 찾은 매력 만점 산책 코스 · 비밀 스폿

두근두근 춘천산책

초판 1쇄 | 2012년 10월 31일

지은이 | 김수진

발행인 | 양원석
총편집인 | 이헌상
편집장 | 고현진
책임편집 | 정은영
디자인 | 김선영, 김미지
교정 · 교열 | 이정현
지도 · 일러스트 | 이희숙
영업 · 마케팅 | 김경만, 곽희은, 임충진, 주상우

펴낸곳 | (주)알에이치코리아
주소 | 서울시 금천구 가산동 345-90 한라시그마밸리 20층
편집 문의 | 02-6443-8917
구입 문의 | 02-6443-8838
홈페이지 | www.randombooks.co.kr
등록 | 2004년 1월 15일 제2-3726호

ISBN 978-89-255-4864-7 (14980)

RHK 는 랜덤하우스코리아의 새 이름입니다.